Fundamentos de
BIOLOGIA MOLECULAR E CELULAR

Clarice Foster Cordeiro

O selo DIALÓGICA da Editora InterSaberes faz referência às publicações que privilegiam uma linguagem na qual o autor dialoga com o leitor por meio de recursos textuais e visuais, o que torna o conteúdo muito mais dinâmico. São livros que criam um ambiente de interação com o leitor – seu universo cultural, social e de elaboração de conhecimentos –, possibilitando um real processo de interlocução para que a comunicação se efetive.

Conselho editorial
- Dr. Ivo José Both (presidente)
- Drª Elena Godoy
- Dr. Neri dos Santos
- Dr. Ulf Gregor Baranow

Editora-chefe
- Lindsay Azambuja

Gerente editorial
- Ariadne Nunes Wenger

Preparação de originais
- Rodapé Revisões

Edição de texto
- Larissa Carolina de Andrade
- Natasha Saboredo
- Tiago Krelling Marinaska

Capa
- Iná Trigo (*design*)

Projeto gráfico
- Iná Trigo

Diagramação
- Rafael Ramos Zanellato

Equipe de *design*
- Iná Trigo

Iconografia
- Celia Kikue Suzuki
- Regina Claudia Cruz Prestes

EDITORA intersaberes

Rua Clara Vendramin, 58 | Mossunguê
CEP 81200-170 | Curitiba | PR | Brasil
Fone: (41) 2106-4170
www.intersaberes.com
editora@editorainterseaberes.com.br

1ª edição, 2020.
Foi feito o depósito legal.
Informamos que é de inteira responsabilidade da autora a emissão de conceitos.
Nenhuma parte desta publicação poderá ser reproduzida por qualquer meio ou forma sem a prévia autorização da Editora InterSaberes.
A violação dos direitos autorais é crime estabelecido na Lei n. 9.610/1998 e punido pelo art. 184 do Código Penal.

Dados Internacionais de Catalogação na Publicação (CIP)
(Câmara Brasileira do Livro, SP, Brasil)

Cordeiro, Clarice Foster
Fundamentos de biologia molecular e celular/Clarice Foster Cordeiro. Curitiba: InterSaberes, 2020. (Série Biologia em Foco)

Bibliografia.
ISBN 978-65-5517-652-0

1. Biologia molecular 2. Citologia I. Título. II. Série.

20-37002   CDD-571.6

Índices para catálogo sistemático:
1. Células: Biologia   571.6

Cibele Maria Dias – Bibliotecária – CRB-8/9427

SUMÁRIO

5   Dedicatória
6   Agradecimentos
7   Apresentação
12 Como aproveitar ao máximo este livro

Capítulo 1
17 Organização molecular das células
19 1.1 Características básicas comuns à maioria dos organismos
26 1.2 Origem da vida na Terra
29 1.3 Tecnologia e avanços da biologia celular
38 1.4 Fundamentos químicos: dos átomos à formação de moléculas e macromoléculas

Capítulo 2
117 Estrutura da membrana celular
118 2.1 Membranas celulares: bicamada lipoproteica
126 2.2 Proteínas da membrana celular
130 2.3 Transporte pela membrana celular
141 2.4 Especializações da membrana celular

Capítulo 3
154 Citoesqueleto e citoplasma
155 3.1 Citoplasma em procariontes e eucariontes
156 3.2 Citoesqueleto
164 3.3 Ribossomos e organelas membranosas

Capítulo 4
210 Metabolismo energético da célula
211 4.1 Estrutura química da molécula de ATP
216 4.2 Respiração celular
225 4.3 Fermentação
226 4.4 Cloroplasto e fotossíntese
234 4.5 Quimiossíntese

Capítulo 5
246 Núcleo celular
248 5.1 Núcleo interfásico
254 5.2 Cromossomos
259 5.3 DNA e RNA na síntese proteica
276 5.4 Mutação

Capítulo 6
289 Ciclo celular
290 6.1 Interfase
296 6.2 Mitose
305 6.3 Meiose

322 Considerações finais
325 Referências
330 Bibliografia comentada
332 Respostas
347 Sobre a autora

DEDICATÓRIA

Este livro é dedicado a quatro pessoas: às minhas filhas, Nicole Foster Cordeiro e Carolina Foster Cordeiro, por serem a razão, a luz e a magia do meu mundo.

À minha paixão, Edson José Cordeiro, sempre disposto a me ajudar e acompanhar em todas as minhas escolhas.

A você, leitor, por acompanhar este trabalho feito com muito carinho e empenho.

'AGRADECIMENTOS

Em especial, à amiga, colega de trabalho e professora Elaine Ferreira pela indicação e pelo apoio na produção desta obra.

Aos colaboradores da Editora InterSaberes pela atenção e empenho na correção, pela sugestão de assuntos a serem abordados e pelos ajustes que garantiram a qualidade do livro.

APRESENTAÇÃO

A origem da biologia está na sua própria essência, que é estudar a vida, suas correlações e os diversos ambientes em que ela se desenvolve. Portanto, é a ciência que dialoga sobre a origem científica da vida e os longos processos evolutivos que convergiram nas formas vivas verificadas na atualidade. Nesse cenário, é amplo o espectro de campos do saber que têm origem nesse estudo – embriologia, fisiologia, anatomia, reprodução, entre outros –, e a organização da biologia se embasa nessas áreas e em seus assuntos afins.

Os estudos da área central desta obra têm como objetivo demonstrar que todos os seres vivos, embora mantenham entre si diferenças morfológicas, comportamentais e funcionais, apresentam processos e interações muito similares nos níveis molecular e celular. Uma vez que a célula é a unidade básica de todos esses organismos, podemos afirmar que mesmo os vírus, considerados formas acelulares, são, todavia, também regidos por aspectos comuns aos seres celulares.

A célula, vale salientar, é um sistema extremamente organizado, no qual inúmeras reações químicas ocorrem para promover o suprimento de energia, proteínas e lipídios e eliminar os resíduos produzidos mediante mecanismos próprios para a perpetuação da espécie. Os vírus, por sua vez, mesmo com suas particularidades, utilizam a célula como meio de replicação do próprio material genético, a fim de realizar a síntese das substâncias necessárias à reprodução. Para tratarmos de célula, é fato que, primeiramente, precisamos tratar da origem dela:

as moléculas orgânicas simples, tais como a glicose, o glicerol, os aminoácidos e os nucleotídios, que são produzidas pela própria célula por meio da utilização de compostos inorgânicos: água e sais minerais. A produção de biomoléculas complexas – como os carboidratos, os lipídios, as proteínas e os ácidos nucleicos – ocorre pela síntese feita com base em repetições dos monômeros (moléculas orgânicas simples) por processos intracelulares.

Para tanto, no Capítulo 1, apresentamos para você, leitor, o conceito de célula e as diferenças de concepções envolvidas. Para essa tarefa são necessários alguns conhecimentos prévios, tais como: tipo celular (procariontes e eucariontes); número de células (seres unicelulares, multicelulares e pluricelulares); respiração (seres anaeróbios e aeróbios); nutrição (seres autótrofos e heterótrofos); e reprodução (assexuada e sexuada). Ainda nesse capítulo explicitamos e elencamos os fundamentos químicos da vida e a relação destes com a manutenção dos componentes presentes na constituição da célula, essenciais ao metabolismo. Entre eles, trataremos do ácido desoxirribonucleico (DNA), que, conforme demonstraremos, é responsável pelas informações genéticas de cada organismo, tanto celular quanto acelular. A molécula orgânica determina a estrutura e o funcionamento da célula e do organismo como um todo. Pela interpretação do código genético, formam-se moldes com base nos quais são constituídas as proteínas necessárias à função celular. A compreensão desses processos e da participação do ácido ribonucleico (RNA) na produção das diversas proteínas é fundamental para o entendimento da estruturação e funcionalidade da célula. Vale destacar que os conhecimentos a respeito da célula vão além do saber sobre as moléculas absorvidas, sintetizadas e secretadas, a começar pela descrição dos dois tipos celulares:

procariontes e eucariontes. Nesse capítulo em específico, indicamos os processos evolutivos que geraram as primeiras formas celulares e deram origem ao tipo procarionte, encontrado atualmente nos organismos do Reino Monera, para demonstrar como um organismo, na sua simplicidade, realiza eventos complexos a fim de produzir energia e moléculas essenciais para o desempenho de suas atividades metabólicas. Todas as células, conforme demonstraremos no decorrer deste livro, apresentam um envoltório em comum: a membrana celular ou citoplasmática. A composição química das membranas, basicamente, constitui-se de lipoproteína (lipídios e proteínas). Vale apontar que a extensão do Capítulo 1, se comparado aos demais capítulos, justifica-se pela necessidade de solidificar as bases teóricas que serão utilizadas nas discussões seguintes.

No Capítulo 2, apresentamos a composição e o arranjo dos compostos químicos da membrana citoplasmática e destacamos suas funções, tais como: a manutenção das diferenças expressivas entre os meios intracelular e extracelular; o transporte via canais proteicos de substâncias (íons, moléculas); recepção de hormônios e outros sinais químicos por meio de proteínas de membrana; as conexões das membranas de células presentes em um mesmo tecido. Finalizando o capítulo, elencamos os tipos de transporte que ocorrem via membrana citoplasmática – difusão, osmose e transporte em massa.

No Capítulo 3, tratamos das células eucariontes, destacando o desenvolvimento do sistema de membranas e a diversidade de organelas membranosas. No estudo desse tipo celular, é importante demonstrar como as organelas membranosas interagem para a síntese de moléculas com rotas específicas e com funções fundamentais à existência de organismos multicelulares e, mais ainda, dos pluricelulares. Nestes últimos, as células se organizam em tecidos e apresentam especificidades ímpares que foram importantes para o surgimento de diferentes tipos celulares. Por fim, tratamos da molécula energética denominada *adenosina trifosfato* (ATP) para explicar o gasto de energia empreendida nas atividades celulares.

No Capítulo 4, descrevemos os processos pelos quais acontecem a produção de energia (quimiossíntese, fotossíntese, respiração celular e fermentação). Nos casos de células em que a transferência de energia dos nutrientes ocorre com a ausência de mitocôndrias, a produção de ATP é muito inferior, se comparada às células que apresentam mitocôndrias. Nas células autótrofas, a síntese de energia acontece pela luz ou por substâncias inorgânicas (gases), através dos processos de fotossíntese e quimiossíntese, respectivamente. Na abordagem desse capítulo, portanto, destacamos as reações químicas essenciais para a conversão de uma forma de energia em outra, com ênfase naquelas que ocorrem nas organelas (cloroplasto e mitocôndria).

O núcleo celular, bem como sua organização estrutural e funcional, é o tema do Capítulo 5. Descrevemos o funcionamento do núcleo interfásico, cujos processos metabólicos celulares são ativos. Nele há o rearranjo da cromatina em cromossomos, o qual indica que a célula se prepara para a divisão celular. No núcleo interfásico, vale adiantar, os ácidos nucleicos (DNA e RNA), juntamente com outros elementos químicos, se envolvem na síntese proteica.

Por fim, no Capítulo 6, abordamos a importância da replicação das células por meio da divisão celular (mitose ou meiose), processo controlado por mecanismos moleculares, em especial o material genético. Organismos simples, como você também verá, podem se reproduzir por mitose, mesmo processo que permite: (1) o crescimento de organismos multicelulares e pluricelulares; (2) a renovação de células; (3) a cicatrização de regiões lesionadas. Demonstramos como os organismos mais complexos conseguem formar uma célula especial que, além de garantir a reprodução, permite a troca de material genético, resultando em variabilidade genética essencial à perpetuação de espécies. Esse tipo de reprodução é denominado *meiose* e consiste na formação de células haploides.

Portanto, conhecer os mecanismos moleculares e celulares nos ajuda a decifrar o funcionamento do próprio organismo e a atuar sobre ele no dia a dia, uma vez que a informação genética, por exemplo, pode ser alterada por mutações aleatórias ou influenciada por gestos comportamentais, como dietas alimentares inadequadas e ações do ambiente (radiação), razão pela qual indivíduos podem ser acometidos por doenças que podem ou não ter tratamento e cura, o que dependerá do conhecimento específico e acumulado sobre as células e os mecanismos que as mantêm vivas.

COMO APROVEITAR AO MÁXIMO ESTE LIVRO

Empregamos nesta obra recursos que visam enriquecer seu aprendizado, facilitar a compreensão dos conteúdos e tornar a leitura mais dinâmica. Conheça a seguir cada uma dessas ferramentas e saiba como elas estão distribuídas no decorrer deste livro para bem aproveitá-las.

Introdução do capítulo

Logo na abertura do capítulo, informamos os temas de estudo e os objetivos de aprendizagem que serão nele abrangidos, fazendo considerações preliminares sobre as temáticas em foco.

› **Importante!**

Algumas das informações centrais para a compreensão da obra aparecem nesta seção. Aproveite para refletir sobre os conteúdos apresentados.

› **Preste atenção!**

Apresentamos informações complementares a respeito do assunto que está sendo tratado.

Fique atento!

Ao longo de nossa explanação, destacamos informações essenciais para a compreensão dos temas tratados nos capítulos.

Curiosidade

Nestes boxes, apresentamos informações complementares e interessantes relacionadas aos assuntos expostos no capítulo.

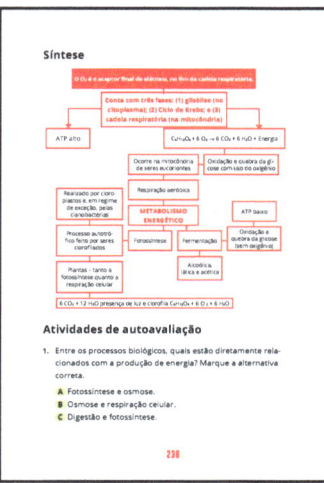

> **Síntese**

Ao final de cada capítulo, relacionamos as principais informações nele abordadas a fim de que você avalie as conclusões a que chegou, confirmando-as ou redefinindo-as.

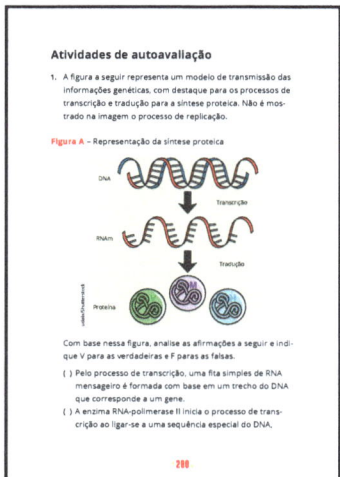

> **Atividades de autoavaliação**

Apresentamos estas questões objetivas para que você verifique o grau de assimilação dos conceitos examinados, motivando-se a progredir em seus estudos.

Atividades de aprendizagem

Aqui apresentamos questões que aproximam conhecimentos teóricos e práticos a fim de que você analise criticamente determinado assunto.

Bibliografia comentada

Nesta seção, comentamos algumas obras de referência para o estudo dos temas examinados ao longo do livro.

CAPÍTULO 1

ORGANIZAÇÃO MOLECULAR DAS CÉLULAS,

Iniciemos asseverando o óbvio: a vida, que tanto fascina a mente humana, é uma condição existente na Terra. O nosso planeta é repleto de variados *habitats* com fatores abióticos distintos e responsáveis direta ou indiretamente pela variável e, às vezes, desconhecida biodiversidade, que se traduz pelos fatores bióticos. A célula é a unidade morfológica e fisiológica de todas as formas vivas, exceto dos vírus, e conhecê-la é fundamental para a compreensão biológica da vida e da perpetuação das espécies.

A ciência que estuda e compreende toda a estrutura das células, bem como seu funcionamento e relações que estabelecem umas com outras ou com o meio é a biologia celular. Trata-se de uma área fundamental para a compreensão da vida e de seu contexto histórico, sua origem, sua evolução, suas mutações e seus processos reprodutivos.

Curiosamente, os mesmos átomos encontrados nos componentes abióticos são os constituintes das células e de biomoléculas essenciais para sua composição química, bem como de componentes inorgânicos e orgânicos necessários à atividade e sobrevida celular. Entre os compostos inorgânicos, além da importância da água no funcionamento e equilíbrio celular, vamos estudar alguns dos principais íons (sais minerais). No decorrer do capítulo, apresentaremos ainda as estruturas das macromoléculas e suas subunidades, os monômeros, bem como suas funções para a manutenção da vida. Para tanto, o conhecimento sobre a participação e a importância das biomoléculas na condição do fenômeno *vida* também é assunto relevante.

1.1 Características básicas comuns à maioria dos organismos

Um olhar para nós mesmos ou para o meio onde estamos inseridos nos permite perceber que há diversas formas de vida, razão pela qual tão logo podemos nos perguntar: "o que é vida?".

A diversidade de formas dos organismos e da interação entre eles pode ser percebida quando analisamos espécies adaptadas a regiões caracterizadas por temperaturas muito baixas – quando vislumbramos aquelas que vivem em regiões muito quentes ou carentes de água ou, ainda, quando examinamos aquelas que dependem do ambiente aquático. No entanto, independentemente das variações abióticas presentes nos diversificados *habitats*, todos os seres necessitam de água, calor, gases, íons, nutrientes, dentre outros elementos. Por exemplo: determinada planta precisa de certa quantidade de luz solar para a sua existência em um ecossistema e não em outro, porque a quantidade e o tempo de luz variam de uma região para a outra. Outro exemplo é a concentração salina em ambientes aquáticos, que influencia diretamente na espécie que habita águas continentais e marinhas ou estuários.

> Os animais aquáticos podem ocupar ambientes com concentrações salinas diferentes. Os que habitam a água do mar encontram uma concentração de aproximadamente 3,5% de sal (35 g de sal/litro, 35 g · kg^{-1}). No entanto, esse valor pode sofrer variações devido a níveis elevados de precipitação ou com a entrada de água doce proveniente de rios locais ou ainda por acentuada evaporação em águas rasas (Nybakken, 1988; Schmidt-Nielsen, 1996). Os estuários (regiões litorâneas), habitados por muitos

tipos de animais, apresentam concentrações salinas que podem variar durante o dia. Este ambiente apresenta variações na concentração salina devido à mistura da água doce com a água do mar. Estas variações ocorrem, principalmente, pelo ciclo das marés, mas também sazonalmente, de acordo com o índice pluviométrico [...]. (Foster, 2006, p. 1)

O componente biótico compreende as diferentes formas de vida em diversos *habitats* e nichos ecológicos espalhados pelos ecossistemas do planeta. Todo ser microscópico ou macroscópico, isto é, unicelular, multicelular ou pluricelular, apresenta um conjunto de características básicas para a manutenção da condição da vida, entre as quais se destaca a célula, unidade morfofisiológica constituinte dos organismos.

Explicar o fenômeno *vida* não é uma tarefa simples. Contudo, ao elencar um grupo de características presentes em um organismo – planta, fungo ou animal –, percebemos que muitas delas são comuns a todos, inclusive aos vírus, que até pouco tempo não eram conhecidos e muito menos considerados seres vivos. Entre as características presentes na maioria dos organismos, podemos destacar, além da célula, o metabolismo, os componentes químicos, a respiração, o ciclo vital, a reprodução, a hereditariedade, a mutação e a evolução. Por sua vez, a célula se apresenta como condição mínima à vida para os organismos celulares, sendo que, em certas espécies, ela se comporta como o próprio ser vivo, no caso dos seres unicelulares. Já os seres multicelulares ou pluricelulares apresentam uma organização entre as várias células que os constituem, em que se identifica uma funcionalidade individual e, simultaneamente, a ampla comunicação entre elas (Figura 1.1).

Os seres vivos podem ser organizados em procariontes e eucariontes, de acordo com a estrutura celular de que dispõem. Embora a constituição básica (o envoltório, a maquinaria química interna e a organização do material genético) seja singular, a célula eucarionte apresenta um citoplasma altamente complexo. Os seres procariontes apresentam o material genético disperso no citosol (ou citoplasma) e contam apenas com a membrana plasmática. Por sua vez, os seres eucariontes dispõem de membranas que envolvem o material genético e as organelas correlatas (tema que será melhor descrito no Capítulo 3).

Figura 1.1 – Organismo unicelular (A) e organismo pluricelular (B)

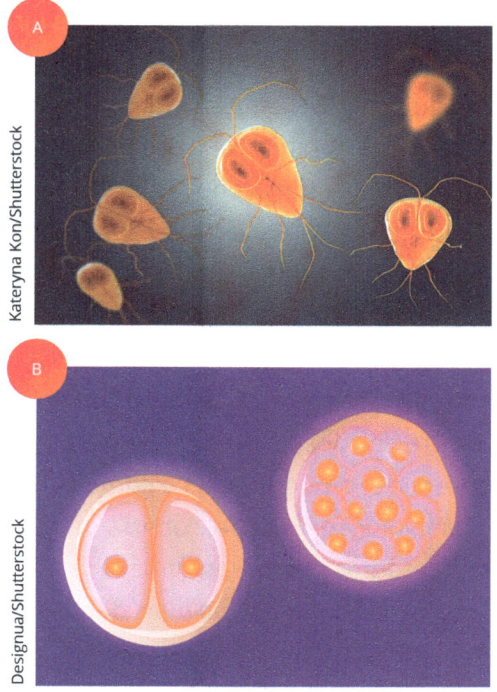

Em (A) observamos que a própria célula é o organismo, no caso, a giárdia; ao passo que em (B) o embrião apresenta, já nos primeiros dias, dezenas de células. A célula é um sistema envolvido por membrana preenchida por uma solução rica em micropartículas (inorgânicas e orgânicas), ribonucleoproteínas e ácidos nucleicos. O material genético, composto pelo ácido desoxirribonucleico (DNA) e pelo ácido ribonucleico (RNA), é responsável pelo controle do crescimento celular ou pela divisão celular. Como já mencionamos, no caso de alguns seres vivos, a célula corresponde ao próprio organismo, denominados, por isso, *seres unicelulares*; há outros, como o ser humano, que são formados por uma quantidade imensa de células, as quais desempenham funções e conexões complexas; trata-se dos denominados *seres pluricelulares*. A propagação dos organismos está intimamente relacionada à célula: enquanto os seres unicelulares frequentemente se reproduzem por cissiparidade (reprodução assexuada), os pluricelulares optam pela troca de material genético, mediante, em muitas espécies, produção de células reprodutivas – os gametas (Figura 1.2). Os vírus, incapazes de se reproduzirem sozinhos, quando parasitam uma célula hospedeira, exercem um controle impressionante sobre ela e geram nesse processo as mais diversas malignidades.

Nesse sentido, a descoberta da célula foi um marco importante nos estudos realizados na área da biologia celular, tendo ajudado a compreender o que é a vida e como ocorre seu funcionamento e sua evolução. Essa descoberta também possibilitou um entendimento dos processos evolutivos essenciais que viabilizaram que a vida alcançasse os mais diferentes *habitats*. A compreensão dessa unidade morfofisiológica, portanto, permite entender o modo como o óvulo fecundado forma o ser humano, estabelecer as semelhanças e as diferenças do óvulo humano com o de outros organismos e analisar os processos de mutações e os eventos marcantes a qualquer ser vivo: nascimento, desenvolvimento, reprodução e morte.

Figura 1.2 – Reprodução assexuada (A) e reprodução sexuada (B)

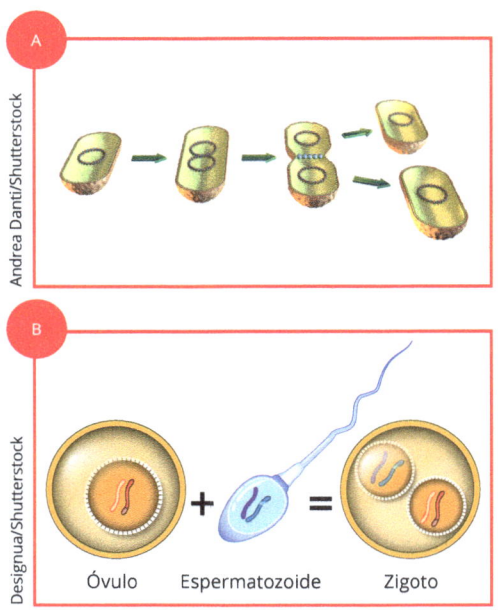

O metabolismo é condição essencial às células e se refere ao conjunto de reações químicas capazes de transformar a matéria química em moléculas e/ou substâncias importantes para a atividade celular. Esse fenômeno consiste na capacidade da célula de sintetizar biomoléculas (ácidos nucleicos, carboidratos, lipídios e proteínas) quando dispõe de energia ou moléculas suficientes num processo denominado *anabolismo*. Por um outro viés, quando o organismo precisa de energia (numa situação de jejum, por exemplo), ocorre a degradação das biomoléculas, em um processo chamado *catabolismo*. Os fenômenos energéticos – anabolismo e catabolismo – desenvolvidos na célula são antagônicos, pois enquanto o primeiro utiliza a energia dentro do processo, o segundo promove a produção de energia, com a formação de adenosina trifosfato (ATP), que é uma das principais moléculas produzidas no fornecimento de energia às atividades celulares.

Figura 1.3 – Adenosina trifosfato

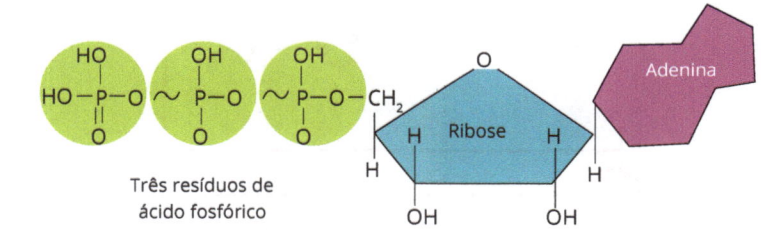

A eficiência na produção de energia está diretamente relacionada à capacidade da célula em degradar as biomoléculas para a produção de ATP. A respiração celular é um evento que pode colaborar para a produção dessa molécula e se constitui como fator essencial à condição da vida, podendo ser caracterizada de duas maneiras:

- **Respiração celular aeróbica (ou aeróbia)**: quando o gás oxigênio (O_2) é parte integrante do processo.
- **Respiração celular anaeróbica (ou anaeróbia)**: quando as reações químicas ocorrem na ausência do O_2.

Os organismos anaeróbios usam componentes inorgânicos ou orgânicos na produção de energia e são organizados em dois tipos – os restritos e os moderados. Os primeiros, como o próprio nome sugere, rejeitam totalmente o O_2, ao passo que os segundos toleram certa concentração de O_2 no meio, pois crescem em ambientes com até 10% desse gás na atmosfera, mas não sobrevivem em lugares onde a concentração é de 21%, atual porcentagem de O_2 constante na atmosfera terrestre. Além disso, micro-organismos anaeróbios moderados podem utilizar diferentes moléculas para a produção de energia, como o nitrato (NO_3), o sulfato (SO_4^{2-}) ou o carbonato (CO_3^{2-}), reduzindo-as a subprodutos e ATP (Damineli; Damineli, 2007).

Na atmosfera primitiva, o gás oxigênio era praticamente nulo, mas seu aparecimento mudaria radicalmente a vida na Terra. Formações rochosas muito antigas, analisadas por diferentes pesquisadores, dão fortes indícios de como teria acontecido a transformação que levou à concentração de O_2 encontrado na atmosfera atual. A produção de oxigênio foi promovida pela própria vida, com a presença das primeiras células fotossintetizantes, que suscitaram a cisão da molécula de água e a liberação do átomo de oxigênio. Os adventos da evolução na Terra, bilhões de anos atrás, propiciaram a formação da atmosfera com oxigênio, bem como a constituição da camada de ozônio, embora os organismos aeróbios tenham se adaptado à concentração do oxigênio como a que temos nos dias atuais (21%), provavelmente, apenas há 1 bilhão de anos (Damineli; Damineli, 2007).

1.2 Origem da vida na Terra

Pensar a respeito de como a vida se iniciou no planeta Terra é no mínimo intrigante. Nessa reflexão, somam-se conhecimentos da astronomia, física, química, geologia e biologia, os quais pressupõem que esse início data de pelo menos 3,5 bilhões de anos e que a Terra, assim como os outros planetas do Sistema Solar, teria se formado há mais ou menos 4,6 bilhões de anos. A evolução química é a teoria mais aceita pela comunidade científica para explicar a origem da vida em nosso planeta. As condições da Terra primitiva eram extremas, hostis à vida, com intensas atividades vulcânicas, temperaturas altíssimas, chuvas torrenciais, bombardeamento frequente de meteoros e talvez um pouco de oxigênio, mas sem a camada de ozônio. A intensa radiação ultravioleta do Sol era um fator crítico, porque impedia a ocorrência de um equilíbrio químico, o que levou à formação de moléculas reativas, das quais surgiram novas moléculas e substâncias no ambiente. A soma desses eventos foi primordial para o aparecimento da primeira célula e de mecanismos que culminaram em toda a vida no planeta.

A atmosfera primitiva da Terra apresentava compostos como água (H_2O), gases nitrogênio (N_2) e dióxido de carbono (CO_2) e, em menores concentrações, metano (CH_4) e amônia (NH_4). No início do século XX, por volta de 1920, dois cientistas, Alexander Oparin e John B. S. Haldane, com base em estudos independentes, sugeriram a formação de moléculas orgânicas à base de moléculas inorgânicas, utilizando como fonte de energia a radiação ultravioleta ou as descargas elétricas (relâmpagos), mais comuns naquela época. Em 1953, Stanley Miller e Harold Urey submeteram, por uma semana, os compostos inorgânicos H_2O, H_2, CH_4 e NH_4 à energia proveniente de faíscas elétricas (Figura 1.4) e obtiveram uma variedade de compostos orgânicos, incluindo diversos tipos de aminoácidos (Damineli; Damineli, 2007).

Figura 1.4 – Aparelho Miller-Urey

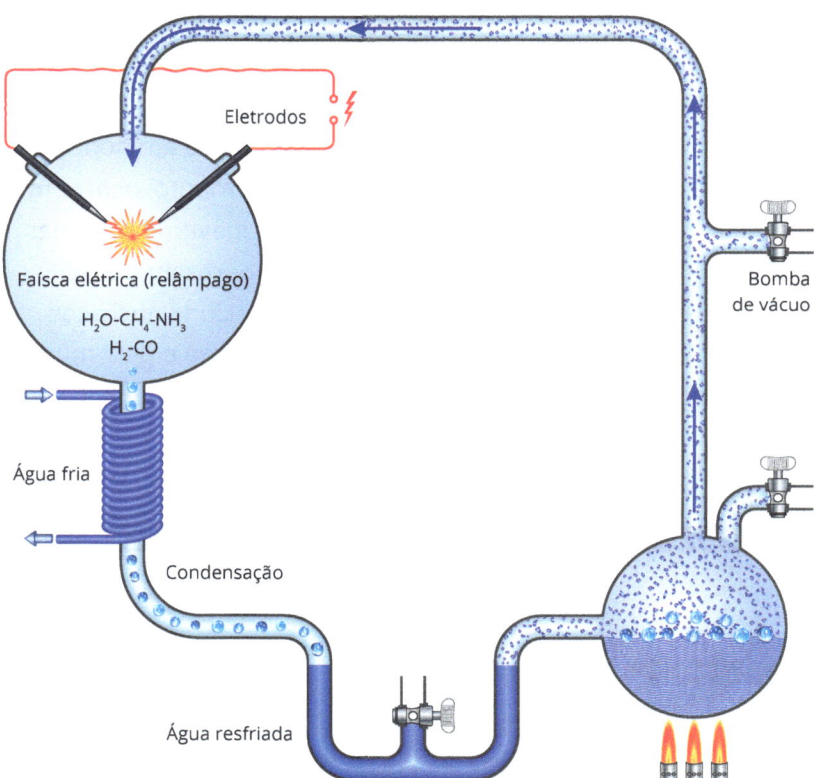

O aparelho representado na figura era responsável por reconstituir as condições da atmosfera primitiva da Terra. Mesmo que as condições criadas com o experimento Miller-Urey não tenham (nem de longe) imitado as condições da Terra em seus primórdios, os resultados foram importantes, visto que evidenciaram a formação de moléculas complexas com base em moléculas simples.

Outro ponto-chave foi a produção de macromoléculas com moléculas orgânicas pré-fabricadas, como na síntese de proteínas pela repetição dos monômeros (aminoácidos). Esse processo foi demonstrado por Sidney Fox (1912-1998), em 1953, da seguinte maneira: ao aquecer uma mistura seca de aminoácidos, o cientista observou que, após um lento resfriamento, ocorriam ligações entre eles com base nas quais se originavam moléculas similares às proteínas. Esses resultados corroboraram a explicação de como teria ocorrido a formação dos ácidos nucleicos (DNA e RNA), moléculas responsáveis pelo controle e pela multiplicação celular.

Figura 1.5 – DNA e RNA e suas respectivas bases nitrogenadas

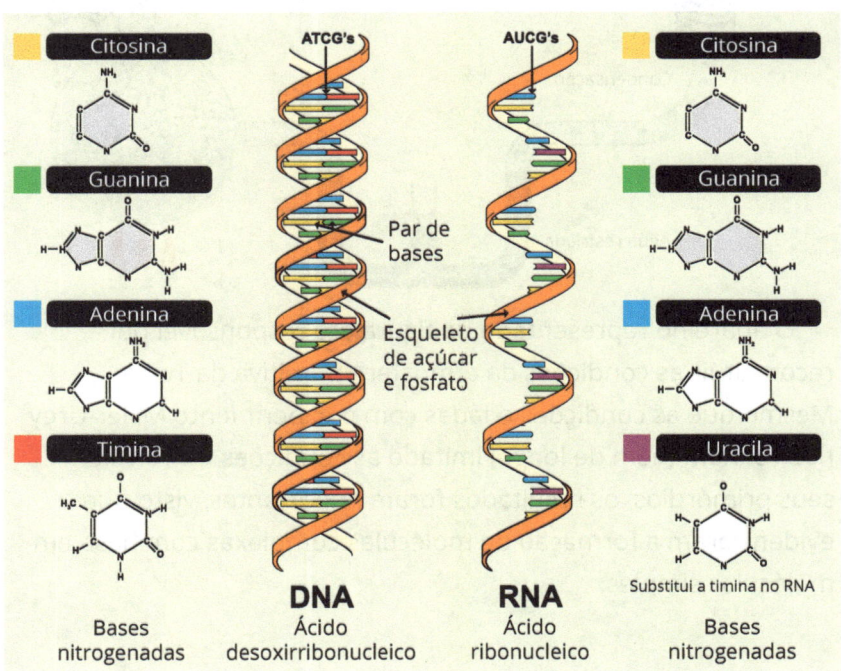

No meio científico, é consensual afirmar que o RNA foi a molécula genética primitiva responsável pela replicação e pelo controle celular. Portanto, a molécula de RNA autorreplicante e as proteínas sintetizadas por intermédio do RNA e cercadas por um envoltório lipídico teriam formado a primeira célula. Portanto, no processo evolutivo, o RNA serviria de molde para a formação do DNA, o qual, diferentemente do RNA, é mais estável. O DNA possibilitaria, assim, a formação de células complexas com capacidade maior de armazenamento das informações hereditárias.

Quanto à nutrição das primeiras formas de vida, há alguns cientistas que defendem a "hipótese autotrófica", enquanto outros apoiam a "hipótese heterotrófica". A primeira tem ganhado cada vez mais aceitação nas academias após a descoberta de bactérias quimiossintetizantes que vivem em regiões de grande profundidade (a quimiossíntese consiste em usar a luz ou o calor para produzir nutrientes e energia química). A segunda defende que as formas de vida pioneiras não sintetizavam o próprio nutriente, mas obtinham energia com base em substâncias simples presentes no meio.

1.3 Tecnologia e avanços da biologia celular

A visão humana é bastante limitada, uma vez que não vemos aquilo que é muito pequeno ou o que está muito distante. Essas limitações confirmam a importância das invenções humanas para o conhecimento e a compreensão do mundo microscópico e para o que está em nível astronômico. Nas áreas de biologia celular e molecular, os avanços ocorrem mediante esforço do aperfeiçoamento de técnicas investigativas, maquinários, confecção de lâminas de microscopia e técnicas de coloração. A maioria das células apresenta medidas muito reduzidas, razão pela qual podem ser visualizadas e entendidas apenas com o uso da microscopia. Os microscópios ópticos só apareceriam no século XVII, possibilitando o estudo e o conhecimento mais preciso da unidade básica de todos os seres vivos.

O termo *célula*, do latim *cellula*, que significa *cubículo* ou *cela*, foi apresentado pelo físico e biólogo Robert Hooke (1635-1703), em 1663, quando observava fatias de cortiça ao microscópio:

Figura 1.6 – Microscópio utilizado por Robert Hooke

Contudo, há que se reconhecer que a visualização da célula feita por Hooke e outros cientistas da época não tinha a mesma qualidade e nitidez de atualmente. O aperfeiçoamento do microscópio, as técnicas de fixação de tecido, o uso de corantes biológicos e a melhor compreensão do material observado, isto é, a instrumentalização, por alguns séculos, da comunidade científica, associada a contextos históricos e sociais, levaram à elaboração da teoria celular.

De acordo com essa teoria, como já antecipamos, todos os seres vivos são formados por células e constituídos por uma ou mais dessas unidades, com exceção dos vírus, que são acelulares. As células variam muito em formato (morfologia), o que tem influência direta nas suas funções (fisiologia). No nosso cérebro, por exemplo, o neurônio é diferente de uma célula sanguínea (hemácia). A morfologia do neurônio permite executar de maneira adequada a sua função fisiológica, que é a de transmitir o impulso nervoso. Na região globosa (corpo celular) dos neurônios, há prolongamentos citoplasmáticos (dendritos) responsáveis por captar os estímulos oriundos de outras células nervosas, ao passo que, na extremidade oposta, se encontra uma extensão maior (axônio) encarregada de enviar estímulos aos neurônios ou tecidos adjacentes. As hemácias, por seu turno, apresentam um formato que permite a circulação da célula pelo plasma, o que proporciona melhor eficiência no transporte de gases (Figura 1.7). A análise de outras células presentes em diversos organismos mostra muitas outras variações morfológicas e fisiológicas.

Figura 1.7 – Morfologia externa de duas células encontradas no organismo humano – neurônio (A) e hemácias (B)

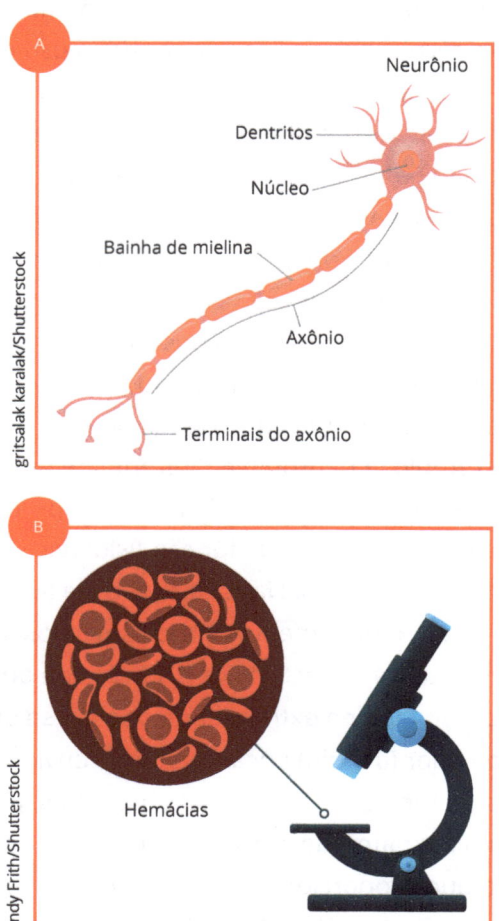

Conforme apontado, o termo *célula* foi proposto por Robert Hooke, evidentemente, sem a mesma clareza que temos hoje para fazê-lo. Outro ponto a ser ressaltado é o de que não havia um interesse biológico nas observações feitas por Hooke, criador do termo e colaborador no desenvolvimento da microscopia. Por quase 200 anos (do século XVI ao XVIII), as descobertas e os estudos sobre microscopia e célula não tiveram muito mérito, visto que o microscópio era um instrumento de poucos e o uso da microscopia era incomum. Somente no século XIX a microscopia ganharia força e, assim, daria origem à área de biologia celular. O nascimento dessa ciência aconteceu ofícialmente com a publicação de dois trabalhos, em 1838: um realizado com tecido de plantas pelo botânico Matthias Schleiden, e outro efetuado pelo zoólogo Theodor Schwann, com tecido animal. Ambos os estudos identificaram que os tecidos eram constituídos por blocos de células. Esses achados corroboraram outros trabalhos, que, por sua vez, foram utilizados como base para a concepção do conceito de célula como unidade viva capaz de desenvolvimento e crescimento por divisão celular (Silva; Aires, 2016).

A microscopia óptica tem limitações que podem ser minimizadas com o uso de outras técnicas, como a coloração. Nesse caso, os corantes interagem com as moléculas e aumentam o contraste entre as estruturas celulares, auxiliando na compreensão dessas estruturas. Na década de 1930, o físico alemão Ernst Ruska e colaboradores apresentaram o primeiro microscópio de transmissão, usado, posteriormente, na análise de amostras biológicas pela primeira vez por Albert Claude, Keith Porter e George Palade. Porém, não cabe adiantar esse assunto agora, pois, no Capítulo 3, estudaremos as vantagens da microscopia eletrônica para a área da biologia celular e molecular.

1.3.1 A microscopia e a descoberta das células procariontes e eucariontes: características

Com o advento do microscópio eletrônico, pôde-se determinar a existência de dois tipos básicos de células sobre os quais temos falado desde o início deste livro: procariontes e eucariontes. A identificação de um ser como procarionte ou eucarionte serve de base para encontrar semelhanças entre esses tipos de células, mas também é, sobretudo, motivo de grandes diferenças.

Nas células procariontes (junção dos vocábulos gregos *pro*, primeiro, e *karyon*, núcleo), o material genético está disperso no citoplasma (com ausência da carioteca, atualmente denominada *membrana nuclear*); nas eucariontes (junção dos termos grego *eu*, bom ou verdadeiro, e *karyon*, núcleo), encontra-se uma membrana nuclear que separa o material genético do citoplasma. Os seres vivos que apresentam células procariontes, denominados *procariotas*, integram o Reino Monera, do qual fazem parte as bactérias e cianobactérias (Figura 1.8).

Figura 1.8 – Célula procarionte, característica do Reino Monera

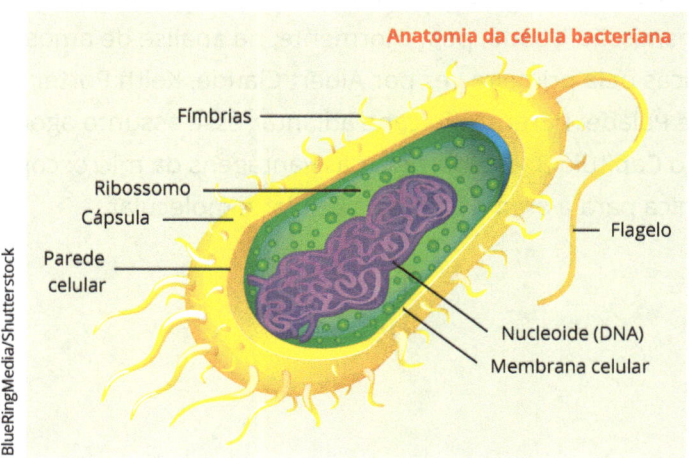

Os procariotas apresentam-se em dois grupos: as arqueas ou as eubactérias. As primeiras, poucas atualmente, são encontradas em ambientes de condições extremas; por exemplo, as termoacidófilas que habitam regiões de águas sulforosas com temperaturas de até 80 °C e com potencial hidrogeniônico (pH) menor que 2. As segundas, por sua vez, são as bactérias mais comuns, encontradas nos mais diferentes *habitats*, altamente adaptáveis a uma variedade de condições ambientais, razão pela qual são os organismos mais numerosos da Terra. As bactérias podem ter forma de esfera, espiral ou bastonete, com tamanhos que variam de 1 µm a 10 µm e um material genético capaz de produzir mais de 5 mil tipos de proteínas, o que torna o seu citoplasma nada homogêneo, com produtividade e atividade metabólica intensas. Um exemplo característico é o da bactéria *Escherichia coli*, que habita o trato intestinal humano e cujo tamanho é de 2 µm e diâmetro de 1 µm (Alberts et al., 1997). Como a maioria dos procariontes, essa bactéria apresenta, além da membrana celular, envoltório externo: uma parede celular rígida composta de um polissacarídio e peptídios. A *E. coli* é constituída, ainda, de um DNA circular na região do nucleoide, ou seja, o material genético não está isolado do citoplasma e neste compartimento os ribossomos somam mais de 30 mil, sendo responsáveis pela síntese proteica.

Os outros reinos (*Protoctista, Fungi, Plantae* e *Animalia*) apresentam organismos constituídos por células eucariontes, nas quais são visíveis (ao microscópio óptico) duas regiões morfologicamente distintas, citoplasma e o núcleo, separadas por membranas plasmática e nuclear, respectivamente.

Figura 1.9 – Célula eucarionte – fungo (A) e animal (B)

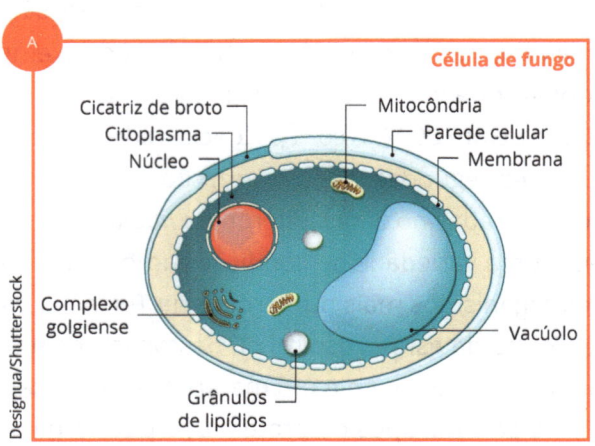

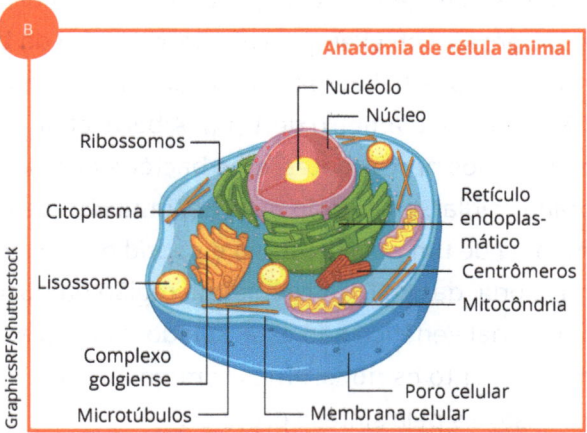

As células procariontes e eucariontes, vale ressaltar, são constituídas por três estruturas básicas: membrana plasmática, citoplasma e núcleo. O contraste entre esses dois tipos de células é a presença, nas eucariontes, de maior volume de DNA envolvido por uma membrana nuclear e de inúmeras organelas membranosas no citoplasma, ao contrário do que se verifica nas procariontes, o que cria uma variedade de microrregiões com diferentes moléculas e funções, as quais serão descritas no Capítulo 3.

Curiosidade

Lynn Margulis e a teoria da endossimbiose

A análise cuidadosa da pesquisadora Lynn Margulis (1938-2011) levou à formulação da teoria da endossimbiose, que consiste na ideia de que a célula eucarionte teria surgido de um aglomerado de organismos menores (procariontes) que viviam de forma dependente. Em 1927, Ivan Wallin já propunha que a mitocôndria, antes de se tornar uma organela, teria sido um ser procarionte. Margulis fundamentou suas hipóteses em dois conceitos básicos: o de que as mitocôndrias descenderam de procariontes aeróbios e o de que os cloroplastos descenderam de bactérias fotossintetizantes.

Os estudos mais recentes do DNA datam o surgimento das células eucariontes de 2,7 bilhões de anos atrás. Mesmo com a aparência evolutiva mais próxima às arqueas, é provável que esse tipo de célula tenha surgido de sucessivas mutações que ocorreram com células de arqueas e também de eubactérias. Isso é dado porque, analisando o DNA de uma célula eucarionte, embora apresente maior proximidade com as arqueas, uma análise em mitocôndrias e em cloroplastos evidencia semelhanças com as eubactérias, conclusão não refutada no meio científico. A hipótese de organelas membranosas serem, num primeiro momento, uma relação ecológica de simbiose (endossimbiose) entre organismos procariontes apresenta fundamentos se analisada a constituição das duas organelas mencionadas. Tanto as mitocôndrias como os cloroplastos apresentam DNA próprio, com síntese de compostos próprios, capacidade de reprodução binária, têm semelhanças entre as membranas e os ribossomos, além de RNA ribossomal, similar ao que é encontrado em organismos procariontes.

1.4 Fundamentos químicos: dos átomos à formação de moléculas e macromoléculas

Todas as células dispõem de moléculas responsáveis pela sua estrutura e funcionamento, as quais podem interagir por meio de reações químicas diversas e dar origem a outras substâncias. As diferentes fusões entre os elementos químicos são possíveis porque eles podem se unir por ligações covalentes, graças ao fato de sua última camada de valência encontrar-se incompleta e instável, resultando em novas moléculas quando os átomos compartilham elétrons.

As moléculas existentes em um componente biótico (ser vivo) são constituídas pelos mesmos átomos encontrados em um componente abiótico (não vivo). Dos 90 elementos químicos comuns que integram o meio ambiente, apenas 30 têm relevância para os seres vivos. Das biomoléculas vitais produzidas pelas células, 96% apresentam os elementos hidrogênio, carbono, oxigênio e nitrogênio em maior quantidade entre os átomos. Por sua vez, nos seres inanimados estão presentes em abundância os átomos de oxigênio, silício, alumínio e sódio. Outro detalhe relevante é que esses microelementos fundamentais ao funcionamento celular constituem um peso ínfimo no interior da célula: um exemplo é o ferro, essencial à função da hemoglobina, mas que representa apenas 0,3% do percentual dos elementos do corpo humano.

Figura 1.10 – Infográfico com a porcentagem de compostos químicos inorgânicos e orgânicos que integram um homem e uma mulher de peso normal

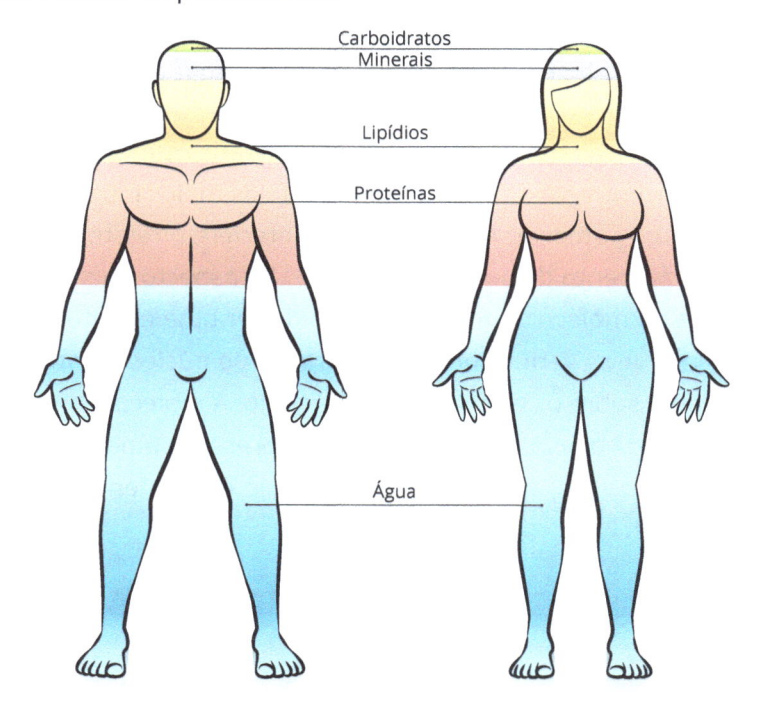

O componente químico em maior abundância nas células vivas é a água. Contudo, quando essas estruturas são expostas a um processo de desidratação, o elemento com maior porcentagem passa a ser o carbono. O carbono pode formar ligações simples com átomos de hidrogênio e ligação simples ou ligação

dupla com os átomos de oxigênio e nitrogênio. Outro detalhe é a capacidade que esse elemento tem de fazer ligações com outros átomos de carbono, pelas quais formam-se as cadeias de carbono, ou seja, os compostos orgânicos (Figura 1.10), como veremos adiante no capítulo.

1.4.1 Água (H_2O)

A água, como dito, é o componente químico em maior concentração nos seres vivos. Por essa razão, conhecer as propriedades químicas e físicas dessa molécula é crucial para entender quanto de sua concentração precisa ser mantida nos meios intracelular e extracelular, uma vez que esse índice interfere diretamente no funcionamento de outras moléculas. Um aspecto químico relevante na molécula de água é o fato de ser uma estrutura polar, em que se verifica uma forte atração do núcleo do átomo de oxigênio sobre os elétrons do hidrogênio. A molécula de água é denominada *dipolo*, pois o hidrogênio apresenta uma carga levemente positiva, ao passo que o oxigênio é levemente negativo (Figura 1.11).

Figura 1.11 – Representação esquemática da molécula de água

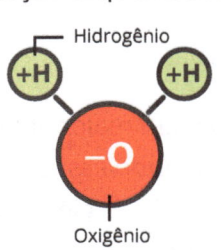

As moléculas de água e seus subprodutos ionizados, H^+ e OH^-, influenciam a organização estrutural e a função de biomoléculas como proteínas, ácidos nucleicos e lipídios. As propriedades *polar* e *apolar*, *afinidade* ou *não afinidade pela água*, respectivamente, interferem diretamente na estrutura e na composição celular. A natureza polar da água permite que ocorram ligações químicas, pontes de hidrogênio entre si e com outras moléculas polares ou com íons positivos ou negativos. Essa solubilidade entre os componentes e a água denomina-se *solubilidade hidrofílica* (da junção dos termos gregos *hydro*, água, e *philos*, gostar). Em contrapartida, as moléculas apolares não interagem facilmente com a água e, por não apresentarem solubilidade, são chamadas de *hidrofóbicas* (da junção dos termos gregos *hydro*, água, e *phobos*, medo). No entanto, as interações das moléculas com a água, seja hidrofílica, seja hidrofóbica, são essenciais na estrutura e na função celular. Um bom exemplo são os fosfolipídios, biomoléculas anfipáticas, isto é, que contêm uma região hidrofílica e outra hidrofóbica, formadoras da membrana celular.

A água é encontrada em todos os seres vivos e varia de acordo com a espécie, tecido ou atividade celular. O percentual de água em um animal terrestre, quando comparado aos aquáticos, pode ser bem diferente; em um ser humano, por exemplo, esse percentual corresponde a 70% (Figura 1.12) da massa corporal, ao passo que, em uma água viva, o volume pode ser de até 97%.

Figura 1.12 – Quantidade de água presente no corpo humano

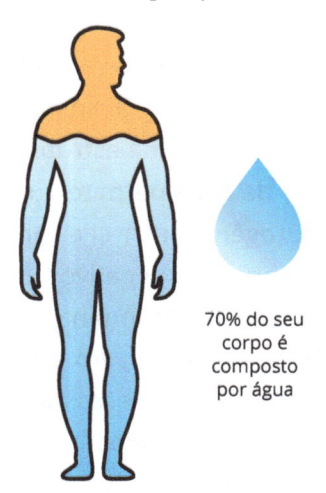

70% do seu corpo é composto por água

valeryvoronessa/Shutterstock

Todavia, o volume de água em uma célula é diretamente proporcional à sua atividade celular; em células metabolicamente ativas, verifica-se um alto percentual de água. Os neurônios, células nervosas cuja atividade é intensa, apresentam um volume de água entre 80% a 85%, ao passo que em tecidos menos ativos, como o adiposo, as células (os adipócitos) apresentam um volume de 15%. Quando a análise diferencia os órgãos do corpo humano (Figura 1.13), as concentrações hídricas são igualmente distintas: fígado e pulmões apresentam mais de 80% do volume total de água.

Figura 1.13 – Percentual de água em alguns órgãos humanos e sua função nesses elementos

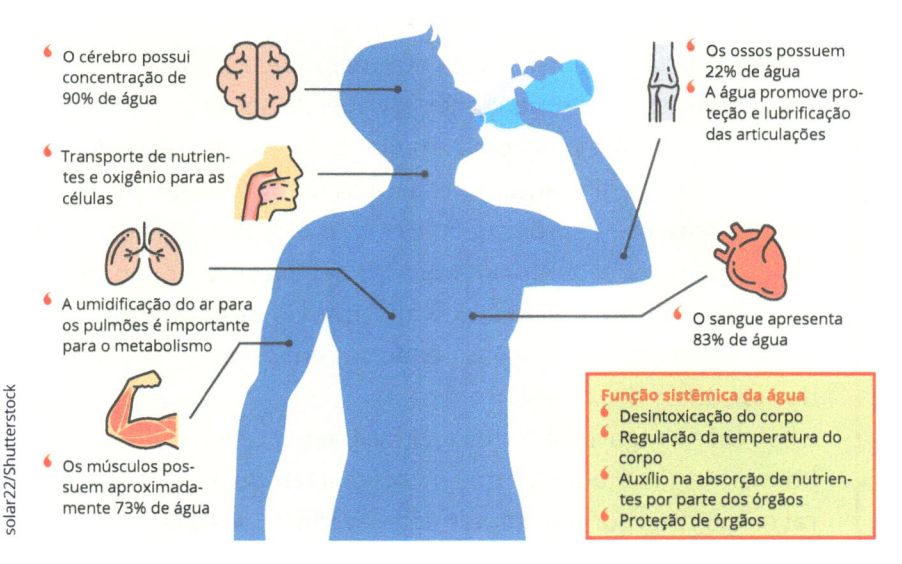

- O cérebro possui concentração de 90% de água
- Transporte de nutrientes e oxigênio para as células
- A umidificação do ar para os pulmões é importante para o metabolismo
- Os músculos possuem aproximadamente 73% de água
- Os ossos possuem 22% de água
- A água promove proteção e lubrificação das articulações
- O sangue apresenta 83% de água

Função sistêmica da água
- Desintoxicação do corpo
- Regulação da temperatura do corpo
- Auxílio na absorção de nutrientes por parte dos órgãos
- Proteção de órgãos

solar22/Shutterstock

Outro fator é a quantidade de água no corpo durante as fases da vida em que o indivíduo se encontra – naturalmente, ocorre uma diminuição nas reservas hídricas conforme vamos envelhecendo. Em um bebê, o volume hídrico é superior a 80%; em um idoso, não passa muito dos 60% de seu volume corporal. O volume total de água no organismo depende (i) da ingestão direta de água ou substâncias líquidas (47%), (ii) da respiração (14%) e (iii) do tipo de alimento ingerido (39%). O percentual de líquido ingerido é eliminado pela urina e pelas fezes (65%) e pela transpiração e respiração (35%).

Como já mencionamos, a água permeia todas as estruturas celulares e suas propriedades físico-químicas são aspectos relevantes para o funcionamento biológico de um ser vivo. Vejamos algumas funções biológicas importantes desempenhadas pela água na célula.

- Uma vez que as moléculas de água apresentam um alto grau de coesão, que se deve às pontes de hidrogênio, elas realizam o transporte de biomoléculas, minerais, hormônios e outras sustâncias dissolvidas nos meios intracelulares e extracelulares, desempenhando o papel de solvente.
- Exerce importante função no equilíbrio iônico, favorecendo o transporte de diferentes íons para as diferentes atividades metabólicas. Nas reações químicas, as moléculas de água podem ser produzidas pelo processo de hidrólise – quando a molécula é formada por decomposição ou desidratação, como será visto nas ligações peptídicas em que a água é um dos produtos da síntese proteica.
- É central na regulação térmica, principalmente em animais homeotérmicos (aqueles que mantêm a temperatura corporal constante), por apresentar um elevado calor específico, tem função termorreguladora, razão pela qual controla o aumento de temperatura e estabiliza as reações químicas.
- Atua no equilíbrio ácido-básico, pois a dissociação da molécula de água em íons H^+ e OH^-, respectivamente um ácido e uma base, em iguais proporções, mantém o pH em torno de 7 (neutro), fundamental para as atividades metabólicas intracelulares.
- Desempenha também a função de amortecedor, protegendo estruturas do nosso corpo, como: i) o liquor presente nas meninges, membranas que envolvem o sistema nervoso e o protegem de impactos que poderiam danificá-lo; ii) o líquido presente nas articulações, as quais impedem o atrito entre os ossos; e iii) a lágrima, que evita o ressecamento das córneas.

⚠ Preste atenção!

É preciso ter cuidado redobrado com os idosos, pois, além de disporem de menores concentrações de água armazenada, seus mecanismos fisiológicos não são tão eficientes. Um idoso costuma não sentir sede e acaba, com isso, não ingerindo líquido. Contudo, a homeostase corporal, controlada pelo hipotálamo, já não tem a mesma eficiência, o que pode levar, em razão da baixa quantidade de água no corpo, à confusão metal, falta de memória, bem como outros problemas para além dos neurológicos.

É fundamental, portanto, a manutenção da quantidade de água no nosso corpo e, uma vez que não possuímos reservas, a ingestão da substância deve ser diária e balanceada. Dessa forma, é necessário prestar atenção na quantidade de água que é ingerida e eliminada, redobrando os cuidados em dias de temperaturas altas e durante a realização de atividades físicas. No ser humano, a perda hídrica superior a 8% já traz sinais clínicos perceptivos e a perda de 20% do volume total é gravíssimo, podendo levar o indivíduo à morte.

1.4.2 Minerais

Língua suja? Saliva fedida? Fala durante a noite?
Esses e outros problemas podem ser por carência de minerais (Fiocruz, 2020).

Os sais minerais estão presentes nos seres vivos em quantidades ínfimas, podendo aparecer de três maneiras diferentes:

a. **Dissolvidos em água na forma de íons**: pequenas variações mudam as propriedades da célula, a permeabilidade da membrana, a viscosidade do citoplasma e a capacidade da célula em responder a estímulos.
b. **Formando cristais**: o carbonato constituinte dos corais e da casca dos ovos e o fosfato de cálcio presente na estrutura óssea (esqueleto).
c. **Combinando-se com moléculas orgânicas**: o ferro constituinte da hemoglobina, o magnésio presente na estrutura da clorofila, o cobalto presente na vitamina B_{12}, entre outros exemplos.

A quantidade de minerais exigida pelos tecidos é bastante específica, variando de microgramas a gramas por dia. Há, nesse contexto, os grupos dos **macrominerais** e dos **microminerais**. O cálcio, o fósforo, o sódio, o potássio, o cloro, o magnésio e o enxofre são minerais classificados como macrominerais, pois seu consumo deve ser de 100 mg ou mais por dia. A ingestão dos microminerais também precisa ser diária, embora sejam necessários poucos miligramas ou microgramas. Pertencem a esse grupo o ferro, o cobre, o cobalto, o zinco, o manganês, o iodo, o molibdênio, o selênio, o flúor e o cromo.

Entre os macrominerais, o **cálcio** é o mais abundante no nosso organismo, constituindo 39% do percentual de seus minerais. A parcela mais significativa desse cálcio está presente em ossos e dentes, com exceção do 1% que faz parte dos fluidos extracelulares ou tecidos moles. Além da função de estruturar e manter ossos e dentes, o cálcio exerce um papel importante nos processos de coagulação sanguínea, na excitabilidade dos neurônios, nas reações enzimáticas etc. Outro macromineral com concentrações significativas é o **fósforo**, cujas funções são, entre outras, participar da formação óssea; ser componente essencial dos fosfolipídios; ser fonte de energia para os processos metabólicos; estar presente na produção de moléculas de alta energia, como de ATP; ser componente dos nucleotídios; e cooperar nos processos de fosforilação oxidativa. O **magnésio**, por sua vez, é essencial ao crescimento e ao reparo da célula, atuando nos organismos fotossintetizantes no funcionamento da clorofila.

O **ferro**, com funções ainda a serem esclarecidas, é o micromineral presente nos mais diversos tipos celulares. Nos seres humanos, sua concentração varia entre 3 e 5 gramas. Ele participa, junto com o grupo heme da hemoglobina, do transporte dos gases oxigênio e dióxido de carbono, componentes da respiração celular. A deficiência de ferro leva a um tipo de anemia que provoca alterações cognitivas e psicomotoras leves, mas que pode se agravar, reduzindo a capacidade de raciocínio e concentração e aumentando, com isso, a sensação de cansaço – o que, evidentemente, afeta a vida escolar ou profissional.

Outro micromineral importantíssimo para o crescimento e a manutenção do organismo é o **zinco**, encontrado nas mais diferentes células. Ele atua nos processos metabólicos na condição de cofator enzimático, ou seja, corresponde a um íon (ou molécula) necessário para a realização da atividade da enzima.

O **iodo**, micromineral encontrado em maior concentração na glândula tireoide, é fundamental para a síntese dos hormônios tri-iodotironina (T3) e tiroxina (T4). Os hormônios tireoidianos participam das reações celulares de praticamente todas as células. Os distúrbios na produção desses hormônios podem ocasionar hipertireoidismo (excesso de produção de T3 e T4) ou hipotireoidismo (diminuição na produção de T3 e T4). Nos dois casos, as intercorrências são sérias e precisam ser tratadas. O hipotireoidismo, por exemplo, pode ocorrer por carência de iodo, o que provoca o crescimento da glândula tireoide. Esse aumento da glândula, conhecido como *bócio*, pode ser simples ou endêmico. O bócio endêmico afeta um grande número de pessoas, sendo uma das endemias alimentares que, em alguns países, representa um sério problema de saúde pública. No Brasil, a falta de iodo na alimentação foi resolvida com a inserção de uma pequena quantidade de iodeto de potássio no sal de cozinha.

Figura 1.14 – Minerais encontrados no organismo humano e sua fonte alimentar

OlgaChernyak/Shutterstock

Alguns minerais, como chumbo, mercúrio, cádmio, lítio, arsênio e manganês, são tóxicos para vários seres vivos, inclusive o ser humano. O mercúrio, por exemplo, leva à perda de memória; o acúmulo de cádmio no organismo provoca sérios problemas renais; o lítio causa insuficiência cardíaca; e o chumbo pode deixar as articulações do corpo paralisadas. Por isso, o descarte de pilhas e baterias, constituídas por esses minerais, é um problema ambiental e de saúde pública, uma vez que esses materiais podem contaminar o solo (e, consequentemente, os alimentos produzidos nele), os cursos de água e o ar (quando expostos à queima).

A falta de consciência ambiental agrava os problemas, principalmente pelo descarte incorreto dos produtos com alto poder de contaminação.

1.4.3 Composição orgânica: compostos de carbono

Os compostos orgânicos – moléculas de alto peso molecular ou macromoléculas – são formados por um conjunto de átomos de carbono (cadeias carbônicas) e pertencem, geralmente, a quatro grupos: carboidratos, lipídios, proteínas e ácidos nucleicos (DNA e RNA). Cada macromolécula é composta por uma repetição de pequenas unidades, chamadas de *monômeros* (moléculas de baixo peso molecular), conforme demonstrado no Quadro 1.1.

Quadro 1.1 – Composição de macromoléculas (polímeros) por micromoléculas (monômeros)

Micromolécula (monômero)	Macromolécula (polímero)
Açúcares (glicose, por exemplo)	Polissacarídios
Ácidos graxos	Lipídios
Aminoácidos	Proteínas
Nucleotídios	Ácidos nucleicos (DNA e RNA)

Os polímeros de ácidos nucleicos, carboidratos e proteínas correspondem de 80% a 90% do peso seco intracelular. Já os monômeros, de um modo geral, apresentam-se em pequenas concentrações na célula, não ultrapassando um décimo da massa orgânica, juntamente com os lipídios.

As figuras a seguir apresentam exemplos de cada monômero dos quatro grupos de compostos orgânicos mencionados.

Figura 1.15 – Glicose: monossacarídio/açúcar simples (polissacarídio)

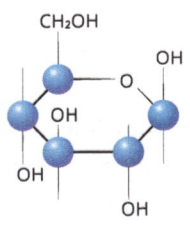

Figura 1.16 – Ácido oleico ômega 9: ácido graxo (lipídio)

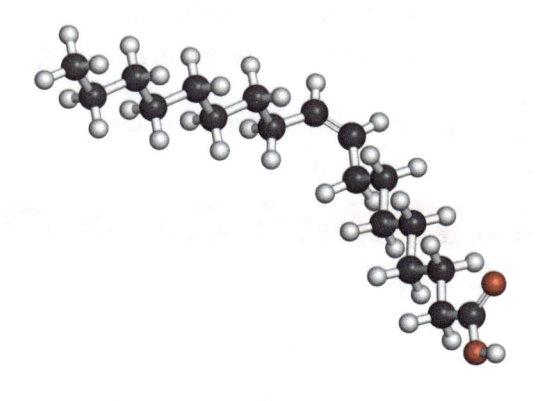

Figura 1.17 – Lisina: aminoácido (proteína)

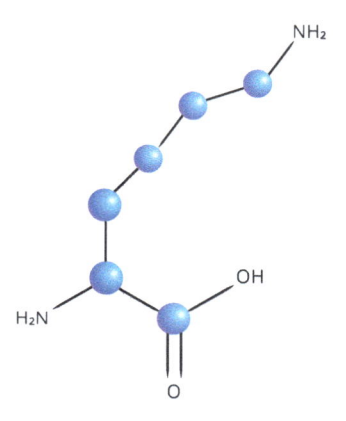

Figura 1.18 – Dupla hélice do DNA: nucleotídio (ácido nucleico)

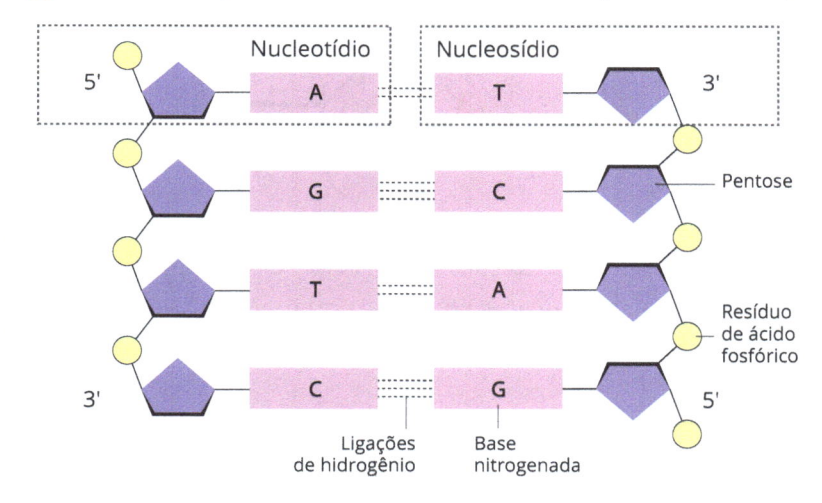

1.4.4 Carboidratos

Os carboidratos, também chamados de glicídios, açúcares ou hidratos de carbono, são, em sua maioria, compostos energéticos que constituem os principais combustíveis celulares, entre os quais estão aqueles com funções estruturais ou genéticas.

O termo *carboidrato* (C = *carbo* e H_2O = *hidrato*) se refere à fórmula básica de um açúcar simples (ou monossacarídio): $[C(H_2O)]_n$, em que *n* pode significar 3, 4, 5, 6 e 7 carbonos. Entre os monossacarídios presentes no interior da célula, a glicose – açúcar de 6 carbonos (n = 6), cuja fórmula é $C_6H_{12}O_6$ (Figura 1.19) – é uma importante fonte de energia celular.

Figura 1.19 – Fórmula química estrutural e modelo químico da molécula de glicose

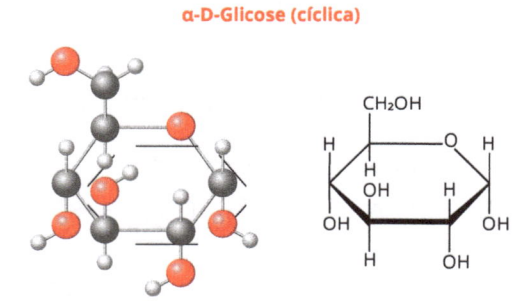

α-D-Glicose (cíclica)

Entre os açúcares, os mais frequentes são aqueles que contêm entre três e cinco carbonos. Além do formato linear, é possível encontrar açúcares com cinco ou mais carbonos, que se apresentam na forma de anel.

Figura 1.20 – Modelo químico de açúcares com três carbonos (triose)

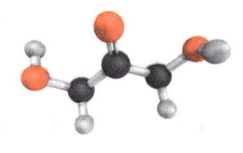

Figura 1.21 – Modelo químico de açúcares com cinco carbonos (pentose)

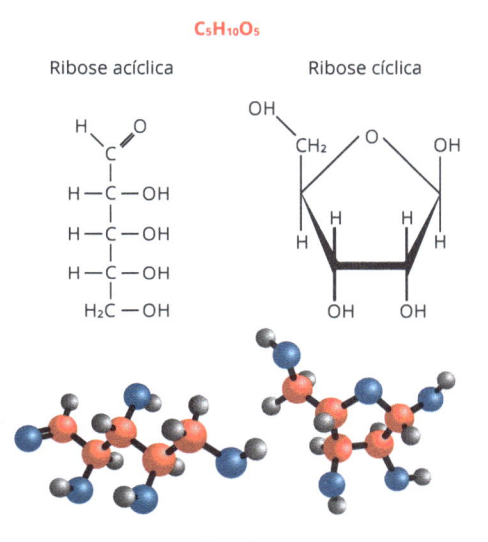

$C_5H_{10}O_5$

Ribose acíclica   Ribose cíclica

Notemos que a molécula de ribose apresenta os seus carbonos em formato de anel.

Figura 1.22 – Modelo químico de açúcares com seis carbonos (hexose)

D-frutose

$$\begin{array}{c} CH_2OH \\ | \\ C=O \\ | \\ HO-C-H \\ | \\ H-C-OH \\ | \\ H-C-OH \\ | \\ CH_2OH \end{array}$$

De acordo com a complexidade estrutural, os carboidratos são ordenados em monossacarídios, oligossacarídios e polissacarídios. A glicose é o principal **monossacarídio** fornecedor de energia para as atividades celulares, embora outros monômeros (frutose, galactose, ribose e desoxirribose) desempenhem funções importantes na composição celular (Nogueira et al., 2009).

Os **oligossacarídios** são formados pela união de dois ou mais monossacarídios por ligação glicosídica (Figura 1.23) entre dois de seus carbonos, o que promove a desidratação da molécula pela perda de H_2O mediante reação de condensação.

Figura 1.23 – Fórmula química e estrutural da molécula de lactose – ligação glicosídica da glicose com a galactose

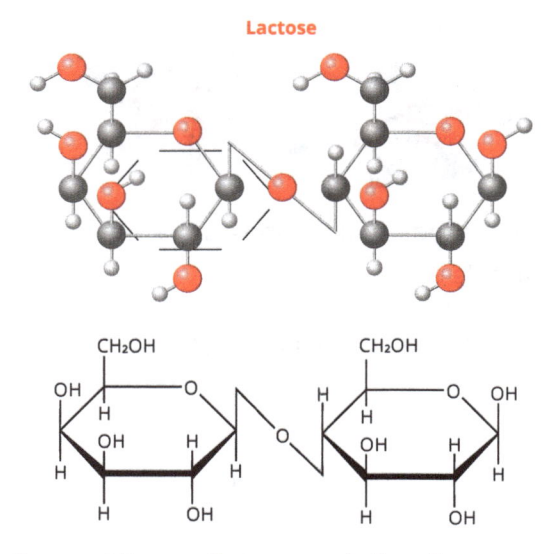

Já os polissacarídios se formam pela ligação entre dezenas, centenas ou milhares de monômeros. Como exemplo de polissacarídio temos o amido, o glicogênio, a celulose e a quitina. Os **polissacarídios** amido e glicogênio, presentes em plantas e animais, atuam na reserva energética, constituindo-se como repetições de glicose (homopolímeros). A formação desses polímeros acontece por ligações glicosídicas entre o carbono 1 de um monossacarídio com o 4 de outro monossacarídio, na maioria das vezes, ou com o carbono 6 do subjacente, formando ligações do tipo α-1-4 ou α-1-6 (Nogueira et al., 2009).

⚠ Fique atento!

Os monossacarídios podem conter vários agrupamentos hidroxílicos e um agrupamento aldeído ou cetônico. Quando os carboidratos de cinco ou mais carbonos são colocados em soluções aquosas, mudam a sua estrutura molecular, até então linear, para um formato cíclico (de anel), como verificado na molécula de ribose (Figura 1.21). Na ciclização dos carboidratos, o carbono da carboxila, participante da reação, é denominado de *carbono anomérico*. Ele pode assumir dois tipos de conformação: alfa (α) e beta (β), os quais dependem de sua posição. Quando o carbono anomérico está para baixo de um plano geométrico da molécula, corresponde ao tipo alfa; logo, quando está para cima desse plano, é do tipo beta.

Os açúcares, como mencionado, constituem os principais nutrientes da célula, principalmente por serem compostos energéticos e, portanto, os principais combustíveis celulares. Contudo, existem açúcares que apresentam outras funções importantes, como os polissacarídios, que conferem sustentação mecânica à célula, entre os quais se destacam a celulose, presente na parede celular das células vegetais, e a quitina, constituinte do exoesqueleto de artrópodes e da parede celular de fungos.

Os polissacarídios e oligossacarídios ligam-se a proteínas ou lipídios formando glicoproteínas e glicolipídios. Ambos podem integrar as membranas celulares e, com isso, auxiliar na proteção da superfície da célula; ou realizar o reconhecimento e aderência celular, principalmente na formação de tecidos em organismos pluricelulares. Além disso, podem funcionar como sinalizadores no transporte de proteínas ou lipídios à superfície da célula para que sejam incorporados a uma organela, além de atuar na diferenciação celular. No ser humano, por exemplo, os tipos sanguíneos (A, B, AB e O) são definidos pela diferença da glicoproteína presente na superfície extracelular das hemácias.

As diversas funções e formas e a plasticidade dos carboidratos são conhecidas há mais de um século, e novas funções continuam sendo estabelecidas, como a participação dessas moléculas em aplicações biológicas. Há carboidratos que desempenham funções conhecidas, como as substâncias bioativas, que apresentam baixo peso molecular e uma amplitude de funções químicas e efeitos nos organismos, os quais podem prover mudanças fisiológicas, comportamentais ou metabólicas. Há também estudos que já identificaram o potencial antimicrobiano e antineoplásico de alguns tipos de carboidratos.

1.4.5 Lipídios

Os lipídios (do grego *lipos*, que significa "gordura") constituem um outro tipo de composto orgânico, formado por gorduras, óleos, ceras, fosfolipídios e esteroides. A principal característica dessas substâncias é a insolubilidade em Água e a solubilidade em solventes orgânicos (álcool, benzina, éter, clorofórmio e acetona). No organismo, os lipídios apresentam três funções principais: reserva energética, composição das membranas celulares e sinalização celular pelos hormônios esteroides.

Figura 1.24 – Tipos de lipídios: triglicerídios, ceras, fosfolipídios e esteroides

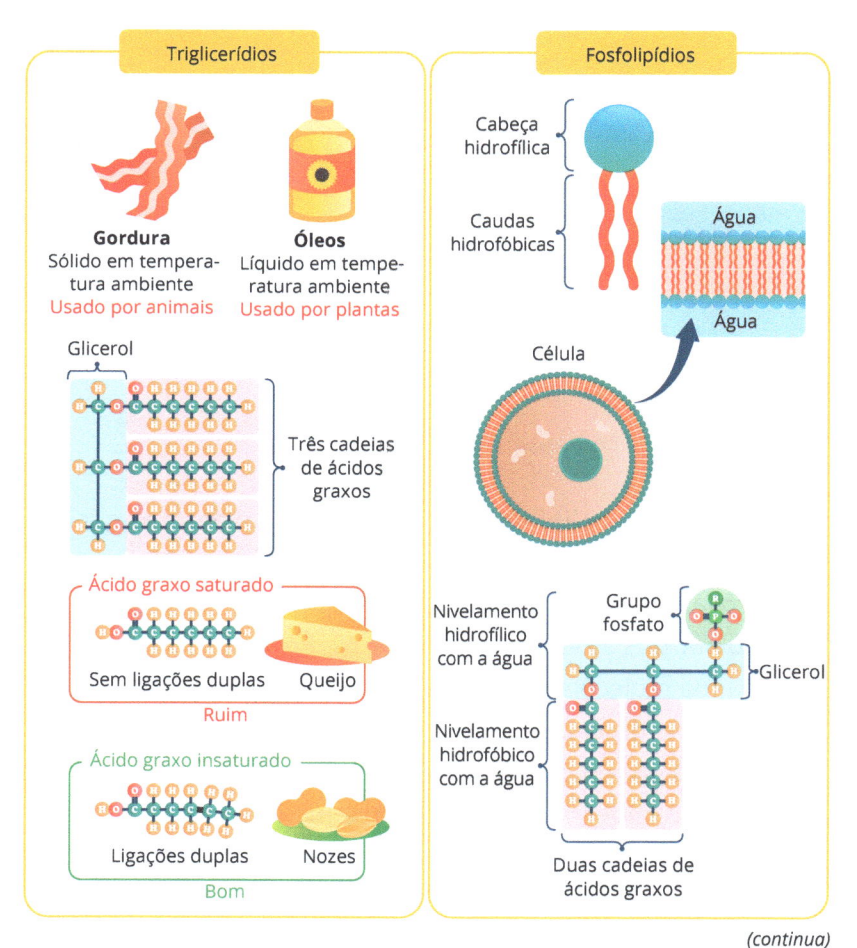

Triglicerídios

Gordura
Sólido em temperatura ambiente
Usado por animais

Óleos
Líquido em temperatura ambiente
Usado por plantas

Glicerol

Três cadeias de ácidos graxos

Ácido graxo saturado
Sem ligações duplas — Queijo
Ruim

Ácido graxo insaturado
Ligações duplas — Nozes
Bom

Fosfolipídios

Cabeça hidrofílica
Caudas hidrofóbicas
Água
Água

Célula

Nivelamento hidrofílico com a água

Grupo fosfato
Glicerol

Nivelamento hidrofóbico com a água

Duas cadeias de ácidos graxos

(continua)

(Figura 1.24 – conclusão)

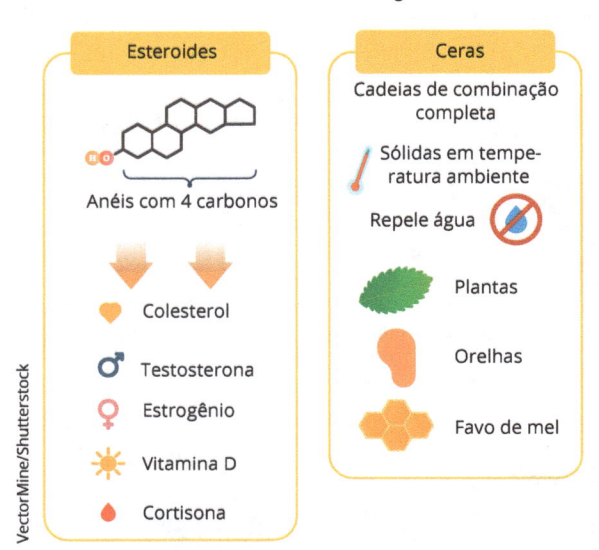

Esteroides
Anéis com 4 carbonos
- Colesterol
- Testosterona
- Estrogênio
- Vitamina D
- Cortisona

Ceras
Cadeias de combinação completa
Sólidas em temperatura ambiente
Repele água
- Plantas
- Orelhas
- Favo de mel

O surgimento de **lipídios simples**, como os óleos e as gorduras, ocorre pela reação entre duas substâncias orgânicas, um álcool e um ácido graxo. O álcool em sempre um glicerol formado por três átomos de carbono. No entanto, nas ceras, o álcool é uma molécula de cadeia longa, razão pela qual não se constitui como glicerol.

Os **ácidos graxos** têm duas regiões distintas: uma longa cadeia hidrocarbonada de característica hidrofóbica (apolar); e um grupo carboxila (COOH) com moléculas hidrofílicas (polar), denominadas *anfipáticas*. Quando a cadeia hidrocarbonada de um lipídio não tem ligações duplas entre os átomos de carbono, a sua cauda fica saturada, como acontece no ácido palmítico. Em alguns tipos de ácidos graxos, como o ácido oleico, as caudas são insaturadas, pois verificam-se ligações duplas entre um ou mais carbonos (Figura 1.25). As ligações duplas promovem dobras nas cadeias hidrocarbonadas, mudando o grau de compactação entre as caudas, aumentando-o ou diminuindo-o. Esse fato é verificado nas membranas celulares, pois as ligações interferem na fluidez da cauda, ou seja, quanto maior o número de ligações duplas, mais fluida se tornará a membrana, até determinado limite.

Figura 1.25 – Modelo químico de ácido graxo saturado (A) e insaturado (B)

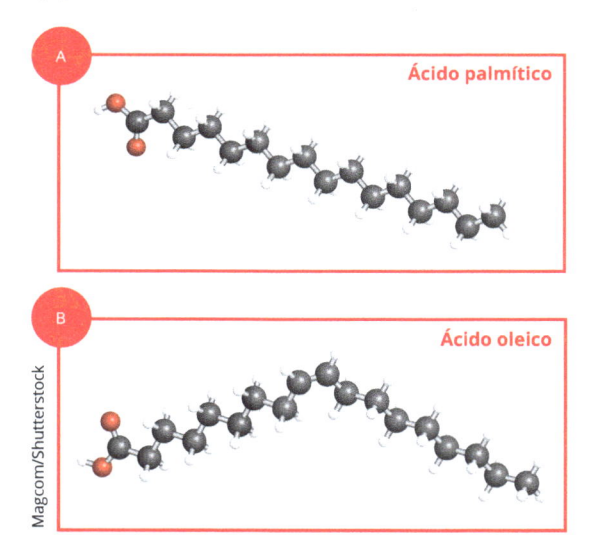

Ácido palmítico

Ácido oleico

Magcom/Shutterstock

Os **triglicerídios** (ou triacilgliceróis), conhecidos como *gorduras*, são triésteres de ácido graxo e glicerol que se constituem como importantes fontes de estocagem de energia no citoplasma de muitas células, superando o estoque de energia via carboidrato. Após a alimentação, o fígado exerce importante função no acúmulo de reserva de glicogênio (carboidrato) e de triglicerídios. Os ácidos graxos sintetizados no fígado serão transportados para o tecido adiposo, via lipoproteínas transportadoras, e ficarão à disposição do organismo para uso posterior.

Contudo, a reserva de glicogênio no organismo é bastante limitada, restringindo-se a poucos gramas no fígado e no tecido muscular esquelético, quando comparada ao tecido adiposo, que tem uma capacidade muito superior. Se esse limite for ultrapassado, pode ocorrer a obesidade. Vale lembrar que a reserva de triglicerídios em aves e mamíferos contribui para a manutenção da temperatura corporal, pois atua como isolante térmico (Cooper; Hausmann, 2007; Reece et al., 2010).

Os **fosfolipídios** também têm em sua composição o ácido graxo e o álcool, diferenciando-se dos triacilgliceróis por apresentar uma substância adicional, o fósforo, e porque o glicerol, neste caso, está ligado a duas cadeias de ácidos graxos. Esse lipídio, formado por duas caudas hidrofóbicas de ácidos graxos unidas a uma cabeça de fosfato hidrofílica, é o constituinte básico de todas as membranas celulares (Figura 1.26). Além dos fosfolipídios, as membranas apresentam outros tipos de lipídios, como os glicolipídios.

Figura 1.26 – Representação esquemática da membrana (em destaque o fosfolipídio, seu principal componente)

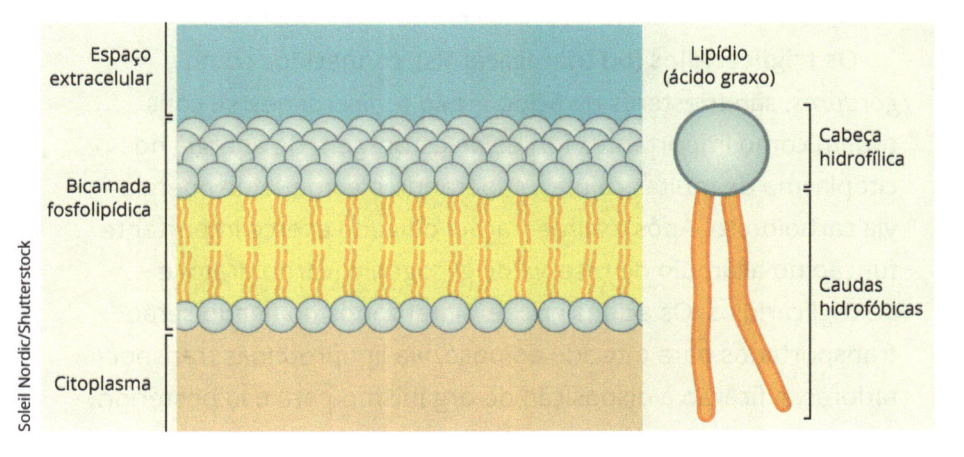

O **colesterol**, por sua vez, é o lipídio mais abundante e importante entre os esteroides. Nesse grupo há um grande número de moléculas com estrutura química diferenciada, todas derivadas do próprio colesterol.

A composição química do colesterol consiste em um núcleo esteroide com quatro anéis, sendo que três deles apresentam seis carbonos e um anel contém cinco, conferindo-lhe, assim, um corpo não polar. A esse corpo estão ligadas a molécula anfipática, composta pelo grupo hidroxila (OH), e a cadeia alifática lateral (Figura 1.27). Essa conformação faz do colesterol uma molécula hidrofóbica em solventes não polares e um importante componente de membranas plasmáticas de células animais.

A molécula de colesterol tem uma natureza química bastante rígida, característica que é conferida à membrana celular, quando presente. A estrutura compacta da molécula pode ser responsável por danos à saúde, desencadeando doenças como a aterosclerose.

Figura 1.27 – Fórmula química e estrutural da molécula de colesterol

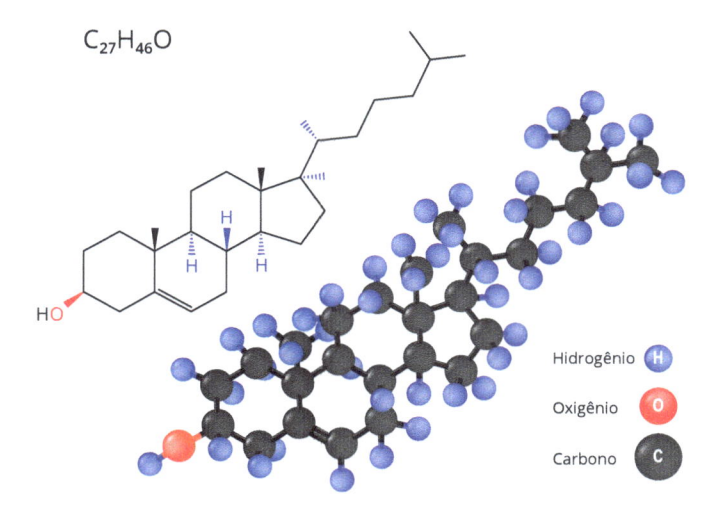

$C_{27}H_{46}O$

Além de ser um importante componente de membrana de células animais, o colesterol é essencial na produção de sais biliares e de certas vitaminas lipossolúveis, como a vitamina D, sendo ainda precursor de vários hormônios, incluindo os sexuais, como testosterona (hormônio masculino), estrógeno e progesterona (hormônios femininos).

As fontes de colesterol podem vir do alimento de origem animal ou ser produzidas pelo fígado por gorduras saturadas do alimento. O colesterol, como todo o lipídio, é insolúvel em soluções aquosas, como o plasma sanguíneo, razão pela qual associa-se a proteínas plasmáticas especiais, as lipoproteínas, que podem ser de alto peso molecular (*high density lipoprotein* – HDL) ou de baixo peso molecular (*low density lipoprotein* – LDL). O LDL é conhecido como "colesterol ruim" porque, ao transportar o colesterol do fígado para os tecidos e ficar disponível no sangue para as necessidades das células, pode aderir facilmente às paredes dos vasos sanguíneos. O HDL, por sua vez, remove o colesterol das células e o transporta para o fígado, que produz a bile, razão pela qual não permanece disponível no sangue. Todavia, a molécula de colesterol é a mesma, o que difere é quem a transporta e a direção tomada.

O colesterol está associado à formação de placas de gordura (ateromas) nas paredes das artérias, que, ao calcificarem, formam as placas ateroscleróticas e promovem, com isso, a formação de coágulos.

Figura 1.28 – Estágios da aterosclerose

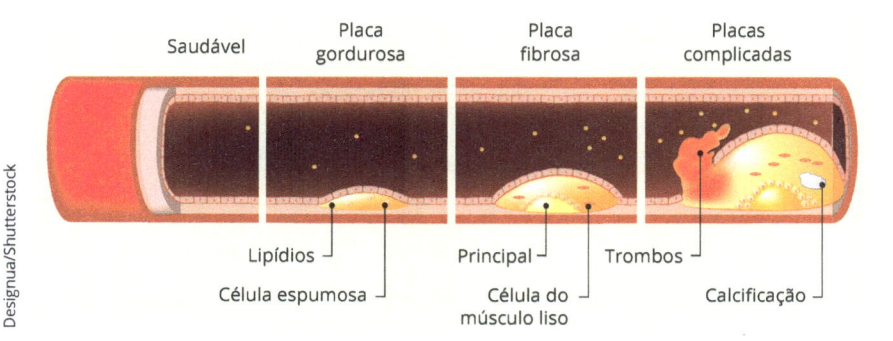

O acúmulo de coágulos impede o fluxo normal do sangue, o que pode provocar problemas cardíacos graves, como o infarto de miocárdio.

1.4.6 Proteínas

As proteínas correspondem a compostos orgânicos formados por uma cadeia de monômeros denominados *aminoácidos*, os quais são formados por carbonos, hidrogênios, oxigênios, nitrogênio e, em alguns casos, enxofre. Toda a proteína é sintetizada com base em uma informação genética contida em um gene, isto é, o tipo, a sequência e a quantidade de aminoácidos de cada uma das proteínas presentes no organismo dependem da expressão do código genético (Figura 1.29). As proteínas são as substâncias orgânicas mais abundantes e versáteis em todos os tipos celulares, representando mais da metade do peso seco das células.

Figura 1.29 – A formação da proteína expressa por informação genética e os processos de transcrição e tradução

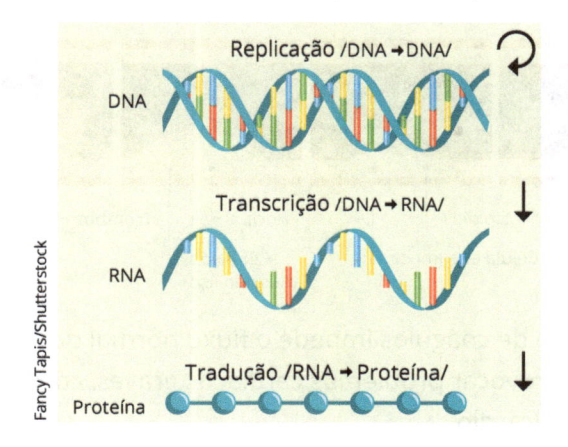

Os aminoácidos, unidades formadoras das proteínas, apresentam uma estrutura química similar entre si. Todos contêm um grupo amina (NH_2) de caráter básico e um grupo carboxila (COOH) de caráter ácido (de onde deriva o nome *aminoácido*), além de um radical variável, normalmente representado na fórmula geral pela letra R, que indica a região variável entre os aminoácidos (Figura 1.30). Embora existam mais de 150 tipos de aminoácidos, somente 20 compõem as diversas proteínas dos seres vivos. Como e por que foram esses os aminoácidos escolhidos durante os processos de evolução ainda é um mistério para a ciência.

Figura 1.30 – Forma geral dos aminoácidos

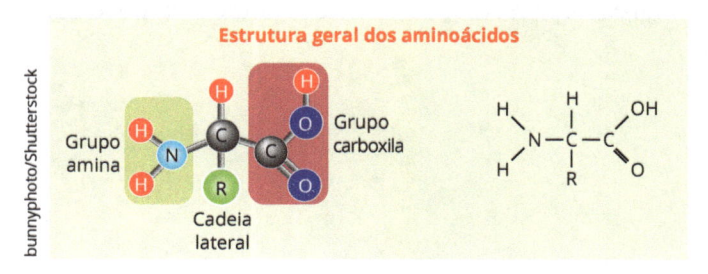

Os alimentos de origem animal são ricos em proteínas e oferecem os aminoácidos essenciais para nossas células. Entre os alimentos de origem vegetal, destacam-se as leguminosas, como feijão, soja e amendoim. Por isso, balancear a alimentação garante a concentração necessária de aminoácidos.

Os aminoácidos adjacentes são unidos entre si por meio de ligações covalentes, denominadas *ligações peptídicas*. Cada célula apresenta informações genéticas para formar as próprias proteínas, o que também é conhecido como *cadeia polipeptídica*. A cadeia polipeptídica, independentemente dos tipos de aminoácidos que a compõem, sempre apresenta em uma das extremidades um grupo amina (extremidade N-terminal) e, na outra, um grupo carboxila (extremidade C-terminal), conferindo a todas as proteínas uma direcionalidade definitiva. A ligação entre dois aminoácidos – grupo carboxila de um aminoácido com o grupo amina de seu adjacente – ocorre por condensação, com a formação e liberação de uma molécula de água (H_2O), conforme demonstra a Figura 1.31.

Figura 1.31 – Ligação peptídica

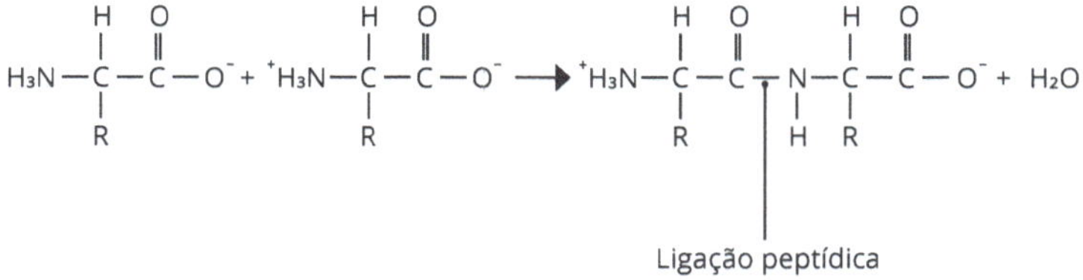

$$H_3N-\underset{R}{\underset{|}{C}}-\overset{O}{\overset{\|}{C}}-O^- + {}^+H_3N-\underset{R}{\underset{|}{C}}-\overset{O}{\overset{\|}{C}}-O^- \longrightarrow {}^+H_3N-\underset{R}{\underset{|}{C}}-\overset{O}{\overset{\|}{C}}-\underset{H}{\underset{|}{N}}-\underset{R}{\underset{|}{C}}-\overset{O}{\overset{\|}{C}}-O^- + H_2O$$

Ligação peptídica

Dos 20 tipos de aminoácidos necessários para a síntese proteica (Figura 1.32), somente 11 são produzidos por célula animal (chamados de *naturais*); os outros 9, denominados *essenciais*, precisam ser inseridos via alimentação. Entretanto, é preciso considerar que um aminoácido pode ser essencial para uma espécie e natural para outra. No ser humano, os seguintes aminoácidos são essenciais: isoleucina, fenilalanina, treonina, valina, lisina, leucina, histidina, metionina e triptofano.

Figura 1.32 – Fórmula química e estrutural dos 20 tipos de aminoácidos encontrados em suas descobertas

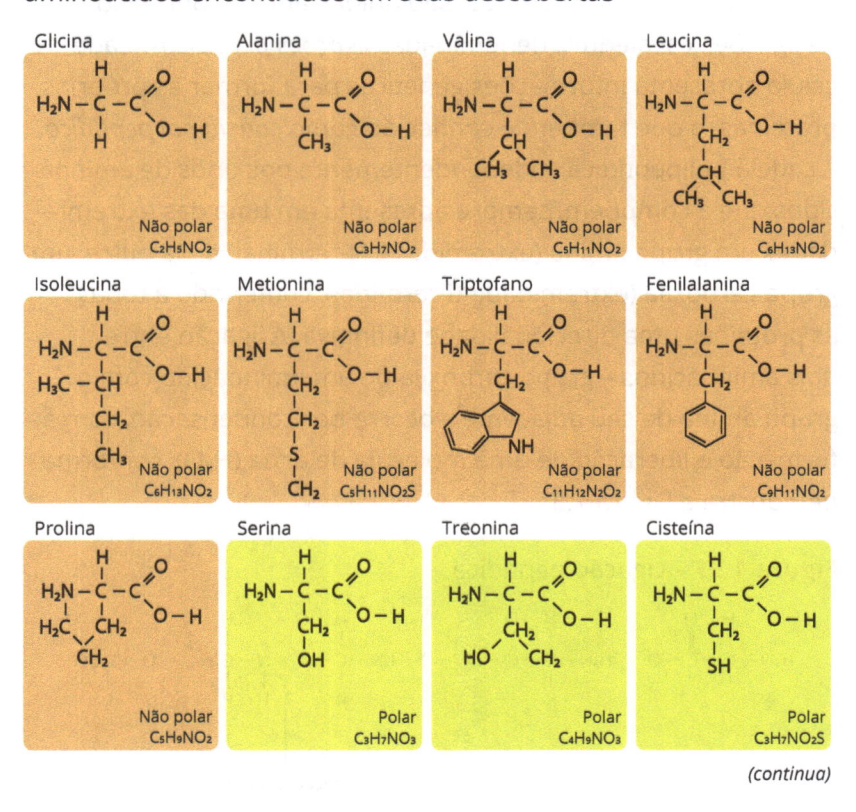

Glicina	Alanina	Valina	Leucina
Não polar $C_2H_5NO_2$	Não polar $C_3H_7NO_2$	Não polar $C_5H_{11}NO_2$	Não polar $C_6H_{13}NO_2$

Isoleucina	Metionina	Triptofano	Fenilalanina
Não polar $C_6H_{13}NO_2$	Não polar $C_5H_{11}NO_2S$	Não polar $C_{11}H_{12}N_2O_2$	Não polar $C_9H_{11}NO_2$

Prolina	Serina	Treonina	Cisteína
Não polar $C_5H_9NO_2$	Polar $C_3H_7NO_3$	Polar $C_4H_9NO_3$	Polar $C_3H_7NO_2S$

(continua)

(Figura 1.32 – conclusão)

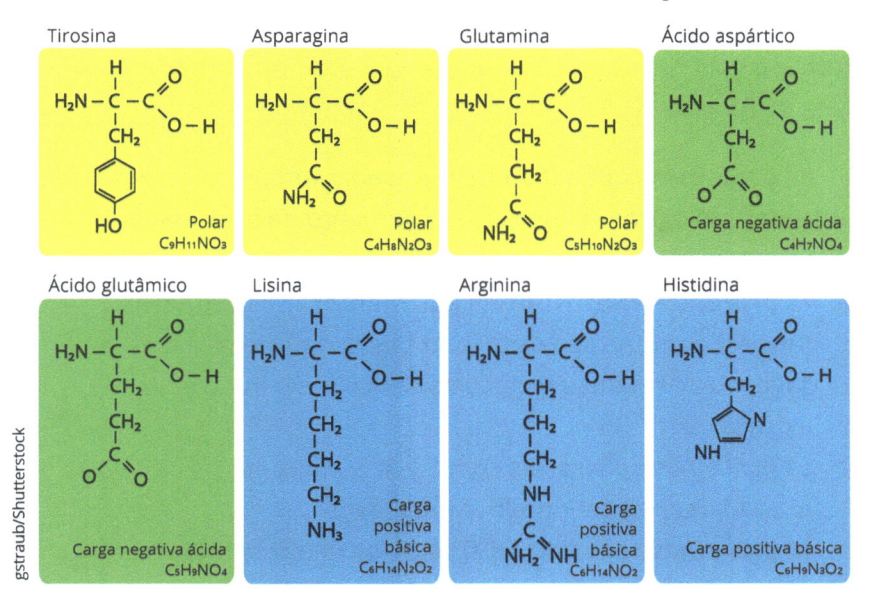

Tirosina	Asparagina	Glutamina	Ácido aspártico
Polar $C_9H_{11}NO_3$	Polar $C_4H_8N_2O_3$	Polar $C_5H_{10}N_2O_3$	Carga negativa ácida $C_4H_7NO_4$

Ácido glutâmico	Lisina	Arginina	Histidina
Carga negativa ácida $C_5H_9NO_4$	Carga positiva básica $C_6H_{14}N_2O_2$	Carga positiva básica $C_6H_{14}N_4O_2$	Carga positiva básica $C_6H_9N_3O_2$

gstraub/Shutterstock

Os alimentos de origem animal são ricos em proteínas e oferecem os aminoácidos essenciais para nossas células. Entre os alimentos de origem vegetal, destacam-se as leguminosas, como o feijão, a soja e o amendoim. Por isso, balancear a alimentação garante a concentração necessária de aminoácidos.

❓ Curiosidade

Por que comer arroz e feijão?

O prato tipicamente brasileiro, arroz e feijão, oferece 8 dos 9 aminoácidos essenciais ao nosso organismo: triptofano e metionina, presentes no arroz; lisina e isoleucina, presentes no feijão; valina, leucina, treonina e fenilalanina, presentes em ambos.

As proteínas não são apenas moléculas responsáveis pela forma e pela estrutura da célula, tendo, portanto, uma extensa lista de funções:

a. as **proteínas com ação enzimática** atuam como catalisadoras biológicas, o que confere aumento na velocidade das reações químicas celulares;
b. as **proteínas constituintes das membranas celulares** funcionam como canais ou bombas que permitem a passagem de pequenas moléculas para o meio intracelular ou extracelular;
c. as **proteínas contráteis** compõem quimicamente as células musculares, conferindo-lhes movimento;
d. as **proteínas com função sinalizadora** transportam mensagens químicas entre as células, como no caso dos neurotransmissores, ou, ainda, ativam reações intracelulares entre membrana, citoplasma e núcleo;
e. o **colágeno**, proteína do tecido conjuntivo presente na pele, nos ossos e na cartilagem, atribui resistência e função a essas estruturas;
f. as **proteínas com função especializada** podem atuar como hormônio, anticorpos, fibra de sustentação, fibra elástica, agente bioluminescente, transportadoras ou fonte de energia.

O papel biológico das proteínas depende da sequência de aminoácidos e da maneira como eles influenciam a forma tridimensional da própria proteína. Algumas proteínas apresentam apenas uma sequência de aminoácidos, ao passo que outras detêm múltiplas cadeias, podendo ser diferentes umas das outras.

❓ Curiosidade

Em 1958, John Kendrew determinou pela primeira vez a estrutura tridimensional de uma proteína, a miosina (proteína contrátil do músculo). Com base em suas descobertas, outras estruturas tridimensionais foram estudadas e descritas.

A conformação tridimensional de uma proteína é denominada *configuração nativa*. Atualmente, ela é estudada com base em dois aspectos: a constituição e a forma da molécula. A manutenção da forma e da função depende de aspectos químicos e físicos do organismo. Nesse sentido, verifica-se que pequenas alterações de temperatura, pH, componentes químicos e salinidade podem desnaturá-las e provocar a sua inatividade, razão pela qual perdem a sua função.

Quanto à forma, as proteínas podem ser estudadas de acordo com suas estruturas: primária, secundária, terciária ou quaternária (Figura 1.33). O estudo dos tipos de aminoácidos, bem como de sua sequência em uma proteína, ocorre em uma análise primária da estrutura. Essa análise leva ao conhecimento exato dos aminoácidos que formam várias proteínas, permitindo constatar a necessidade dessa sequência. Alterações de aminoácido podem provocar modificação na proteína e causar sérios danos ao organismo.

Figura 1.33 – Estruturas primária, secundária, terciária e quaternária das proteínas

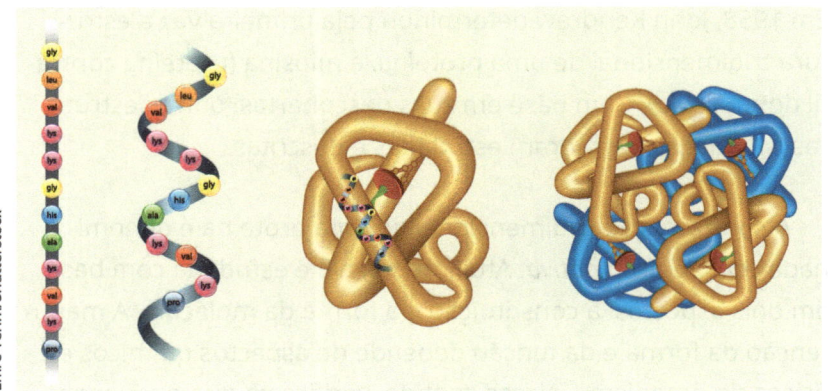

Emre Terim/Shutterstock

Como indica a Figura 1.33, as proteínas não são meramente um fio esticado de aminoácidos, visto que a cadeia polipeptídica organiza-se em diferentes arranjos, enrolando-se sobre si mesma e adquirindo a forma 3D. Esse arranjo pode apresentar duas formas típicas: a hélice alfa (α), que se assemelha a uma mola, mantida por ligação de hidrogênio na cadeia polipeptídica; e a beta (β), que parece estar dobrada ou plissada, cuja ligação acontece entre os hidrogênios da cadeia dobrada, que ficam adjacentes. Essa organização em hélice, dobrada ou preguead, é denominada *estrutura secundária*. Na estrutura terciária, a cadeia polipeptídica se dobra sobre si mesma várias vezes, adquirindo uma forma espacial mais complexa. Esse formato depende dos tipos de aminoácidos que compõem a proteína, bem como da atração química entre as moléculas de diferentes pontos da cadeia, que pode ocorrer por ligações de hidrogênio ou por atração, graças às diferenças de cargas elétricas. O arranjo quaternário acontece quando várias cadeias polipeptídicas se enovelam, ou seja, quando a proteína apresenta mais de uma cadeia polipeptídica, variando a quantidade entre os tipos proteicos que se unem por ligações não covalentes.

Figura 1.34 – Estrutura quaternária da hemoglobina

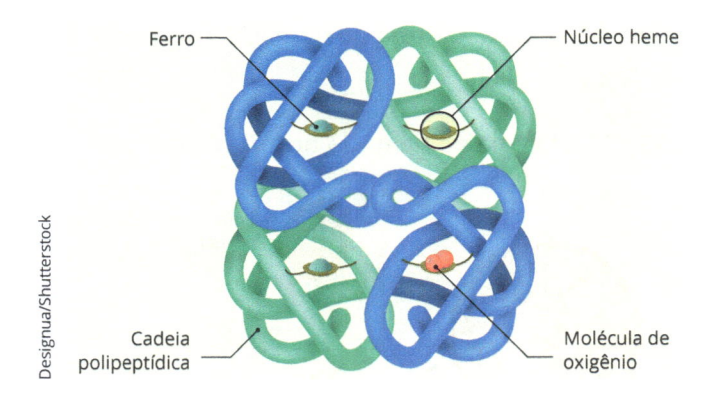

A função proteica está diretamente relacionada com a sequência correta de aminoácidos, os quais determinam a estrutura terciária da proteína. A troca de um aminoácido por outro – levando-se em consideração que uns apresentam carga elétrica positiva e outros, carga elétrica negativa – pode alterar a conformação proteica; ou seja, uma dobra que deveria acontecer em determinada região não ocorre, alterando a forma e, consequentemente, a função da proteína.

⚠ Preste atenção!

Hemoglobina alterada leva à anemia falciforme

A anemia falciforme (anemia crônica) é uma hemoglobinopatia hereditária, dolorosa e fatal, sem tratamento médico, que pode ocasionar morte na infância. Essa doença tem como característica alterações na hemoglobina, proteína formada por quatro subunidades, em estrutura quaternária. Uma alteração (mutação) no DNA provoca a alteração de um aminoácido: na hemoglobina normal, o sexto aminoácido da cadeia β é o ácido glutâmico; na alterada, é a valina, o que muda a estrutura tridimensional da proteína e a forma da hemácia, que adquire um aspecto de foice.

Figura 1.35 – Morfologia da hemácia normal e alterada

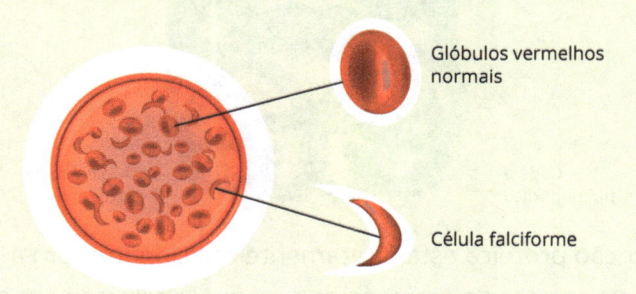

Dada a importância das proteínas nas diferentes células de todos os organismos, é imprescindível a manutenção de sua forma e, consequentemente, de sua função. Como já mencionado, é importante observar as condições químicas e físicas do ambiente, visto que alterações podem romper as ligações químicas essenciais à estrutura proteica. Quando a estrutura espacial se desfaz, ocorre a desnaturação da proteína, o que significa que ela deixa de exercer a sua função. A desnaturação, dependendo do ponto de vista, pode ser benéfica (esterilização) ou maléfica (estado febril). As proteínas são sensíveis às alterações de temperatura e de pH, como demonstraremos a seguir.

1.4.6.1 Enzimas: proteínas catalisadoras

As enzimas, na maioria das vezes, são proteínas especiais que atuam como catalizadoras biológicas, isto é, como aceleradoras de inúmeras reações bioquímicas fundamentais ao metabolismo celular. Na célula, a presença de enzimas e a manutenção das condições para que elas desempenhem suas atividades são essenciais para a manutenção de todas as atividades celulares, visto que se comportam como catalisadoras sem as quais as reações seriam muito lentas e impróprias à condição de vida. O termo *enzima* (do grego *en*, "em", e *zyme*, "levedura"), bem como a ciência que o estuda, a enzimologia, surgiram durante o século XIX, simultaneamente com a bioquímica, em estudos sobre fermentação e digestão.

As enzimas, como outros catalisadores, ativam as reações de síntese e degradação e não são consumidas durante o processo, o que permite que sejam reutilizadas para catalisar outras reações. Além disso, elas não alteram o equilíbrio químico da célula.

As enzimas agem sobre um único substrato, sendo, por isso, extremamente específicas. É comum que o nome da enzima seja formado pela junção do sufixo *-ase* à parte básica da palavra que forma o nome do substrato sobre o qual ela atua, como as enzimas *lactase*, *maltase*, *frutase*, *lipase* e *protease*, que agem, respectivamente, sobre os substratos *lactose*, *maltose*, *frutose*, *lipídio* e *proteína*. Os sítios ativos (Figura 1.36), que correspondem a certa região das enzimas, provocam tal especificidade, visto que elas, ao se encaixarem no substrato, formam o produto da reação, processo após o qual são liberadas.

Figura 1.36 – Sítio ativo de uma enzima: substrato e produto

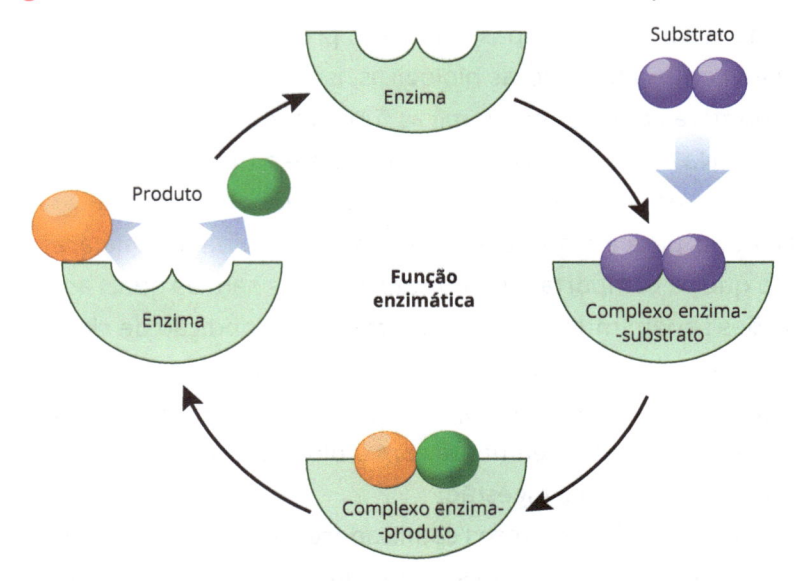

O encaixe perfeito entre a enzima e o substrato foi comparado por Emil Fischer, em 1894, ao funcionamento de uma chave em uma fechadura – daí surgiu o modelo da "chave-fechadura". Isso se dá pelo fato de o sítio ativo, a fechadura, ter um formato que permite o perfeito encaixe do substrato, a chave. Contudo, o bioquímico Daniel E. Koshland Jr. e seus colaboradores propuseram, em 1958, que há casos em que o substrato é capaz de promover mudanças na conformação da enzima por apresentar certa plasticidade, processo esse que foi denominado **encaixe induzido** (Nelson; Cox, 2014). Em ambos os modelos, precisa haver o encaixe temporário enzima-substrato, além de condições favoráveis para a reação química e certa quantidade de energia. Em determinadas reações, as enzimas realizam a atividade catalítica sem a necessidade de outros elementos, uma vez que somente a sequência de aminoácidos e a estrutura espacial são suficientes. Contudo, existem aquelas que dependem da associação com um elemento químico denominado **cofator**, cuja ligação é feita com um composto inorgânico, como ferro, magnésio, manganês e zinco, ou de outro chamado **coenzima**, cuja ligação é feita com compostos orgânicos, comumente com algum tipo de vitamina.

As enzimas exercem importante função nos processos bioquímicos presentes no organismo, tanto no meio intracelular quanto extracelular. Fatores como a temperatura, o pH e a concentração de substrato e de enzima são cruciais na velocidade das reações químicas decorrentes dos processos biológicos vitais. Entretanto, a temperatura também é um dos fatores limitantes da atividade enzimática: um aumento progressivo na temperatura propicia um aumento proporcional na velocidade da reação enzimática. Isso porque, com a elevação da temperatura, ocorre a agitação das moléculas, o que favorece o choque entre elas e, consequentemente, a reação química. Contudo, no ápice da atividade enzimática a continuidade do aumento da temperatura promove um agitamento molecular intenso, que resulta na desnaturação e na inatividade da proteína, diminuindo bruscamente a velocidade da reação. Nos organismos homeotérmicos, a manutenção da temperatura precisa ser constante, razão pela qual, em um estado febril, as reações metabólicas são afetadas e podem comprometer a saúde do indivíduo.

❓ Curiosidade

A propósito, o que causa o estado febril?

A febre é um mecanismo de defesa do organismo, pois o aumento da temperatura corporal provoca a desnaturação das proteínas virais e bacterianas, inibindo a atividade desses micro-organismos. No entanto, o estado febril pode desnaturar as proteínas do próprio organismo, visto que a temperatura é um fator limitante para a atividade enzimática (conforme será visto nos Gráficos 1.1 e 1.2).

Temperatura, pH e concentração do substrato na atividade enzimática

Como mencionado anteriormente, a atividade enzimática depende da temperatura corporal do organismo, motivo pelo qual os seres vivos apresentam uma temperatura diretamente relacionada à função da enzima. No ser humano, a maioria das enzimas têm atividade máxima em temperatura ótima, que se encontra entre 36 °C e 37 °C. Nos peixes da região polar, o ponto ótimo de temperatura fica em torno de 0 °C, e as enzimas de bactérias que vivem em fontes termais mantêm a eficiência enzimática em torno de 80 °C. Mesmo com todas essas variações, verifica-se que a maioria das enzimas perde atividade em temperaturas acima de 55 °C (Cooper; Hausman, 2007).

A maioria das enzimas apresenta uma atividade catalítica máxima, em pH ótimo, o qual é bastante variável no organismo e entre as espécies. O pH é expresso em uma escala algorítmica de 0 a 14 e faz referência à concentração de hidrogênio (H^+) no meio. O valor 7 significa "neutro"; os valores cada vez mais baixos se referem às substâncias "progressivamente mais ácidas"; e, contrariamente, os valores maiores que 7 identificam substâncias básicas (alcalinas). Como já mencionado, o pH ideal para a atividade enzimática de um órgão pode não ser o ideal para outro. Por exemplo, a pepsina, enzima produzida por células do estômago, tem atividade enzimática ótima em pH igual a dois (ácido), ao passo que a amilase salivar, produzida por células das glândulas salivares, tem atividade máxima em pH igual a 7 (neutro). Portanto, variações bruscas de pH para uma condição ácida ou básica levam à desnaturação da proteína e resultam na inativação da função enzimática (Cooper; Hausman, 2007).

Gráfico 1.1 – Temperatura como fator determinante para a atividade enzimática

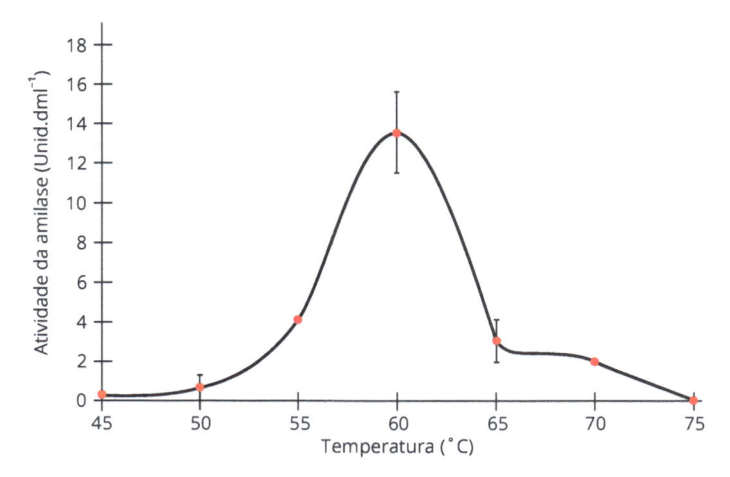

Fonte: Fatoni; Zusfahair, 2012, p. 529, tradução nossa

Gráfico 1.2 – pH como fator determinante para a atividade enzimática

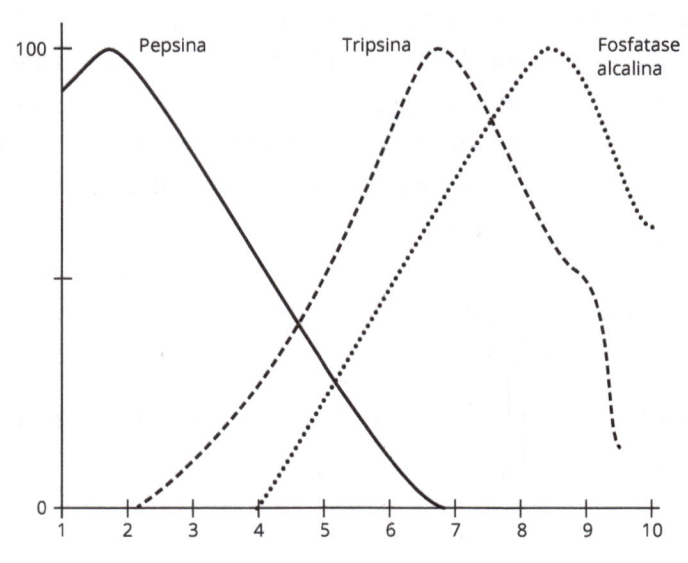

[Gráfico mostrando curvas de atividade enzimática (eixo y: 0 a 100) em função do pH (eixo x: 1 a 10) para Pepsina, Tripsina e Fosfatase alcalina]

Fonte: Nelson; Cox, 2014, p. 67.

Além dos fatores temperatura e pH, a atividade enzimática é proporcional à concentração de enzima e de substrato. Nesse sentido, a velocidade da reação aumenta até o momento em que todas as moléculas de enzimas estão ocupadas pelo substrato presente, chegando à velocidade máxima. Vale lembrar que mesmo que haja outro substrato, a velocidade permanece constante.

1.4.6.2 Interações complexas entre proteínas: o uso da tecnologia

Na era atual, a biologia celular e molecular tem identificado uma complexidade nas interações entre proteínas, as quais formam verdadeiros complexos proteína-proteína ou proteína-ácidos nucleicos. Entender essas interações é caminhar em direção à compreensão da célula (Figura 1.37).

O uso da bioinformática nos estudos bioquímicos tem fornecido um banco de dados organizado e acessível para que biólogos celulares, ao estudarem um grupo de proteínas, encontrem as possíveis interações ou ligações que estas fazem com outras proteínas na célula.

Figura 1.37 – Arranjo espacial entre proteína: interação proteína-proteína

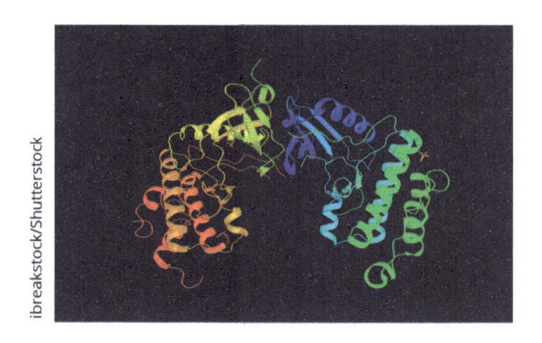

ibreakstock/Shutterstock

Essas ligações e interações são mostradas em gráficos chamados **mapas de interações de proteínas**, os quais ajudam a identificar a participação das proteínas nas diferentes atividades celulares. Desvendar a atuação das proteínas e conhecer as interações entre elas, bem como a maneira pela qual se integram ou não aos processos celulares, são objetivos dessa área da ciência. A produção de mapas de interação, feitos com base na comparação entre espécies, permite concluir se há similaridade entre as funções proteicas. Todavia, o conhecimento da atividade celular está na identificação das proteínas e interações necessárias à realização da função que desencadeiam. Por exemplo, uma célula humana, provavelmente, tem dez mil proteínas diferentes, as quais possivelmente interagem com cerca de cinco a dez moléculas distintas. Contudo, toda essa complexidade e dinâmica só será compreendida com o aprofundamento dos estudos em novas tecnologias (Moraes et al., 2013).

1.4.7 Ácidos nucleicos

O DNA e o RNA são moléculas orgânicas de caráter ácido, identificadas inicialmente no núcleo da célula (por isso a denominação *ácidos **nucleicos***).

Os ácidos nucleicos são as moléculas informativas da célula conhecidas como *código da vida*, uma vez que são responsáveis pelas características biológicas presentes nos seres vivos. O DNA é o polímero responsável por armazenar todas as características hereditárias, ao passo que os diferentes RNAs, como veremos, apresentam diversas atividades celulares, cuja essência está na síntese proteica.

Figura 1.38 – Modelo molecular do nucleossomo com dupla hélice de DNA (cinza) envolvido por proteínas histonas (H3 – vermelha, H4 – verde, H2 – azul e H2b – laranja)

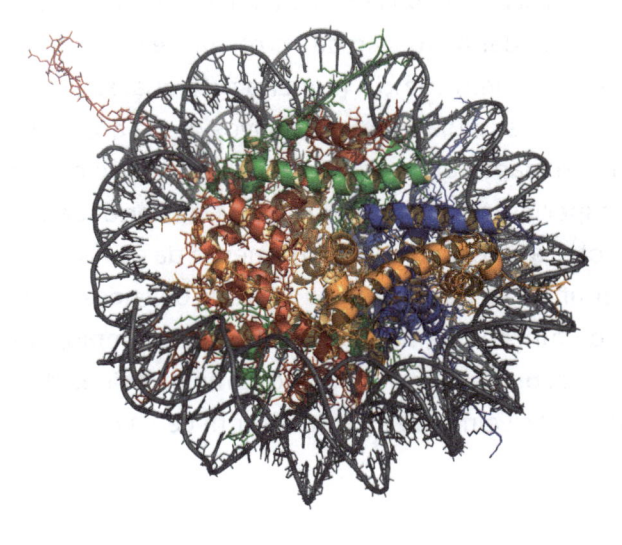

A história do DNA começou a ser descrita no século XIX, quando o bioquímico alemão Johann Friedrich Miescher (1844-1895), em 1869, ao analisar amostras de pus, identificou uma substância nova, de caráter ácido, no núcleo das células de leucócitos, a qual chamou de *nucleína*. Outros pesquisadores e sucessivas descobertas colaboraram para o conhecimento que temos atualmente sobre os ácidos nucleicos. Richard Altmann (1852-1900), por exemplo, confirmou, em 1889, a natureza ácida desses núcleos, denominando-os *ácidos nucleicos*. Posteriormente, em 1909, Phoebis Levine (1869-1940) e Walter Jacobs (1883-1867) identificaram a organização de moléculas de fosfato, açúcar e bases nitrogenadas (adenina, guanina, citosina e timina) na estrutura do DNA, distinguindo a sua unidade formadora: o nucleotídio. No século XX, entre as décadas de 1940 e 1950, outros trabalhos contribuíram para esclarecer a natureza química do material genético, como o que foi publicado, em 1944, por Oswald Avery (1877-1955), Colin MacLeod (1909-1972) e Maclyn MacCasty (1911-2005). Nesse período apareceram indícios da relação entre o DNA e a hereditariedade. Em 1951, o bioquímico austríaco Erwin Chargaff (1905-2002) identificou proporções iguais entre as bases adenina e timina, bem como entre a guanina e a citosina. Os estudos de Alfred Day Hershey (1908-1997) e Martha Chase (1907-2003), em 1952, confirmaram o DNA como sendo o material genético (Nelson; Cox, 2014).

Em 1953, os cientistas James Watson (1928-), estadunidense, e Francis Crick (1915-2004), britânico, propuseram a estrutura espacial da molécula de DNA aceita atualmente (Figura 1.39).

Figura 1.39 – Estrutura espacial do DNA

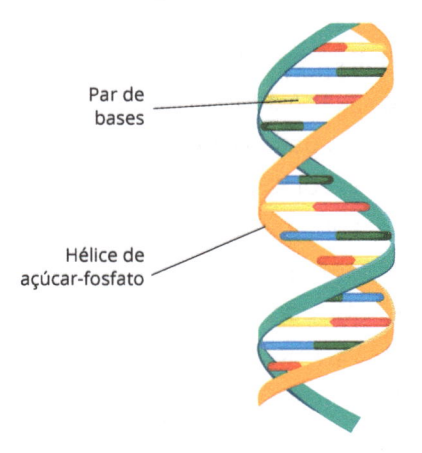

Par de bases

Hélice de açúcar-fosfato

Vecton/Shutterstock

Para entender como os cientistas chegaram a esse modelo, é preciso compreender e analisar outros estudiosos que, na época, também buscavam entender essa mesma molécula.

James Watson iniciou sua carreira científica estudando as moléculas de nucleotídios, em Copenhague, na Dinamarca. A participação em um Congresso na Itália, em que o físico Maurice Hugh Frederick Wilkins, professor do King's College de Londres, apresentou imagens de difração de raios X de amostras de DNA, fez o jovem cientista mudar os seus planos. Na Inglaterra, no Cavendish Laboratory, em Cambridge, Watson conheceu Francis Crick. Embora cada um tivesse seu projeto específico de doutorado, ambos apresentavam interesse em decifrar como os seres vivos perpetuam suas características genéticas. Os dois cientistas utilizaram dados já publicados na época, alguns dos quais foram produzidos por William Astbury, que consistiam em imagens de raio-X do DNA, divulgadas em 1938. Contudo, não foram essas imagens que ajudaram os dois a decifrar a organização da dupla-hélice.

Em 1951, Watson assistiu a uma palestra da cientista Rosalind Elsie Franklin (1920-1958), que, na época, gerava as melhores imagens de DNA em raio-X. Ele registrou os cálculos realizados por ela e, posteriormente, mostrou-os a Crick. Nesse mesmo ano, Watson e Crick apresentaram um modelo da estrutura do DNA à Rosalind e Wilkins, mas ambos o desaprovaram, o que fez os cientistas deixarem, a princípio, os estudos de decifração do DNA e se dedicarem às suas pesquisas de doutorado. O ânimo para retomar a decifração do arranjo do DNA viria com os resultados conclusivos de Watson, que estabeleceu a estrutura helicoidal do vírus RNA, vírus do mosaico do tabaco.

Outros estudos contribuíram para a ideia final da estrutura do DNA. Um deles é o de Linus Pauling, que propôs, no final de 1952, um modelo em que o DNA se apresentava como uma tripla hélice.

Assim, as análises desse modelo de tripla hélice, as imagens de raio-X produzidas por Rosalind e seu aluno de doutorado, Raymond Gosling, os cálculos realizados por Wilkins e os dados de Chargaff, em que as bases nitrogenadas se correlacionam, foram fundamentais para que Watson concluísse a ligação química entre as bases adenina e timina e entre a citosina e a guanina. Esses dados levaram Watson e Crick a elaborarem protótipos que elucidariam o arranjo entre os nucleotídios e a construção de um modelo molecular que ilustrasse as duas cadeias polipeptídicas antiparalelas e helicoidais.

A descoberta da estrutura molecular do DNA rendeu ao trio Watson, Crick e Wilkins, em 1962, o Prêmio Nobel de Medicina e Fisiologia. A cientista Rosalind também receberia o prêmio, mas já havia falecido, em 1955, aos 35 anos de idade, em virtude dos efeitos nocivos da radiação.

1.4.7.1 Estrutura dos ácidos nucleicos (DNA e RNA)

Os ácidos nucleicos, DNA e RNA, são formados pela ligação de muitos monômeros, constituindo os nucleotídios. O DNA e o RNA são polinucleotídios com diferenças importantes entre si. O DNA é formado por dois longos filamentos de nucleotídios organizados em uma dupla hélice. O RNA, por sua vez, é uma sequência simples e menor de nucleotídios, formado a partir de um fragmento de DNA – o gene.

Figura 1.40 – Estrutura do DNA

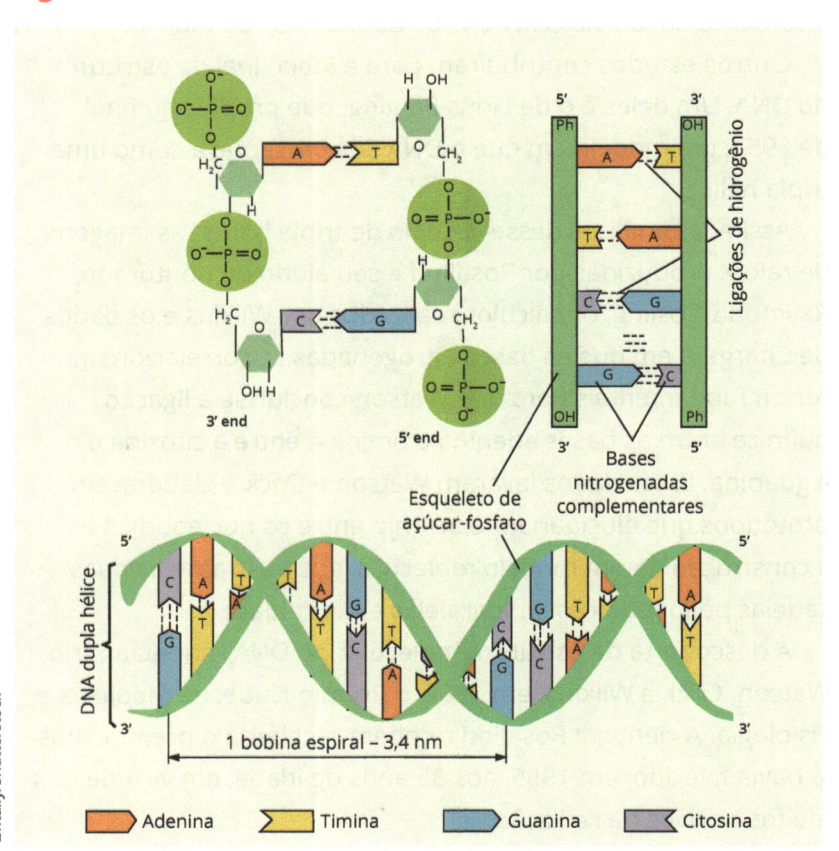

Figura 1.41 – Estrutura do RNA

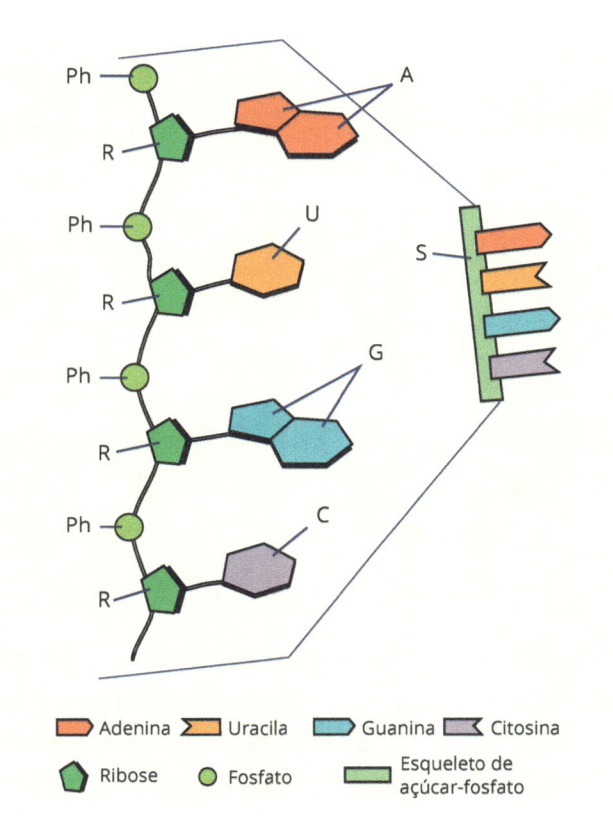

Nas Figuras 1.40 e 1.41 estão em evidência os componentes do nucleotídio, que correspondem ao fosfato, à pentose (monossacarídio de cinco carbonos) e às bases nitrogenadas púricas e pirimídicas. Cada nucleotídio é formado, portanto, por esses três componentes. O nome dos ácidos nucleicos deriva do seu tipo de açúcar: a desoxirribose pertence ao DNA e a ribose, ao RNA, conforme representado na Figura 1.42.

Figura 1.42 – Fórmula química e estrutural da pentose do RNA (ribose) e do DNA (desoxirribose)

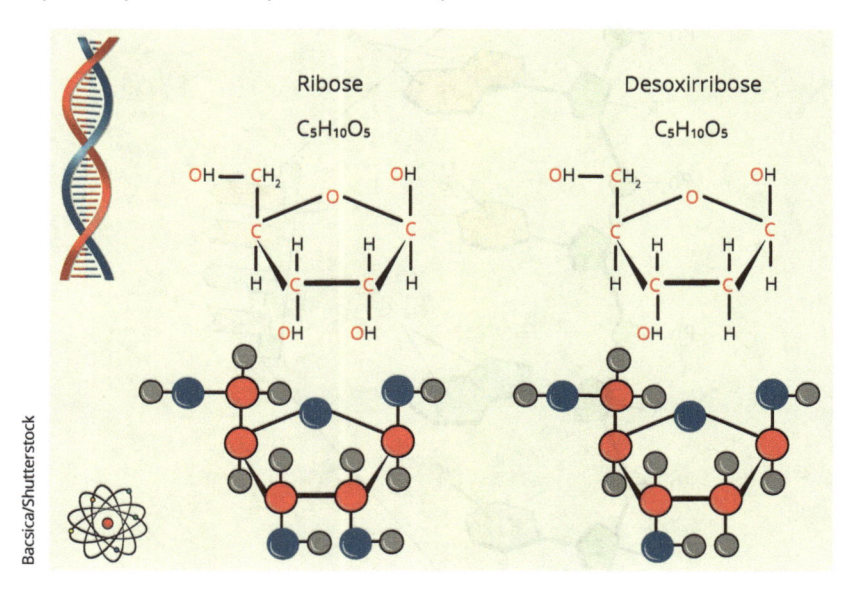

As bases púricas – adenina (A) e guanina (G) – apresentam como composição química um duplo anel de carbono e derivam de uma substância denominada *purina*. Já as bases pirimídicas – timina (T), citosina (C) e uracila (U) – apresentam um único anel de carbono e originam-se de outro composto, a pirimidina.

As bases adenina, guanina e citosina são encontradas tanto no DNA quanto no RNA, ao passo que a timina é a base exclusiva do DNA e a uracila, a base exclusiva do RNA.

Figura 1.43 – Diferenças entre DNA e RNA

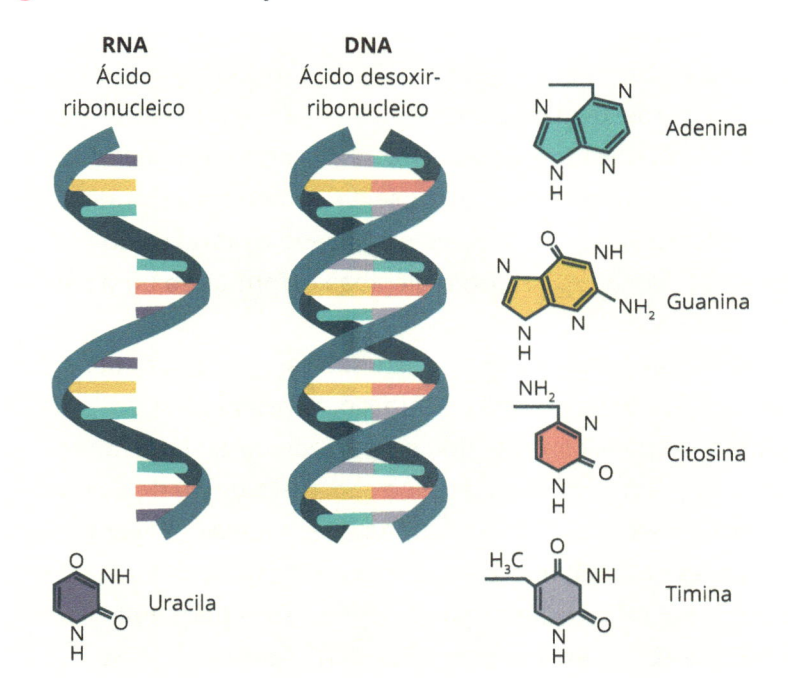

RNA
Ácido ribonucleico

DNA
Ácido desoxirribonucleico

Adenina

Guanina

Citosina

Uracila

Timina

Estrutura do DNA

O ácido desoxirribonucleico é responsável pelo armazenamento e pela transmissão da informação genética. Ele está presente no núcleo das células eucariontes e, em pequenas quantidades, em mitocôndrias e cloroplastos. A molécula de DNA é constituída por duas cadeias de nucleotídios unidos em estrutura semelhante a uma escada em caracol. Aproveitando essa analogia, o corrimão corresponderia ao grupo fosfato e à pentose; os degraus, por sua vez, às bases nitrogenadas (Figura 1.40).

Na Figura 1.40, está representada a ligação entre os nucleotídios da mesma cadeia, grupo fosfato com a pentose, e entre a cadeia adjacente, via pontes de hidrogênio, e as bases nitrogenadas – a timina (T) e a adenina (A) são responsáveis por duas ligações, ao passo que a guanina (G) e a citosina (C) realizam três. Em uma mesma fita, os nucleotídios interagem, entre si, por ligações fosfodiéster (pontes de fosfato) entre o grupo hidroxila do carbono-3, presente na pentose do primeiro nucleotídio, e o grupo fosfato, que, por sua vez, está ligado à hidroxila do carbono-5 da pentose do nucleotídio abaixo, formando uma das fitas do DNA.

Analisando as cadeias do DNA, observa-se que suas duas fitas não seguem a mesma orientação, apresentando um arranjo antiparalelo dos polinucleotídios. Em razão desse fato, uma cadeia de polinucleotídios termina com a extremidade da molécula em 3' e a outra cadeia em 5'. As duas cadeias se ligam pelas suas bases nitrogenadas púricas e pirimídicas, situadas dentro da dupla hélice, em planos paralelos entre si e perpendiculares ao eixo da hélice. Esse pareamento se dá sempre do mesmo jeito: se no nucleotídio de uma das cadeias está a adenina, ela vai se ligar com a timina presente no nucleotídio da outra cadeia; e o mesmo vale para a guanina, que se liga à citosina. Isso pode ser representado da seguinte maneira: A com T e G com C (Figura 1.44). Por isso, a proporção de adenina e timina, bem como de guanina e citosina, é sempre a mesma. Por exemplo: se a sequência de uma das fitas for AATCGGACT, a sequência da outra será TTAGCCTGA, visto que uma fita é complementar à outra. Por isso, se a quantidade de citosina é de 20% em determinada solução, a porcentagem de guanina também será de 20%, e o restante corresponderá à timina e à guanina em proporções iguais.

Figura 1.44 – Ligação por pontes de hidrogênio entre as bases nitrogenadas (T-A e C-G)

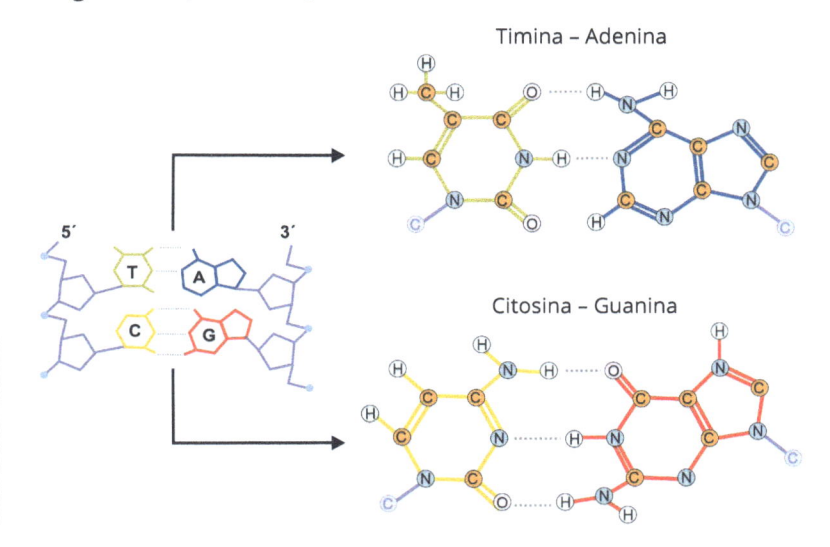

As bases nitrogenadas ligam-se por pontes de hidrogênio, as quais são responsáveis pela estabilidade da hélice. As pontes de hidrogênio podem sofrer desnaturação (separação das cadeias polinucleotídicas) quando a molécula de DNA é superaquecida; porém, quando resfriada lentamente, ocorre o rearranjo da molécula. Em um processo de desnaturação, observa-se primeiramente o rompimento entre as bases adenina e timina, por apresentarem duas pontes de hidrogênio, e, posteriormente, entre citosina e guanina, visto que têm uma ligação mais resistente, com três pontes de hidrogênio.

Em estudos da molécula de DNA, uma desnaturação parcial permite identificar as zonas que são ricas em AT, as quais desnaturam primeiro, e as zonas ricas em CG, mais resistentes. Tais conhecimentos auxiliam na compreensão da estrutura e do funcionamento do DNA. Por exemplo, ajudam a compreender que cada volta completa da hélice é composta por dez nucleotídios, o que não é uma tarefa fácil, pois a molécula de DNA é frágil e muito longa – daí a dificuldade em determinar o seu tamanho.

Outra característica importante do DNA são as regiões hidrofóbicas e hidrofílicas, responsáveis pelos seus arranjos e suas combinações. A região hidrofílica, em contato com a água do meio intracelular, é constituída pela desoxirribose e pelo grupo fosfato, ionizado negativamente, o que promove a combinação de proteínas básicas e outras moléculas carregadas positivamente com o ácido desoxirribose. Já as bases nitrogenadas são hidrofóbicas, pois se situam dentro da hélice e são responsáveis por manter a estabilidade da dupla hélice do DNA (Texto 6..., 2020).

Autoduplicação semiconservativa do DNA

A fita de DNA apresenta, entre os nucleotídios, duas cadeias bem unidas pelas pontes de hidrogênio, como já mencionado. Para que ocorra a replicação do DNA, tão importante para a divisão celular (tema que será discutido com maior profundidade no Capítulo 5), as cadeias de polinucleotídios precisam se separar, de modo a serem usadas como molde na cópia do DNA. Para que o processo de replicação aconteça, há a participação de uma série de enzimas, responsáveis por abrir a dupla hélice, corrigir os erros e unir os nucleotídios – uma verdadeira máquina de replicação, ágil e precisa. A importância da maquinaria de replicação fica evidente quando se analisam as condições essenciais num experimento *in vitro*, em que o rompimento das pontes de hidrogênio só ocorrerá em altas temperaturas, próximas da ebulição da água, o que também demanda um alto gasto energético.

Nesse sentido, como explicar a ocorrência do mesmo processo nas células em temperatura ambiente? Nessas células, a fita de DNA contém pontos de abertura promovidos por proteínas iniciadoras, as quais se ligam a algumas sequências de nucleotídios do DNA, conhecidas como *origens de replicação*. Nesses pontos, pequenas porções do DNA apresentam suas fitas separadas, e não há, com isso, muito gasto energético em temperatura ambiente.

Algumas enzimas envolvidas na replicação do DNA compreendem melhor o seu papel durante o processo. A **DNA--polimerase**, descoberta em 1957, é a enzima que sintetiza a nova fita de DNA adicionando nucleotídios (um a um) complementares à fita. Por exemplo, caso o nucleotídio da fita-molde apresente como base nitrogenada a timina, o nucleotídio complementar à nova fita será a adenina. Uma característica importante da enzima é a capacidade de adicionar nucleotídios na extremidade 3', OH, da cadeia-molde, o que faz com que a nova fita se estenda no sentido 5'-3'. A DNA-polimerase também revisa o seu trabalho ao corrigir alguns possíveis erros, retirando os nucleotídios que foram adicionados erroneamente e inserindo o nucleotídio correspondente, o que impede alterações na cadeia polinucleotídica e, consequentemente, na síntese proteica.

Logo após a descoberta da DNA-polimerase, descobriu-se que a replicação se inicia em uma região específica do DNA, onde a fita se abre em ambos os sentidos (arranjo chamado de *antiparalelo*), aparecendo em radiografias na forma de Y – por isso, é denominada *forquilha de replicação do DNA*. A primeira enzima a se ligar à região de origem de replicação é a **DNA--helicase**, cuja função é separar a dupla hélice, desenrolando-a após romper as pontes de hidrogênio, por meio da quebra de moléculas de ATP, originando, assim, as forquilhas de replicação. As **proteínas ligadoras de fita simples** (*single-strand DNA--binding proteins* – SSB) entram no processo desempenhando um papel fundamental. Ao apresentarem alta afinidade com as fitas simples de DNA, acabam cobrindo-as próximo à forquilha e, com isso, impedem que elas sofram torções e se liguem novamente em uma hélice dupla. Logo, a **DNA-topoisomerase** é responsável pelo desdobramento das fitas à frente da forquilha de replicação, o que permite que elas não fiquem torcidas, agilizando, desse modo, o processo de cópia. Uma vez que a fita de DNA está aberta, a síntese de uma nova fita dependerá da DNA--polimerase, a qual, como já descrito, fará a inserção dos novos nucleotídios. No entanto, ela não é capaz de iniciar a síntese da nova fita, sendo dependente da atividade de uma outra enzima, a **DNA-primase**. Essa enzima é um tipo de RNA-polimerase responsável por sintetizar os *primers* (iniciadores), pequenas sequências de RNA (5 a 10 nucleotídios nos eucariotos) formados a partir de um molde de DNA.

Figura 1.45 – Forquilha de replicação do DNA

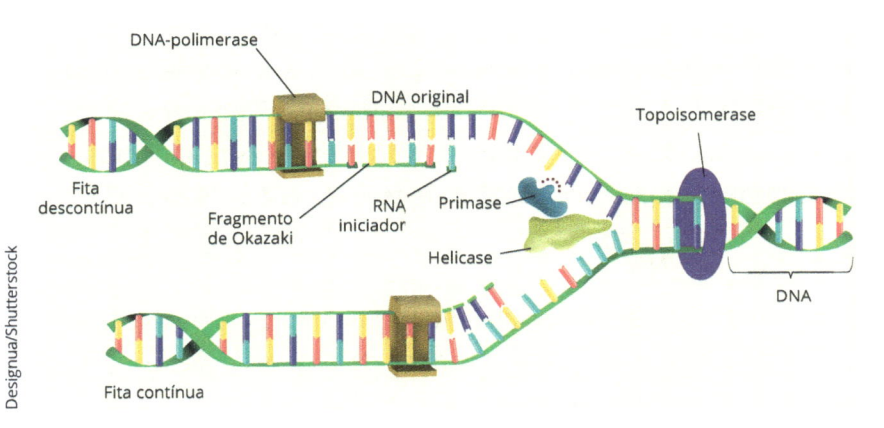

Figura 1.45, é possível identificar algumas das enzimas envolvidas no processo. Observemos que a síntese da fita-molde 3'-5' na direção 5'-3' acontece de forma contínua, ao passo que na fita 5'-3' ocorre a replicação descontínua, em pedaços curtos, que correspondem aos fragmentos de Okazaki, unidos pela ação da enzima DNA-ligase.

A princípio, acreditava-se que a replicação do DNA ocorria num processo contínuo em ambas as fitas, nucleotídio a nucleotídio, em que uma das fitas crescia no sentido 5'-3' e a outra, no sentido 3'-5'. Entretanto, como vimos, a DNA-polimerase utiliza o grupo OH livre da extremidade 3'. Na fita-molde ou fita-líder, de sentido 3'-5', a síntese ocorre no sentido 5'-3', indo de encontro à forquilha de replicação, e a DNA-polimerase, com um único *primer*, insere de forma contínua os nucleotídios na fita nascente. Na fita complementar, de sentido 5'-3', a replicação deveria ocorrer no sentido 3'-5', mas a DNA-polimerase só trabalha na direção 5'-3', então, o que se verifica é um crescimento descontínuo da fita por vários *primers* de RNA. Na fita de DNA complementar, a DNA-polimerase produz diversos fragmentos de DNA, no sentido 5'-3', denominados *fragmentos de Okazaki*. Os *primers* de cada fragmento são removidos por um outro tipo de enzima, a **RNase H**; nesse local, outra DNA-polimerase faz a inserção de uma sequência de nucleotídios. A ligação entre os fragmentos de Okazaki é realizada pela **DNA-ligase** (Texto 4..., 2020).

Estrutura do RNA

O ácido ribonucleico é constituído por um único filamento de polinucleotídios e tem uma variedade de conformações, o que leva à existência de mais de um tipo de RNA. Em geral, a sua estrutura primária é similar ao DNA, com exceção da pentose, visto que o RNA contém a ribose, e da base nitrogenada uracila, que substitui a timina presente no DNA. Existem três classes básicas de RNA (Alberts et al., 1997):

- **RNA mensageiro (RNAm)**: responsável pela informação genética transcrita de uma sequência do DNA. Representa de 1% a 5% do total de RNA da célula.
- **RNA ribossômico (RNAr)**: encontrado em maior quantidade, mais de 50%, em ribossomos, organela citoplasmática que participa da síntese proteica. Representa 75% do total de RNA da célula.
- **RNA transportador (RNAt)**: responsável por realizar o transporte até os ribossomos dos aminoácidos presentes no meio intracelular. Representa 15% do total da célula.

Vale dizer que todos os RNAs são importantes na síntese proteica.

1.4.8 Vitaminas

As vitaminas correspondem a compostos orgânicos que não são sintetizados pelos animais superiores, capacidade essa, provavelmente, perdida durante a evolução. As vitaminas são requeridas pelas células para funções bem específicas e essenciais na regulação das funções celulares. São conhecidos 13 compostos vitamínicos de que os seres humanos necessitam diariamente, cuja concentração varia entre 0,01 mg e 100 mg, a depender do tipo. As vitaminas não são energia, mas cofatores de reações biológicas, garantindo a atividade na célula, pois a carência vitamínica leva a patologias sérias conhecidas como *hipovitaminoses* (Alberts et al., 1997).

No organismo, as vitaminas são agrupadas em hidrossolúveis (em água) e lipossolúveis (solúveis em lipídio). As lipossolúveis permanecem por mais tempo no organismo, pois as vitaminas hidrossolúveis, agrupadas no complexo B e integrantes da vitamina C (ácido ascórbico), são facilmente transportadas pelo plasma sanguíneo, sem a necessidade de carreadores, embora dificilmente sejam armazenadas, pois o seu excesso, ao passar pela filtração glomerular, é eliminado pela urina.

De acordo com Alberts et al. (1997), as vitaminas do complexo B atuam no metabolismo celular (respiração celular, síntese proteica, formação do tubo neural, formação das hemácias e de ácidos nucleicos, entre outras funções). A vitamina C, por sua vez, desempenha uma função mais estrutural, presente na síntese de colágeno, proteína de sustentação abundante no tecido conjuntivo e no sistema imunológico.

Figura 1.46 – Tipos de vitaminas e suas fontes alimentares

As vitaminas lipossolúveis necessitam de moléculas transportadoras, as lipoproteínas, para serem encaminhadas até o tecido/célula-alvo. As vitaminas lipossolúveis, que podem permanecer armazenadas em diversos tecidos corpóreos e órgãos, são: retinol (A), calciferol (D), tocoferol (E) e quinona (K). Todas elas são dotadas de importantes atividades fisiológicas, como proteger os tecidos epiteliais, absorver o cálcio, desempenhar ação antioxidante e favorecer os processos de coagulação.

⚠ Importante!

As vitaminas precisam ser ingeridas com cautela, pois tanto a carência quanto o excesso podem trazer prejuízos à saúde. A ingestão em excesso, por exemplo, gera acúmulo nos tecidos, sobrecarregando as vias metabólicas e de transporte.

Síntese

Surgimento da vida na Terra

1. Início: radiação solar; raios de tempestades.

2. Reações químicas: originam compostos inorgânicos que formam moléculas orgânicas.

3. Primeiros organismos: procariontes unicelulares, com reprodução assexuada, anaeróbios.

4. Condições adversas do meio ambiente e ocorrência de mutações.

5. Aparecimento de organismos eucariontes, bem como de novos organismos multicelulares, há 1,7 bilhão de anos.

6. Organismos eucariontes unicelulares: organização celular simples; contêm DNA e RNA.

7. Organismos multicelulares agregam-se, formando colônias com divisão de tarefas. São eles que compõem plantas e animais.

8. Compostos químicos orgânicos e inorgânicos estão presentes nas células e fornecem matéria-prima para a síntese de energia.

ixpert/Shutterstock

Atividades de autoavaliação

1. Analise o esquema a seguir e preencha as lacunas com alguns dos termos corretos referentes às características dos seres vivos.

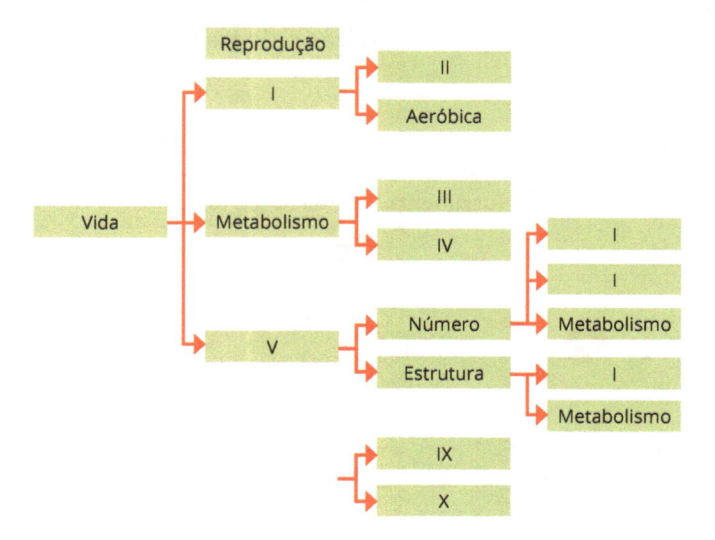

```
                    Reprodução
                         │
                    ┌────┼──→ II
               ┌──→ I
               │         └──→ Aeróbica
               │
               │                ┌──→ III
        Vida ──┼──→ Metabolismo ┤
               │                └──→ IV
               │                              ┌──→ I
               │                              │
               │         ┌──→ Número ─────────┼──→ I
               │         │                    └──→ Metabolismo
               └──→ V ───┤
                         │                    ┌──→ I
                         └──→ Estrutura ──────┤
                                              └──→ Metabolismo
                         
                         ┌──→ IX
                         └──→ X
```

Agora, assinale a alternativa que apresenta a sequência correta de preenchimento:

A I – Respiração, II – Anaeróbica, III – Anabolismo, IV – Catabolismo, V – Célula, VI – Unicelular, VII – Pluricelular, VIII – Eucarionte, IX – Assexuada, X – Sexuada.

B I – Respiração, II – Anaeróbica, III – Catabolismo, IV – Anabolismo, V – Célula, VI – Unicelular, VII – Pluricelular, VIII – Eucarionte, IX – Assexuada, X – Sexuada.

C I – Catabolismo, II – Anaeróbica, III – Anabolismo, IV – Respiração, V – Célula, VI – Unicelular, VII – Pluricelular, VIII – Eucarionte, IX – Assexuada, X – Sexuada.

- **D** I – Respiração, II – Anaeróbica, III – Anabolismo, IV – Catabolismo, V – Célula, VI – Pluricelular, VII – Unicelular, VIII – Eucarionte, IX – Assexuada, X – Sexuada.
- **E** I – Respiração, II – Anaeróbica, III – Anabolismo, IV – Catabolismo, V – Célula, VI – Unicelular, VII – Pluricelular, VIII – Eucarionte, IX – Sexuada, X – Assexuada.

2. A reprodução é condição para a manutenção das espécies. Sobre esse tema, qual das afirmações a seguir está correta?

   - **A** A reprodução assexuada acontece em organismos procariontes; a sexuada, em eucariontes.
   - **B** A reprodução assexuada é mais rápida, uma vez que gasta menos energia, e realizada por todos os seres vivos, quando as condições do ambiente são favoráveis.
   - **C** A reprodução sexuada tem alto gasto energético. No entanto, é favorável sob estresse ambiental, pois os organismos desse tipo de reprodução apresentam maior variabilidade genética.
   - **D** Os seres que optam pela reprodução assexuada não são capazes de realizar a reprodução sexuada.
   - **E** A reprodução assexuada é vantajosa porque é feita rapidamente. Por não apresentar um núcleo verdadeiro, os organismos que a realizam sofrem mutações frequentes, aumentando significativamente a variabilidade genética.

3. As reações químicas são eventos necessários à célula, visto que são importantes na produção de moléculas, energia e outros compostos. Analise as afirmativas a seguir e assinale V para as verdadeiras e F para as falsas.

( ) O conjunto de reações químicas que ocorrem no interior das células é denominado *metabolismo*.
( ) O anabolismo consiste em reações químicas que degradam substâncias maiores em outras mais simples – por exemplo, o amido em glicose.
( ) O catabolismo pode ser comparado aos processos de decomposição, visto que as macromoléculas, como as proteínas, sofrem a ação de enzimas e degradam-se em micromoléculas, os aminoácidos.
( ) Os processos metabólicos no interior da célula são antagônicos, pois, no anabolismo, a célula consome energia, ao passo que, no catabolismo, sintetiza energia.
( ) Os processos metabólicos são essenciais à célula tanto na produção quanto na degradação de moléculas, bem como na produção de ATP (energia).

A seguir, assinale a alternativa que apresenta a sequência correta:

A V, F, V, V, F.
B V, F, V, V, V.
C F, F, V, V, V.
D V, F, F, V, F.
E F, F, V, F, V.

4. Os organismos celulares apresentam diferenças quanto ao número, à estrutura e à nutrição de suas células. No que diz respeito a esse assunto, correlacione os itens da coluna I com os da coluna II.

Coluna I
1. Autótrofos
2. Unicelulares
3. Eucariontes
4. Pluricelulares
5. Heterótrofos
6. Multicelulares
7. Procariontes

Coluna II
( ) São os organismos que não apresentam o material genético envolvido por uma membrana nuclear.
( ) São seres que realizam a nutrição por fotossíntese (algas e plantas).
( ) Referem-se aos organismos que apresentam mais de uma célula, sem que estas se organizem em tecidos.
( ) São os organismos que apresentam o material genético envolvido pela membrana nuclear (fungos, protozoários, algas, plantas e animais).
( ) São seres formados por muitas células, as quais se arranjam em tecidos, podendo formar órgãos e outros níveis de organização.
( ) Constituem-se por uma única célula, responsável pelo próprio metabolismo e reprodução.
( ) São os seres que precisam fazer a ingestão das moléculas orgânicas para a nutrição de suas células.

Agora, assinale a alternativa que apresenta a sequência correta:

- **A** 5, 1, 6, 3, 4, 2, 7.
- **B** 7, 3, 1, 6, 4, 2, 5.
- **C** 6, 7, 1, 3, 4, 2, 5.
- **D** 7, 1, 6, 3, 5, 4, 2.
- **E** 7, 1, 6, 3, 4, 2, 5.

5. A publicação do livro *A origem da vida* pelo cientista Aleksandr Oparin, em 1936, reforça a ideia de participação de moléculas orgânicas na formação das primeiras células e, consequentemente, dos primeiros organismos. Sobre a teoria da evolução química, analise as proposições a seguir e marque a alternativa **incorreta**.

- **A** Propõe que a atmosfera primitiva da Terra era composta pelos gases metano, amônia, hidrogênio e vapor d'água.
- **B** A evolução química se deu por meio de compostos simples inorgânicos, os quais formavam compostos orgânicos. Além disso, a energia utilizada nas reações era proveniente das radiações ultravioletas e das descargas elétricas.
- **C** As reações químicas e a formação das primeiras células ocorreram nas rochas, onde a radiação ultravioleta e as descargas elétricas eram intensas e suficientes para a realização dos processos de biossíntese.
- **D** As primeiras formas de vida surgiram em meio aquoso, protegido das intensas radiações, e as mudanças contínuas nesse meio teriam permitido os processos de mutação necessários à proliferação das formas vivas e à expansão para o meio terrestre.

E O experimento de Miller-Urey identifica a formação de compostos orgânicos simples pela água aquecida com os gases metano, amônia e hidrogênio, energizada com descargas elétricas.

6. Segundo a teoria da evolução química, os agregados orgânicos envolvidos por moléculas de água formaram os coacervados, os quais, por sua vez, deram origem às protocélulas. Tendo isso em vista, assinale a alternativa que melhor explica o aparecimento das células primitivas de acordo com a mencionada teoria.

A A formação da primeira célula ocorreu quando esta adquiriu a capacidade de absorver o oxigênio terrestre e de produzir uma concentração maior de energia.

B Com a formação dos uma molécula orgânica responsável pelo controle celular, o RNA teria sido a molécula genética primitiva responsável pela replicação e pelo controle celular.

C Após a formação dos aminoácidos, estes formaram as proteínas, que, ao se agregarem entre si, deram origem à primeira célula, chamada *coacervado*.

D É possível que tenha ocorrido a formação de nucleotídios constituintes da fita de DNA, pois é sabido que essa molécula controla a atividade e a divisão celular.

E As primeiras formas orgânicas chegaram à Terra em fragmentos de meteoros ou poeira cósmica, elementos que formaram os agregados, que, por sua vez, ao se associarem a moléculas de água, originaram as primeiras células.

7. As primeiras formas de vida na Terra foram autótrofas ou heterótrofas? Realizavam respiração aeróbica ou respiração anaeróbica? Tendo em vista esses questionamentos, analise as afirmações a seguir e assinale V para as verdadeiras e F as falsas.

( ) Os defensores da hipótese autótrofa acreditam que as primeiras formas de vida produziam seus nutrientes com base na energia de compostos inorgânicos, por quimiossíntese.
( ) As primeiras formas de vida eram anaeróbicas, pois não existia oxigênio na atmosfera primitiva da Terra.
( ) A formação de compostos orgânicos a partir de compostos simples corrobora o lado dos defensores de que as primeiras vidas eram heterótrofas, ou seja, de que elas obtinham energia com base nesses compostos.
( ) A quantidade de oxigênio na atmosfera primitiva já possibilitava a existência de bactérias facultativas e da síntese de energia pela fermentação.
( ) A produção de oxigênio e o aumento desse gás na atmosfera primitiva se devem ao fato de os processos de mutação terem originado organismos capazes de realizar a fotossíntese.

Agora, assinale a alternativa que apresenta a sequência correta:

A F, V, F, F, V.
B V, V, F, F, F.
C F, V, V, F, V.
D V, F, V, F, V.
E V, V, V, F, V.

8. A água é o elemento químico mais abundante em todos os organismos. Com base nisso, analise as afirmativas a seguir e marque a **incorreta**.

   A Ao adicionar um cristal de NaCl (cloreto de sódio) à água, os íons tendem a se orientar de modo que os átomos de oxigênio (levemente negativos) fiquem voltados aos íons sódio (positivos), e os íons cloreto (negativos) fiquem voltados aos átomos de hidrogênio (positivos).
   B Quanto maior é a concentração de água nas células, maior é a atividade metabólica.
   C Nos idosos, a concentração de água é menor quando comparada com outras fases da vida. Isso ocorre porque eles apresentam uma menor reserva de água no organismo e intensa atividade do hipotálamo na homeostase corporal.
   D A água exerce importante papel na regulação térmica porque apresenta um elevado calor específico.
   E As propriedades químicas da molécula de água são importantes na estrutura e função celular, como os processos de hidrólise durante a digestão.

9. Analise a seguir as afirmativas sobre a função dos minerais na composição celular e assinale V para as verdadeiras e F para as falsas.

   ( ) O cálcio é o mineral em maior concentração no organismo, tendo importante papel na estrutura óssea, na coagulação sanguínea, na contração muscular e nas sinapses nervosas.
   ( ) O iodo é um micromineral essencial ao funcionamento das glândulas endócrinas, concentrando-se nas glândulas salivares e mamárias.

( ) O magnésio está presente em células vegetais envolvidas com o processo de fotossíntese; nas células animais, podem ser encontrados na atividade metabólica.
( ) O zinco, além de atuar nos processos metabólicos, participa como cofator enzimático, razão pela qual está presente em processos de proliferação celular e na síntese proteica.
( ) Um macromineral importante é o ferro, cuja falta no organismo afeta o transporte dos gases oxigênio e dióxido de carbono, provocando sintomas como fraqueza e dificuldades de aprendizagem, memorização e raciocínio.
( ) Alguns minerais são tóxicos ao nosso organismo e se acumulam no ambiente, principalmente pelo descarte errado de pilhas e baterias. Um dos elementos químicos tóxicos ao organismo é o mercúrio, visto que leva à perda de memória.

Agora, assinale a alternativa que apresenta a sequência correta:

A V, F, F, V, F, V.
B F, F, V, V, V, V.
C V, F, V, F, V, F.
D V, F, V, V, V, V.
E F, F, V, V, F, V.

10. Entre os compostos orgânicos, os carboidratos têm como importante função o fornecimento de energia. Marque a alternativa correta sobre esse tema.

A O glicogênio, o amido, a celulose e a quitina são polissacáridios de reserva. O primeiro está presente nas células animais; os outros, em células vegetais.

B Nas células, certos glicídios podem associar-se a proteínas e lipídios, formando moléculas que são direcionadas a regiões específicas. Dessa forma, podem desenvolver funções diferenciadas, como as de coesão celular e formação de tecidos.

C Os monossacarídios são moléculas exclusivamente energéticas, sendo a principal a glicose.

D Os glicídios, que estão presentes nas células, formam outros compostos ou os catalisam para a produção de energia. No núcleo são praticamente inexistentes.

E Nos processos de hidrólise ocorre a união de monossacarídios com a perda de água no processo.

11. Analise a imagem a seguir e assinale a alternativa que condiz com o assunto abordado.

Figura A – Moléculas de estrogênio e testosterona

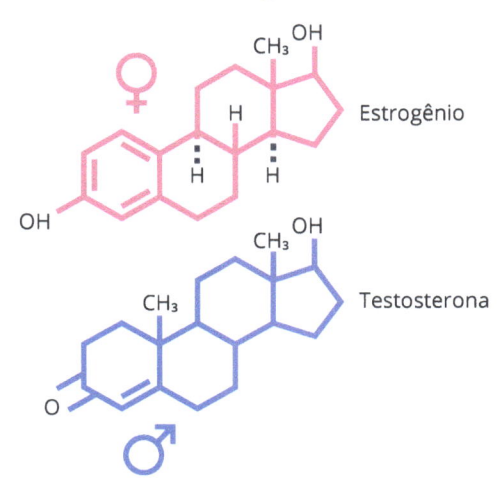

A A produção dos hormônios sexuais nas gônadas feminina e masculina depende do colesterol, principal lipídio esteroide.

B A produção dos hormônios sexuais libera o colesterol, lipídio responsável por problemas cardíacos graves.

C O glicerol presente nos óleos e nas gorduras é a matéria-prima para a produção dos hormônios sexuais estrogênio e testosterona.

D A produção dos hormônios sexuais está relacionada à capacidade do tecido adipócito de armazenar gordura e suprir as necessidades das gônadas sexuais na produção dos hormônios.

E A produção dos hormônios sexuais é afetada pela presença de colesterol nas células sexuais, visto que ele diminui a sua produção.

12. As alternativas a seguir apresentam as diferentes funções desempenhadas pelas moléculas lipídicas. Marque aquela cujo conteúdo está **incorreto**.

A Os triglicerídios são compostos altamente energéticos armazenados na forma de gordura como reserva energética.

B As membranas celulares são formadas por duas camadas lipídicas, sendo a principal a de fosfolipídios.

C O colesterol, além de ser matéria-prima para a produção dos hormônios sexuais, é fundamental na formação de sais biliares e vitamina D.

D) O colesterol presente no organismo pode ser obtido de duas formas: pela dieta alimentar, sendo absorvido pelo intestino; e quando produzido pelas células do fígado.

E) Os lipídios, geralmente, são prejudiciais ao organismo por serem responsáveis por doenças como a aterosclerose, placas de gorduras que, ao calcificarem, impedem o fluxo normal do sangue e podem levar a graves problemas no coração.

13. As proteínas são macromoléculas formadas pela união de monômeros denominados *aminoácidos*. Analise as afirmativas a seguir referentes a esse tema.

I) Os aminoácidos são unidos entre si por ligações químicas denominadas *ligações peptídicas*, com a formação de uma molécula de água.

II) Todo o aminoácido tem uma região formada por um grupo amina (NH_2) e outro carboxila (COOH) de caráter ácido.

III) As proteínas são formadas por 20 tipos de aminoácidos, entre os quais 11 são naturais, adquiridos com a alimentação diária, e 9 são essenciais, produzidos pela própria célula.

IV) O tipo, a quantidade e a ordem dos aminoácidos são específicos de cada tipo proteico; alterações em um desses itens altera a proteína, podendo torná-la inativa.

V) A produção da proteína depende exclusivamente da presença de aminoácidos no meio intracelular.

Agora, assinale a alternativa que apresenta as afirmativas corretas:

- **A** I, II, IV e V.
- **B** II, III e IV.
- **C** I, II e IV.
- **D** II e IV.
- **E** I, II, III e IV.

14. A função da proteína depende de vários fatores, incluindo a temperatura e o pH. Analise as afirmativas a seguir sobre a função enzimática e assinale a alternativa correta.

- **A** As enzimas são importantes catalisadores biológicos, uma vez que aceleram as reações químicas e permitem à célula um metabolismo mais dinâmico e equilíbrio energético.
- **B** As enzimas presentes nos diferentes organismos têm atividade em temperaturas próximas a 36 °C, tornando-se inativas em temperaturas maiores ou menores.
- **C** Um fator relevante à função das enzimas é o pH, que, sozinho, pode determinar a atividade ou inativação da enzima nos processos de reações químicas.
- **D** Embora a velocidade da reação dependa exclusivamente da temperatura e do pH, a manutenção de um desses parâmetros é suficiente para a catalisação enzimática.
- **E** As células com atividade metabólica intensa apresentam enzimas que podem atuar sobre vários substratos, característica importante para a função celular.

15. Analise a imagem a seguir, referente à estrutura química do DNA, e as afirmativas propostas.

Figura B – Molécula de DNA

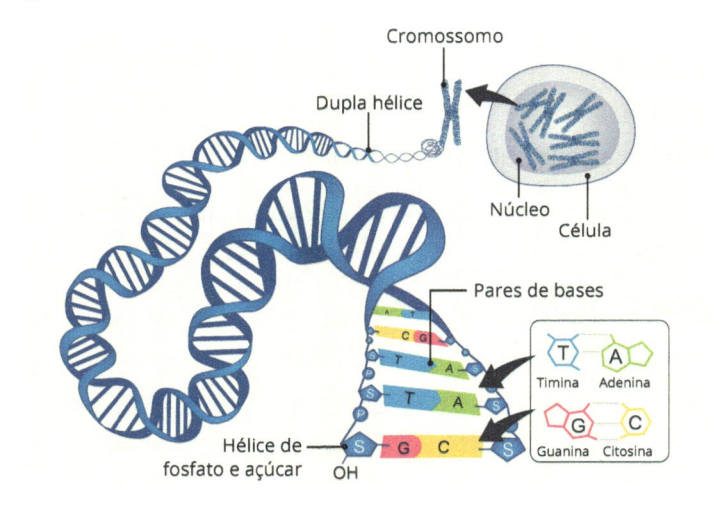

I) O DNA consiste em duas longas fitas de nucleotídios organizadas em uma dupla hélice.
II) Um monômero de DNA, ou seja, o nucleotídio, é constituído pelo grupo fosfato, a pentose e uma base nitrogenada (adenina, timina, guanina e citosina).
III) As bases púricas do DNA são adenina e guanina; e as pirimídicas correspondem à timina e à citosina.
IV) O DNA é capaz de autoduplicação, usando uma de suas fitas, a 3'-5', como molde para a formação de duas novas fitas.

Agora, assinale a alternativa que apresenta a(s) afirmativa(s) correta(s):

A IV
B I e II.
C I, II e III.
D II, III e IV.
E Todas as afirmativas estão corretas.

16. A figura a seguir representa as estruturas presentes em uma molécula de RNA.

Figura C – Molécula de RNA

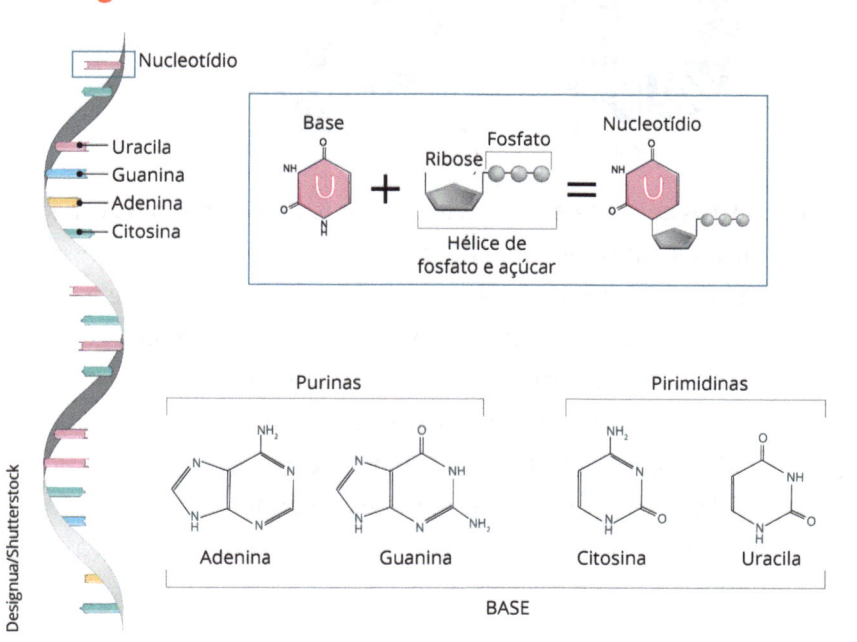

Sobre o assunto, assinale a afirmação correta.

A A organização do grupo fosfato, da pentose e das bases nitrogenadas diferencia-se no RNA quando comparada ao DNA.
B As bases nitrogenadas do RNA são timina, uracila, guanina e citosina.
C Na imagem aparece a ribose e a pentose, presentes nas moléculas de RNA, ao passo que no DNA iria aparecer a desoxirribose.
D O RNA é formado por duas fitas, diferenciando-se do DNA, que não apresenta a conformação em hélice.
E Nas células, o ácido ribonucleico pode ser de três tipos principais: RNAm, RNAt e RNAr, sendo que o primeiro ocorre em maior volume nas células.

Atividades de aprendizagem

Questões para reflexão

1. A teoria celular proposta em 1838 pelos pesquisadores Matthias Schleiden e Theodor Schwann demonstra que toda a vida tem como unidade básica a célula. De acordo com o que foi abordado no capítulo, o que mudou com as novas descobertas, principalmente no que diz respeito ao vírus? O que, de fato, pode ser considerado característica básica de todos os seres?
2. Analise a seguinte afirmação: É errôneo considerar os procariontes seres evolutivamente primitivos com relação aos eucariontes, já que ambos estão adaptados às condições de vida. Quais são as vantagens de um ser procarionte, organismo pequeno e simples, e de um eucarionte, organismo muito mais complexo?

3. A biologia explica a existência de vida pela observância das características comuns aos seres vivos – atividades que realizam, diferenças de fatores abióticos etc. Com base na teoria da evolução química, como podemos explicar a origem da primeira forma viva?
4. As proteínas constituem a maior parcela de peso seco dos compostos orgânicos presentes na célula e exercem papel predominante nos processos metabólicos. A figura a seguir representa a insulina, molécula proteica importante na manutenção da taxa normoglicêmica.

Figura D – Insulina humana

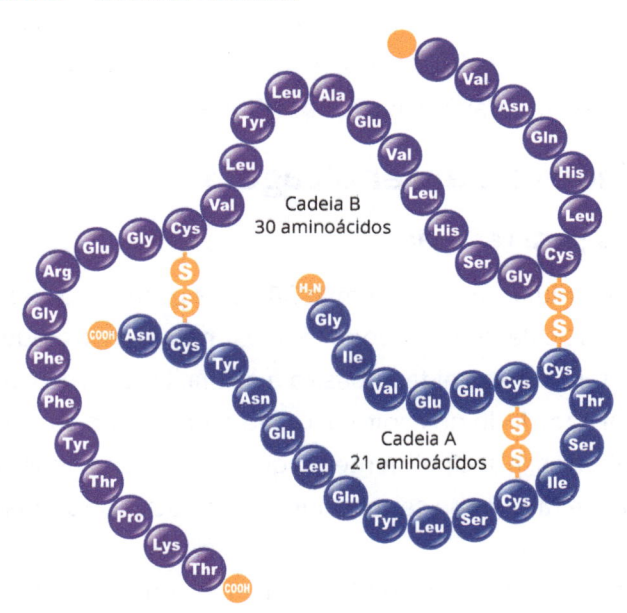

De acordo com o que foi apresentado no capítulo, responda:

A Qual é o monômero presente em proteínas?
B Quantos monômeros diferentes podem ser encontrados em cada proteína?
C Escolha dois monômeros da cadeia polipeptídica da insulina e indique a ligação peptídica que acontece entre o grupo amina do primeiro monômero com o grupo carboxila do segundo monômero.
D Diferencie as estruturas primária, secundária, terciária e quaternária das proteínas, destacando o processo de desnaturação.

Atividades aplicadas: prática

1. Elabore uma linha do tempo com os principais eventos que antecederam a descoberta e a descrição estrutural da fita de DNA: a dupla hélice.

2. Saber quantas calorias gastamos por dia para manter as atividades vitais e o metabolismo basal pode ser uma informação relevante, principalmente àqueles que querem emagrecer ou manter o peso. Para medir a quantidade calórica diária, podemos usar a fórmula de Harris Benedict, empregada para calcular a taxa metabólica (TMB).

   A fórmula de Haris Benedict é usada para obter o gasto calórico basal diário. A unidade utilizada para definir o peso é o quilograma; para a altura, os centímetros; e para a idade, os anos.

   Homens: $66 + (13{,}7 \times Peso) + (5{,}0 \times Altura) - (6{,}8 \times Idade)$
   Mulheres: $665 + (9{,}6 \times Peso) + (1{,}8 \times Altura) - (4{,}7 \times Idade)$

Depois de calculada a TMB, é preciso dividir as calorias entre três grupos de alimentos: proteínas (de 15% a 20% das calorias); carboidratos (de 55% a 60% das calorias); e gorduras (de 20% a 25% das calorias). Esses grupos precisam estar presentes em todas as refeições: o café da manhã deve contar com 20% das calorias diárias; o lanche da manhã, com 5%; o almoço, com 30% a 35%; o lanche da tarde, com 15% a 19%; e o jantar, com 20% a 25%. Se houver saldo, o lanche da noite pode englobar os 15% restantes.

Com base nisso, calcule a sua TMB e distribua as calorias que precisa ingerir nas cinco ou seis refeições diárias. Em seguida, explique a importância da distribuição dos três grupos de nutrientes.

CAPÍTULO 2

ESTRUTURA DA MEMBRANA CELULAR,

As membranas são essenciais para a vida da célula, pois, além de envolvê-la e, desse modo, conferir proteção, mantêm a diferença entre o citosol e o meio extracelular. As membranas são estruturas dinâmicas que compõem o envoltório de todos os tipos celulares e de algumas organelas citoplasmáticas em células eucariontes, além de promover diferenças significativas e importantes entre o conteúdo interno da organela e o citosol. Elas também promovem, em conjunto com receptores específicos (proteínas), o reconhecimento de outras células ou moléculas, podendo mudar a conformação de acordo com o estímulo recebido. As membranas de células adjacentes podem unir-se firmemente e formar uma camada protetora, como um tecido epitelial de revestimento.

Neste capítulo, abordaremos a estrutura e a organização dos principais constituintes químicos das membranas plasmáticas e seu papel na manutenção da identidade química das células e organelas em que estão presentes.

2.1 Membranas celulares: bicamada lipoproteica

Embora a visualização da membrana plasmática só tenha sido possível com a invenção do microscópio eletrônico, em 1945, já se fazia menção à sua existência antes disso. Citologistas descreviam a presença dela por, pelo menos, dois motivos: o fato de duas células juntas não terem o seu conteúdo misturado; e a presença de uma composição celular interna diferente da composição externa, o que já sugeria a existência de uma estrutura capaz de controlar a entrada e a saída de substâncias da célula.

Figura 2.1 – Membrana plasmática com bicamada composta, principalmente, por fosfolipídio

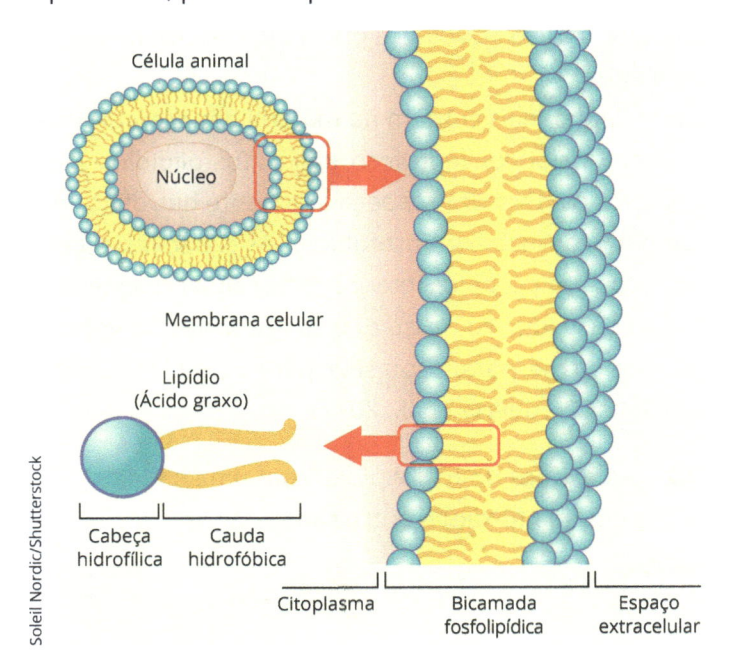

O modelo de membrana celular denominado **mosaico fluido** foi proposto no início da década de 1970 pelos cientistas estadunidenses Jonathan Singer e Garth Nicholson, os quais estabeleceram como composição da membrana duas camadas lipídicas (fosfolipídios e colesterol), nas quais as moléculas proteicas estão mergulhadas (Tropp, 2008).

A membrana celular (ou plasmática), presente em todas as células, sem exceção, tem uma espessura muito fina – entre 7 e 9 nm (nanômetros) –, e aparece em microscopia eletrônica com três camadas distintas (trilaminar). Uma dessas camadas, mais clara, está no meio de duas outras camadas mais escuras, o que se deve à estrutura típica dos lipídios presentes nas membranas.

Os lipídios de membrana são moléculas anfipáticas (anfifílicas), pois apresentam uma extremidade hidrofílica ou polar (com inclinação para o meio aquoso), e outra hidrofóbica ou apolar (hostil para água).

O tipo de lipídio mais comum na maioria das membranas celulares, e em maior concentração, são os fosfolipídios. Esses tipos de lipídios contêm uma cabeça altamente hidrofílica e duas caudas de hidrocarbonetos hidrofóbicos. As cabeças de fosfato estão voltadas para os meios interno (intracelular) e externo (extracelular) da célula, ao passo que as caudas estão voltadas para o interior da membrana, ou seja, para o "miolo", conforme ilustra a Figura 2.2 (Alberts et al., 2017).

Figura 2.2 – As regiões do fosfolipídio, com uma cauda insaturada (pequena flexão) e outra saturada

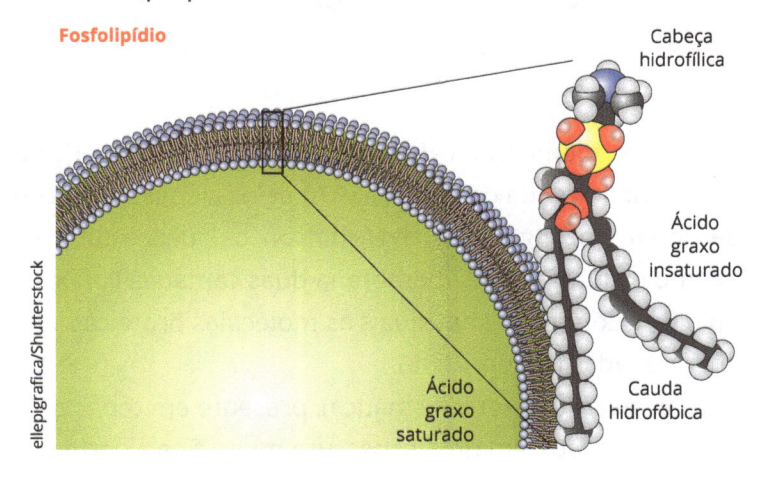

As moléculas de lipídios mudam de posição constantemente, conferindo às membranas uma de suas principais características: a fluidez, essencial para muitas das funções desempenhadas. As moléculas de fosfolipídios são sintetizadas

por enzimas na face citosólica do retículo endoplasmático – RE (ver Capítulo 3), e utilizam ácidos graxos livres como substrato. Posteriormente, ocorre o surgimento de vesículas do RE, que se deslocam pelo citosol até a membrana plasmática da célula. Como os fosfolipídios são inseridos na face da bicamada exposta ao citosol, eles precisam migrar para a face extracelular, num movimento denominado *flip-flop*. Esse processo ocorre pela ação de enzimas ligadas à membrana do RE, chamadas **translocadores de fosfolipídios**, que rapidamente promovem a troca de um fosfolipídio presente na monocamada interna para a monocamada externa.

A fluidez das membranas é fundamental para as funções biológicas, e a manutenção dessa característica depende tanto de sua composição quanto da temperatura. Nas membranas animais, além dos fosfolipídios, encontramos o colesterol, que, a depender do tipo celular, apresenta-se em grandes quantidades (na medida de uma molécula de colesterol para um fosfolipídio). Por ser uma molécula pequena e rígida, o colesterol permeia as moléculas de fosfolipídios, tornando a membrana menos fluida, flexível e permeável, aumentando, dessa forma, a barreira de permeabilidade da bicamada lipídica.

Quanto às proteínas presentes na membrana, as integrais estabelecem uma ligação com os lipídios e atravessam a bicamada, ao passo que as proteínas periféricas se deslocam para a região interna (intracelular) ou externa (extracelular) da membrana (Figura 2.3). Na monocamada voltada ao meio extracelular, encontram-se: (1) as **cadeias de oligossacarídios**, que podem estar ligadas de forma covalente às proteínas da membrana, sendo denominadas *glicoproteicas*, ou aos lipídios da membrana, denominados *cadeias glicolipídicas;* e (2) as longas **cadeias de**

polissacarídios que constituem a molécula de proteoglicano de membrana, as quais, normalmente, se ligam covalentemente a um núcleo proteico. Esse conjunto de carboidratos está presente em todas as células eucariontes e tem como função básica proteger as protrusões das proteínas integrais voltadas ao meio extracelular. Um exemplo dessa variação entre os meios intracelular e extracelular da membrana é o glicocálice (ou glicocálix), que corresponde a uma cobertura de carboidratos voltados ao meio extracelular, aderidos a proteínas ou lipídios (Junqueira; Carneiro, 2000; Cooper ; Hausman, 2007; Alberts et al., 2017).

Figura 2.3 – Bicamada lipoproteica

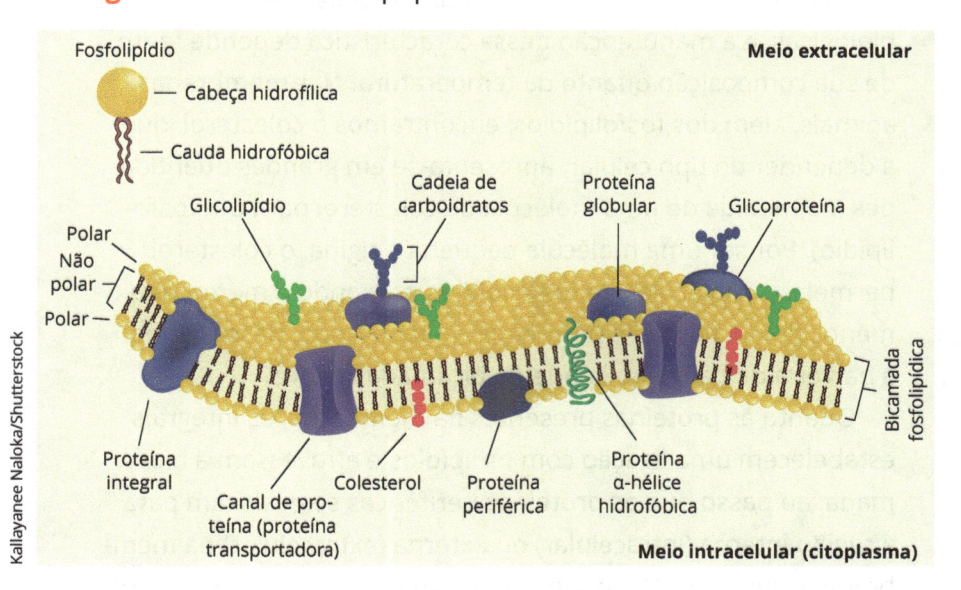

Na Figura 2.3, podemos notar que as membranas são formadas por duas camadas de moléculas lipídicas (fosfolipídio e colesterol), com a região hidrofóbica (caudas) voltada para o interior da membrana, e a região hidrofílica voltada às extremidades (interna e externa). Apresentam também moléculas proteicas integrais e periféricas e, na superfície extracelular da membrana, glicoproteínas e glicolipídios.

Além do colesterol, constante na célula animal, outra particularidade das células eucariontes está na mistura de tipos de fosfolipídios, o que confere à bicamada uma assimetria característica (Figura 2.3). Em células de mamíferos, por exemplo, quatro tipos somam mais da metade dos lipídios presentes na bicamada, a saber: fosfatidiletanolamina, fosfatidilcolina, fosfatidilserina e esfingomielina (Figuras de 2.4 a 2.7). Com exceção da fosfatidilserina, que apresenta carga negativa, os outros tipos são eletricamente neutros. Essa diferença de carga elétrica, somada ao tamanho e à forma dos fosfolipídios, é crucial para o funcionamento das proteínas da membrana (Reece et al., 2010; Alberts et al., 2017).

As duas camadas constituintes da membrana celular, como já mencionado, são assimétricas, tanto no que diz respeito aos tipos de lipídios quanto no que se refere às proteínas presentes. Um exemplo dessa assimetria verifica-se nos eritrócitos, pois a monocamada intracelular contém maior concentração de fosfatidilserina e fosfatidiletanolamina, ao passo que a camada externa é rica em fosfatidilcolina. Lembre-se de que a fosfatidilserina apresenta carga elétrica, o que lhe confere outra diferença entre as monocamadas, conforme ilustra a Figura 2.6 (Reece et al., 2010; Alberts et al., 2017).

Figura 2.4 – Lipídio: fosfatidiletanolamina

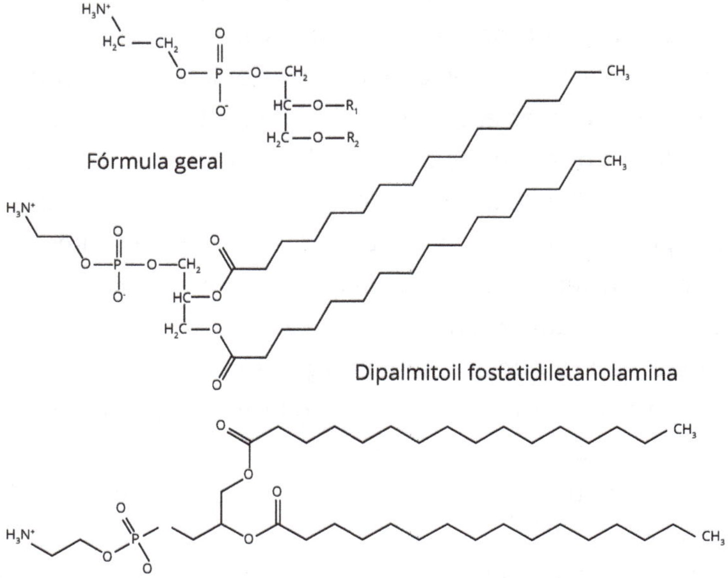
Fórmula geral
Dipalmitoil fostatidiletanolamina

chromatos/Shutterstock

Figura 2.5 – Lipídio: fosfatidilcolina

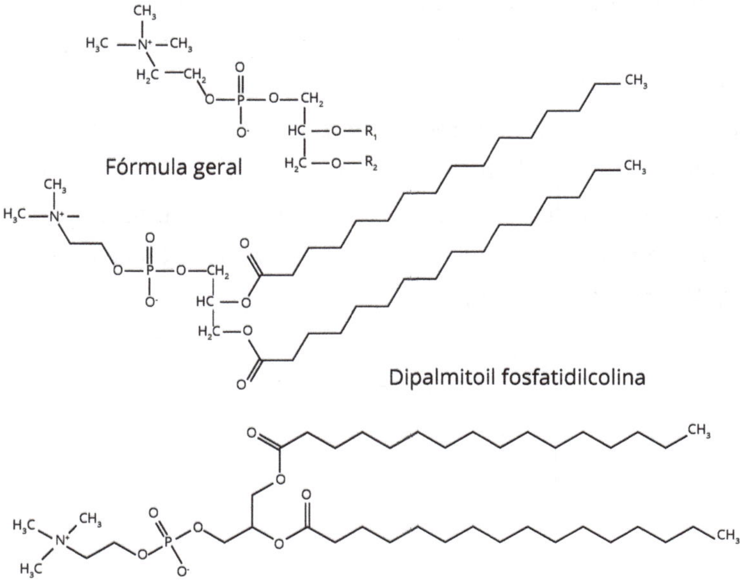
Fórmula geral
Dipalmitoil fosfatidilcolina

chromatos/Shutterstock

Figura 2.6 – Lipídio: fosfatidilserina

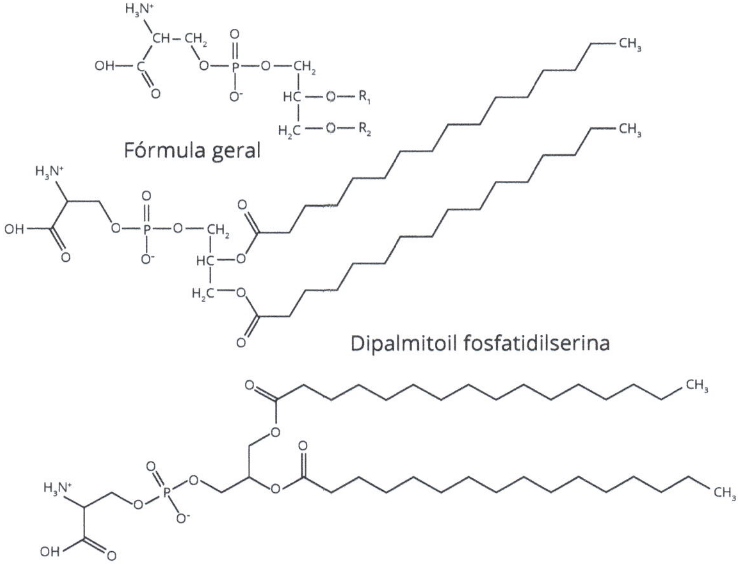
Fórmula geral
Dipalmitoil fosfatidilserina

chromatos/Shutterstock

Figura 2.7 – Lipídio: esfingomielina

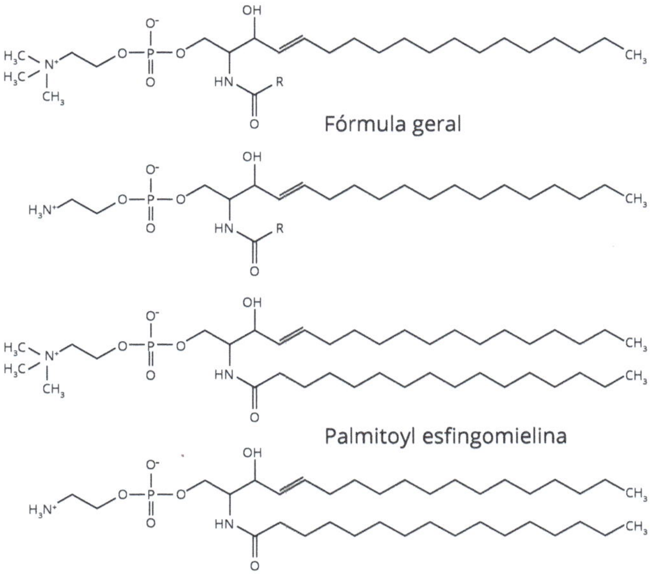
Fórmula geral
Palmitoyl esfingomielina

chromatos/Shutterstock

Vale lembrar, rapidamente, que os três primeiros lipídios são derivados da molécula de glicerol, ao passo que a esfingomielina deriva da serina.

A cobertura extracelular composta por glicoproteínas, denominada *glicocálix* ou *glicocálice*, confere à célula: proteção contra agressões físicas e químicas; retenção de substâncias, como os nutrientes; reconhecimento celular, que é de extrema importância para a identificação de invasores (uma bactéria reconhecida pelos leucócitos); compatibilidade sanguínea, ou, ainda, de células para a formação de tecidos. Assim, o glicocálice apresenta diferenças na estrutura de sua molécula ao compor uma variedade de tipos celulares, tornando específico cada tipo de célula e indivíduo. Essa particularidade do glicocálice constitui o maior obstáculo em transplantes de tecidos e órgãos, visto que é o responsável pelos processos de rejeição.

2.2 Proteínas da membrana celular

A bicamada lipídica é mergulhada por diferentes tipos de proteínas, organizadas em dois grandes grupos: as **integrais** (ou intrínsecas) e as **periféricas** (ou extrínsecas). Essa classificação é feita de acordo com a integração da proteína à camada lipídica, pois, enquanto as integrais estão firmemente associadas entre si, sendo somente dissociadas com técnicas apropriadas – somam mais de 70% das proteínas de membrana –, as periféricas associam-se aos lipídios com menor aderência, sendo facilmente isoladas e encontradas aderidas à face interna ou externa da membrana. Observemos, na Figura 2.8, as proteínas transmembranas, com conformação em α-hélice (intrínsecas), e as proteínas ancoradas à membrana por uma cadeia de ácido graxo (extrínsecas).

Figura 2.8 – Associação das proteínas à membrana

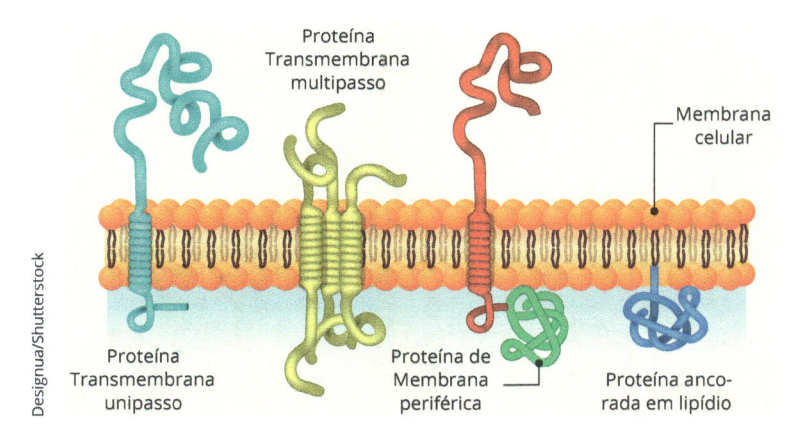

As proteínas integrais correspondem à maioria das enzimas da membrana: glicoproteínas, proteínas transportadoras e receptoras. São moléculas anfipáticas com o mesmo arranjo de seus vizinhos fosfoipídios, ou seja, contêm uma região hidrofóbica e outra hidrofílica. Muitas dessas proteínas perpassam a bicamada, inclusive deixando saliências em ambos os lados, razão pela qual são denominadas **proteínas transmembranas**. Nesse caso, a região hidrofóbica das proteínas interage com as caudas lipídicas, e as regiões hidrofílicas ficam expostas ao líquido intracelular e ao líquido extracelular. O tipo de conexão estabelecido entre a proteína e a bicamada reflete-se na função que desempenham na célula, conforme demonstra a Figura 2.9.

Figura 2.9 – Funções desempenhadas pelas proteínas na bicamada lipídica

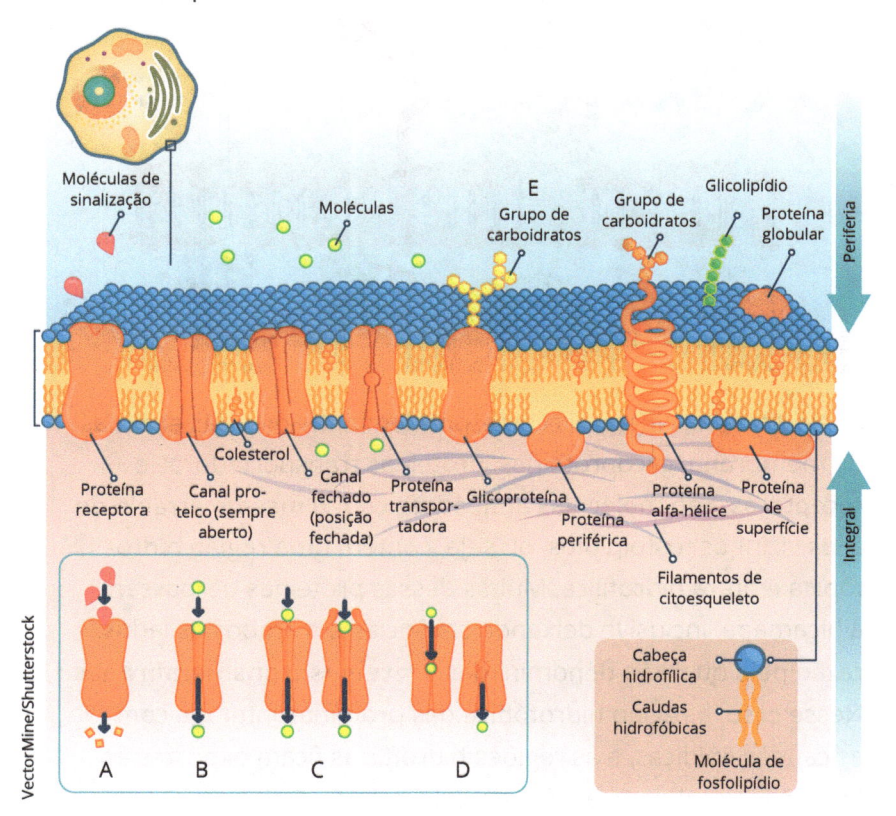

As letras contidas na Figura 2.9 significam:

- **A**: proteína que exerce a função de receptora, ou seja, uma ou mais substâncias específicas ligam-se a ela, e sinais específicos são transmitidos à célula, o que desencadeia os processos celulares;
- **B**: proteína responsável por abrir um canal que permite a livre passagem (proteína de canal);

- **C e D**: proteínas carreadoras, isto é, capazes de interagir com certos íons e moléculas para que a passagem aconteça;
- **E**: proteína associada ao carboidrato que trabalha como proteína de reconhecimento (glicocálice), conferindo identidade à célula e promovendo, assim, o reconhecimento e a adesão dos tipos celulares, visto que existem variações de um tipo celular a outro ou entre as mesmas células.

As proteínas transmembranas, por se comunicarem tanto com o meio intracelular quanto com o meio extracelular, promovem o transporte de moléculas, formando poros ou atuando como carreadoras para a passagem e distribuição de íons, aminoácidos, glicose, água e outros compostos químicos. Na Figura 2.8, a primeira proteína transmembrana passa pela bicamada como uma única α-Hélice, sendo denominada *proteína transmembrana unipasso*; a segunda, por sua vez, representa uma proteína transmembrana multipasso, caracterizada por uma cadeia polipeptídica que cruza a membrana várias vezes. A membrana celular é formada por uma variedade de proteínas integrais, com complexidades e funções diferentes, como: proteína com função ligante (pode ser um hormônio ou neurotransmissor), proteína de reconhecimento celular, proteína receptora de superfície (segundo mensageiro), proteína de adesão celular e de citoesqueleto, proteína com função enzimática e transporte através da membrana, como a Na^+/K^+-ATPase.

As proteínas periféricas de membranas, como mencionado, aderem de maneira frouxa ao lado voltado para o meio intracelular e extracelular, podendo ser facilmente isoladas dos lipídios da membrana mediante soluções salinas. O eritrócito humano (ou hemácia), responsável pelo transporte dos gases respiratórios, é um bom material para se conhecer a membrana de organismos eucariontes, pois não apresenta outras membranas internas; uma vez que o conteúdo intracelular é retirado, as proteínas das duas faces da membrana plasmática ficam expostas. Na hemácia humana, a maioria das proteínas periféricas está voltada para a face citoplasmática (intracelular). Por exemplo, a espectrina é a mais abundante proteína do citoesqueleto, sendo responsável por manter a função e a forma bicôncava da membrana (e esta, por sua vez, está ligada à membrana por outra importante proteína, a anquirina). A espectrina também se liga à banda 3, uma proteína do tipo transmembrana multipasso que é importante no transporte de ânions na membrana dos eritrócitos, uma vez que possibilita a troca de dióxido de carbono (CO_2) por íons cloreto (Cl^-) e o aumento da concentração desse gás no sangue que circula nos pulmões.

2.3 Transporte pela membrana celular

A membrana celular, além de proteger o interior da célula, precisa manter a identidade desta, isto é, assegurar as diferenças entre os líquidos intracelular e extracelular no que se refere aos solutos inorgânicos e orgânicos (lembrando que o soluto corresponde às substâncias sólidas presentes em uma solução). No meio extracelular, os principais solutos são os íons sódio (Na^+) e cloreto (Cl^-), ao passo que, no meio intracelular, a concentração de Na^+ é baixa e as concentrações de potássio (K^+), fosfato e proteínas são elevadas. A membrana, nesse contexto, funciona como uma barreira seletiva, o que lhe confere a propriedade de **permeabilidade seletiva**, que serve para controlar a entrada e a saída de substâncias e regular a composição química destas.

Para muitas substâncias, a solubilidade aos lipídios permite perpassar a bicamada facilmente, como é o caso dos ácidos graxos, hormônios esteroides e anestésicos. No entanto, as substâncias hidrofílicas apresentam dificuldades de trânsito, principalmente se considerarmos o tamanho, as características químicas (carga elétrica) e o gradiente de concentração destas. Provavelmente, foram esses empecilhos que, ao longo da evolução, levaram ao desenvolvimento de mecanismos especiais, como o transporte através da membrana por intermédio de canais ou a captura de partículas pela própria célula (fagocitose e pinocitose).

2.3.1 Transporte passivo

O deslocamento de substâncias entre os meios extracelular e intracelular pode funcionar sem gasto de energia, ou seja, sem que a adenosina trifosfato (ATP) seja utilizada, processo conhecido como *transporte passivo*. Nesse tipo de transporte, a substância (soluto) passa do meio com maior concentração para aquele em que a concentração está menor, ou seja, a favor do seu gradiente de concentração. O transporte passivo acontece por difusão simples ou facilitada e por osmose.

Difusão simples

A difusão simples é um tipo de transporte passivo no qual as substâncias atravessam facilmente a bicamada lipídica a favor do gradiente de concentração. Isso significa que o soluto (gás oxigênio, por exemplo) penetrará na célula quando a concentração desse soluto for maior (meio hipertônico), e sairá dela quando, fora da célula, a concentração estiver menor (meio hipotônico).

Figura 2.10 – Transporte passivo por difusão simples

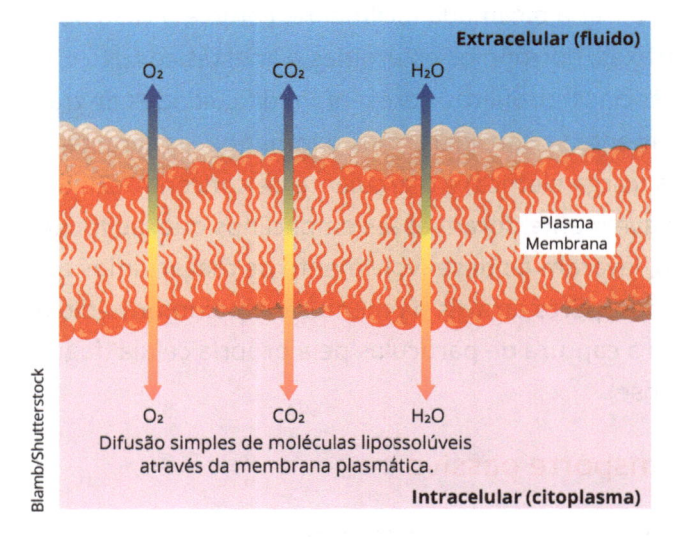

Extracelular (fluido) — O_2, CO_2, H_2O
Plasma Membrana
O_2, CO_2, H_2O
Difusão simples de moléculas lipossolúveis através da membrana plasmática.
Intracelular (citoplasma)

Blamb/Shutterstock

Dessa forma, as substâncias irão se deslocar do meio hipertônico para o meio hipotônico, o que acontece com os gases (oxigênio, dióxido de carbono) e outras moléculas solúveis em lipídio, como anestésicos, moléculas pequenas e álcool.

Difusão facilitada

Na difusão facilitada, moléculas como a glicose e os aminoácidos atravessam a membrana sem gasto de energia (transporte passivo), a favor do gradiente de concentração, como acontece na difusão simples, embora, de modo geral, numa velocidade maior. Na difusão facilitada há a participação de proteínas carreadoras, moléculas transportadoras (ou permeases) que protegem essas moléculas da parte hidrofóbica da membrana. A substância é conduzida através da membrana ao se combinar com a permease específica, estabelecendo a velocidade do transporte, uma vez que, quando todas moléculas transportadoras estão ocupadas, a velocidade da passagem não aumenta. Por isso, esse tipo de transporte, mediado por proteínas carreadoras, apresenta características como a saturação, a estereoespecificidade (que corresponde a uma especificidade química entre a proteína carreadora e o composto a ser transportado) e a competição.

Além do transporte por permease, existem os canais proteicos que realizam difusão facilitada, como os canais iônicos e as aquaporinas. Os canais iônicos permitem que os compostos com carga elétrica passem pelo centro hidrofóbico da bicamada sem restrições ou bloqueio. As proteínas de canal podem permanecer abertas o tempo todo e, em outros casos, apresentar mecanismos de abertura e fechamento.

Nas células nervosas e musculares, os canais iônicos são dependentes da voltagem de sódio, potássio e cálcio de suas membranas, bem como da liberação de neurotransmissores, que, em conjunto, promovem a abertura e o fechamento desses canais. As mudanças entre os íons no interior da célula têm papel fundamental, por exemplo, na transmissão elétrica entre as membranas de neurônios e também na contração muscular (Figura 2.11).

Figura 2.11 – Transportes passivos

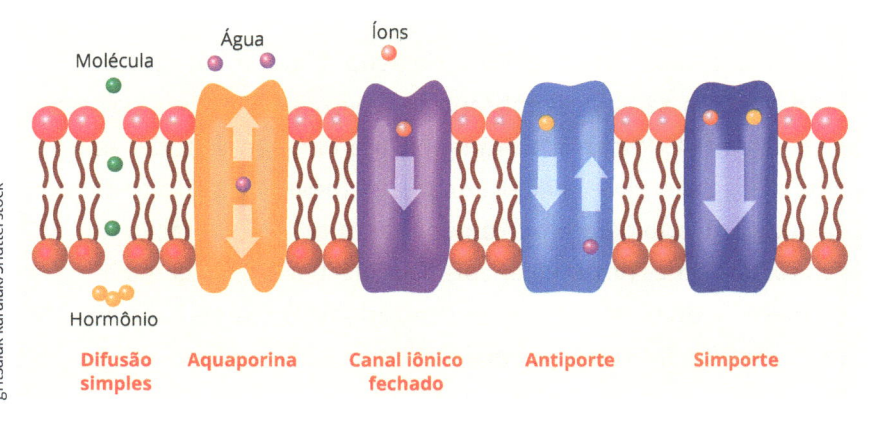

A Figura 2.11 ilustra a difusão simples e a difusão facilitada, elucidada pelo canal de aquaporina e pelo canal iônico. As outras duas proteínas referem-se ao transporte ativo, ou seja, aos transportes antiporte (movimento do íon e da molécula em sentidos opostos) e simporte (movimento do íon e da molécula na mesma direção).

> ⚠️ **Importante!**
>
> As **aquaporinas** são canais proteicos que aumentam a permeabilidade da membrana à água. A água pode permear a bicamada lipídica por difusão simples, embora, em certas células, a maior parte dela realize a travessia mediante esses canais.
>
> Em 2003, o médico estadunidense Peter Agre foi premiado com o Prêmio Nobel de Química pela descoberta dos canais de água. As aquaporinas são encontradas em diferentes organismos, unicelulares e pluricelulares. Mesmo não estando presente em todos os tipos celulares, o que se verifica é a presença e a importância delas em células que necessitam da passagem rápida das moléculas de água para que possam desempenhar suas funções.

Osmose

A osmose consiste na passagem de água de um meio para o outro através de uma membrana semipermeável, como é o caso da bicamada lipídica encontrada nas membranas de todas as células. Segundo Reece et al. (2010), um movimento maior da água de um lado para o outro dependerá da concentração de solutos presente nos meios, pois as moléculas de água movimentam-se do meio menos concentrado para o mais concentrado, exercendo o seu papel de solvente universal.

A pressão que a água exerce para atravessar a membrana é denominada **pressão osmótica**: quanto maior a concentração de uma solução, maior a pressão osmótica. Quando comparamos duas soluções com concentrações diferentes, aquela que apresenta a pressão maior, mais concentrada, é denominada *hipertônica* (do grego *hiper*, "exagerado", e *tonos*, "tensão"), ao passo que a outra será denominada *hipotônica* (do grego *hipo*, "abaixo"). Quando apresentam a mesma pressão osmótica, as duas soluções são denominadas *isotônicas* (do grego *isos*, "igual") (Reece et al., 2010).

Quando uma célula animal é exposta a uma solução de concentração hipertônica ou hipotônica, ela sofre alterações no seu volume, murchando ou inchando, respectivamente (Figura 2.12). Num experimento em que a hemácia humana é mergulhada em uma solução isotônica (com cloreto de sódio [NaCl] a 0,9% – solução fisiológica), o volume celular não é alterado, uma vez que os volumes de água que entram e saem estão equilibrados. Ao ser mergulhada em uma solução com menor concentração (hipotônica), a célula ganha mais água por osmose, ocorrendo um aumento de volume (inchamento) que pode chegar ao rompimento da membrana em um meio extremamente hipotônico (0,4% de NaCl ou menos). O fenômeno de rompimento da membrana e extravasamento é chamado de *hemólise* ou *lise celular*. O inverso ocorre quando a hemácia é mergulhada em um meio hipertônico (1,5% de NaCl ou mais), visto que há o murchamento por perda excessiva de água, fato denominado *crenação* (Reece et al., 2010).

Figura 2.12 – Alterações na forma da hemácia quando mergulhada em concentrações de NaCl (cloreto de sódio)

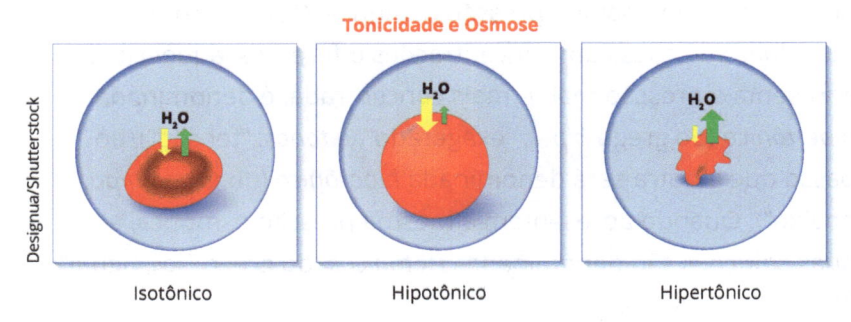

Tonicidade e Osmose

Isotônico   Hipotônico   Hipertônico

A osmose na célula vegetal tem respostas diferentes das que ocorrem na célula animal em razão da presença e da rigidez da parede celular que suporta a pressão osmótica (Figura 2.13), tanto que, quando colocada em uma solução hipotônica, não acontece a lise.

Figura 2.13 – Osmose em células vegetais

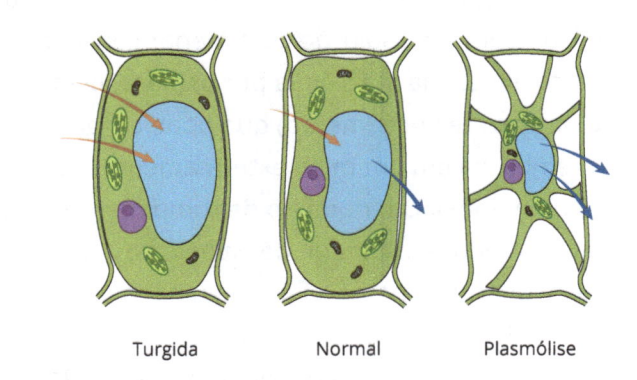

Turgida   Normal   Plasmólise

Percebe-se, na Figura 2.13, que a parede celular inibe o rompimento da célula vegetal quando o volume citoplasmático aumenta. Na célula vegetal, os fenômenos osmóticos ocorrem entre o meio e o vacúolo (organela citoplasmática). Quando a célula vegetal é mergulhada em um meio hipotônico, o vacúolo ganha água e a célula incha, fenômeno denominado **turgência**. Essa turgidez auxilia determinadas estruturas das plantas, colaborando para a sustentação de folhas e de partes menos rígidas da planta. Em uma situação em que a célula é exposta a um meio hipertônico, como acontece, por exemplo, em dias muito quentes, com frequência de evaporação aumentada, o vacúolo perde água e a parede celular perde pressão, descolando-se da membrana. Esse efeito, denominado **plasmólise**, leva as células a murcharem, bem como as folhas.

2.3.2 Transporte ativo

No transporte ativo, a passagem do soluto (íons) acontece contra o gradiente de concentração, ou seja, a passagem do íon ocorre de um meio menos concentrado para outro mais concentrado. Nesse tipo de transporte, há gasto de energia (ATP) do meio intracelular, essencial para a manutenção das concentrações dos meios intracelular e extracelular.

Como já mencionado, a concentração de sódio no meio intracelular é muito menor do que a concentração externa (matriz extracelular), razão pela qual o íon sódio poderia entrar na célula, por difusão, até que as concentrações de fora e de dentro se igualassem. No entanto, isso não acontece enquanto a célula está viva e em condições de manter essas diferenças pelo transporte ativo. Esse tipo de transporte exerce importante função na manutenção constante das diferenças iônicas. Em células como as musculares, as hemácias e os neurônios, as diferenças iônicas são essenciais para o metabolismo celular e as alterações podem inativar a atividade da célula de modo irreversível, provocando a morte do organismo (Reece et al., 2010).

Um exemplo de transporte ativo bastante estudado é a bomba de sódio e potássio. A concentração de potássio chega a ser de 10 a 20 vezes maior no meio intracelular quando comparada com a do meio extracelular. Valores correspondentes às concentrações de sódio são observados no meio extracelular. As proteínas transportadoras, com gasto de energia, bombeiam os íons contrariamente ao seu gradiente de concentração, num sistema denominado **antiporte**. Elas bombeiam ativamente o íon sódio de dentro para fora da célula e o íon potássio de fora para dentro da célula.

A Figura 2.14 ilustra o funcionamento desse mecanismo: três íons sódio se ligam à proteína transportadora e, com uso de energia, ocorre a mudança no arranjo da proteína de canal. Isso resulta, simultaneamente, na liberação desses íons para o meio externo e na captura de dois íons potássio, os quais serão lançados para o meio intracelular. A proteína transportadora volta à sua estrutura inicial e o ciclo se repete. A Bomba Na^+/K^+-ATPase exerce importante função na regulação do volume celular, pois a alta concentração de partículas no meio intracelular faz com que a água seja puxada o tempo todo para o interior da célula, ao passo que o gradiente de sódio e cloreto no meio extracelular faz o movimento oposto, mantendo o balanceamento osmótico.

Figura 2.14 – Bomba de sódio e potássio, com a participação da molécula de ATP no processo (bomba Na$^+$/K$^+$-ATPase)

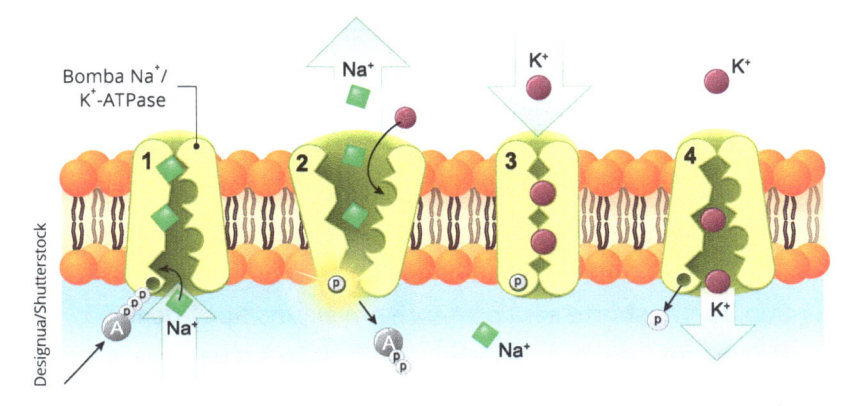

Outro tipo de transporte ativo através da membrana ocorre com as proteínas carreadoras, as quais podem ser uniportadoras ou transportadoras acopladas. As uniportadoras transportam um único soluto, de um lado da membrana para o outro. Já as transportadoras acopladas carregam, simultaneamente, dois solutos para a mesma direção (deslocamento simporte) ou para direções opostas (deslocamento antiporte), conforme demonstra a Figura 2.11. Um exemplo de transporte do tipo simporte é a captação de glicose, da luz intestinal e dos túbulos renais, concomitantemente à entrada do sódio.

2.3.3 Transporte em massa: endocitose e exocitose

No transporte em massa ou quantidade, as células conseguem transferir para dentro ou fora da célula moléculas orgânicas ou partículas (micro-organismos) mediante alterações na morfologia da membrana. Quando o transporte da substância acontece em direção ao citosol, é chamado de *endocitose* (fagocitose e pinocitose); o movimento contrário, por sua vez, é chamado de *exocitose* (Figura 2.15).

Na **fagocitose** (do grego *phagein*, "comer", e *kytos*, "célula"), a célula engloba partículas sólidas mediante emissão de expansões da membrana, chamadas *pseudópodes* (do grego *pseudo*, "falso", e *podes*, "pés"). A partícula englobada pela expansão da membrana é chamada de **fagossoma**, a qual, ao ser puxada para o meio intracelular através do citoesqueleto, funde-se ao lisossomo, ocorrendo a digestão intracelular (ver Capítulo 3). Esse tipo de transporte está presente em alguns tipos de leucócitos (neutrófilos e macrófagos), cuja função é a defesa do organismo, bem como em alguns seres, como as amebas, cujo processo é de captura de alimento.

A **pinocitose** consiste no englobamento de partículas sólidas por meio de invaginações da membrana plasmática, que forma pequenas vesículas (pinossomos) incorporadas ao citoplasma por intermédio do citoesqueleto. A pinocitose pode ser observada na absorção de partículas lipoproteicas no intestino delgado, após a digestão.

Figura 2.15 – O processo de exocitose e endocitose (fagocitose de uma bactéria e formação do fagossomo)

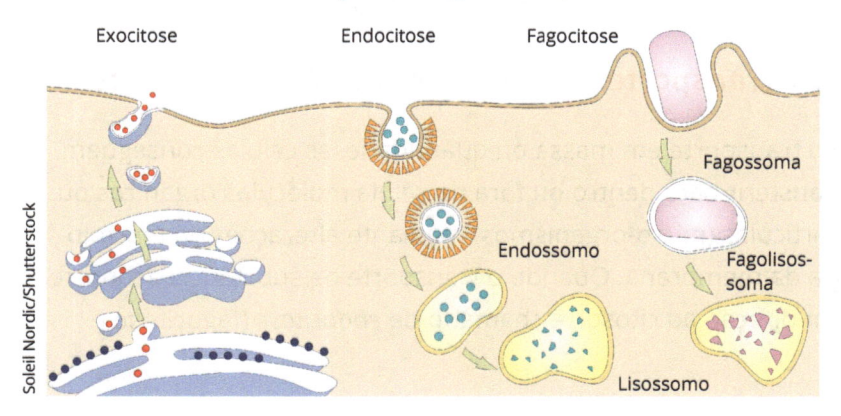

Por fim, na **exocitose**, as moléculas grandes são liberadas para o líquido extracelular, o que permite que a célula elimine certos produtos de secreção, como hormônios ou enzimas digestivas, bem como os resíduos da digestão intracelular (clasmocitose).

2.4 Especializações da membrana celular

Em muitas células de animais, detectam-se modificações e especializações da membrana celular que aprimoram a função dessa estrutura, conferindo-lhe melhor absorção, adesão e comunicação. Entre essas especializações temos as microvilosidades, os desmossomos e as interdigitações.

Na membrana de alguns tipos celulares são encontrados pequenos prolongamentos, os microvilos, cuja função é ampliar a superfície de absorção das células. Nas células intestinais humanas, as microvilosidades aumentam a área de contato com o alimento digerido (micropartículas), ampliando, por consequência, a área de absorção e facilitando o transporte dos nutrientes da cavidade intestinal para o interior da célula.

Na região do néfron, célula renal, mais precisamente no túbulo contorcido proximal, as microvilosidades promovem a reabsorção de muitas moléculas do interior da célula para o sangue. Há outros tipos celulares que apresentam microvilos, em menor quantidade, com morfologias diferenciadas, embora com a mesma função: aumentar a superfície celular.

Figura 2.16 – Néfron, célula renal, com a indicação do túbulo contorcido proximal (alça de Henle)

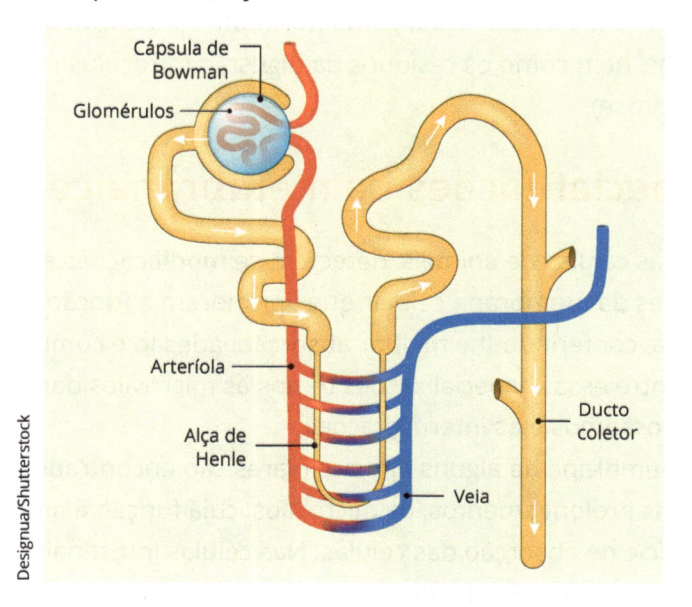

Designua/Shutterstock

Outra região especializada da membrana plasmática são os **desmossomos**, formados por um conjunto de estruturas, no qual se destacam as proteínas adesivas, que promovem, em determinado local, uma forte aderência entre as células vizinhas, denominadas *junções celulares*. Essa propriedade das junções desmossômicas também favorece a proteção e a comunicação entre as células adjacentes, sendo importante nas etapas de segmentação embriológica, manutenção e estruturação dos tecidos. Os desmossomos, além de serem o ponto de adesão entre as células vizinhas, atuam no meio intracelular como pontos de fixação dos filamentos intermediários à membrana celular.

Há também a participação de proteínas integrais da família das caderinas, as quais apresentam uma imensa cadeia peptídica que permite sua projeção parcial para o meio extracelular e sua aderência à célula adjacente, formando as pontes de caderinas. A região da proteína voltada ao meio citoplasmático, por sua vez, liga-se ao citoesqueleto e a filamentos intermediários. Esse tipo de especialização é encontrado em muitas células, como na epiderme humana, a qual está sujeita à tração e ao deslocamento (Junqueira; Carneiro, 2000).

Outro tipo de especialização de membrana são as **interdigitações**, dobras da membrana de células adjacentes que se encaixam e, consequentemente, aumentam a coesão entre as membranas e a extensão da superfície celular. A comunicação entre as células pode ter a participação de regiões especiais da membrana, denominadas **junções comunicantes**, cuja principal função é a comunicação entre as células de modo coordenado e eficiente. Esse tipo de especialização apresenta como principal proteína, nos vertebrados, as conexinas, que podem promover ou desfazer, pela simples concentração ou dispersão, pontos de comunicação direta entre células vizinhas.

A passagem de moléculas, como nucleotídios, aminoácidos e íons, ocorre rapidamente, o que faz da especialização juncional uma comunicação eficiente entre as células. As junções comunicantes entre as células podem ter um formato bastante variado, de uma permeabilidade moderada a uma permeabilidade intensa, a depender da função celular. Nos neurônios, as junções comunicantes estão relacionadas às sinapses elétricas (Junqueira; Carneiro, 2000).

Síntese

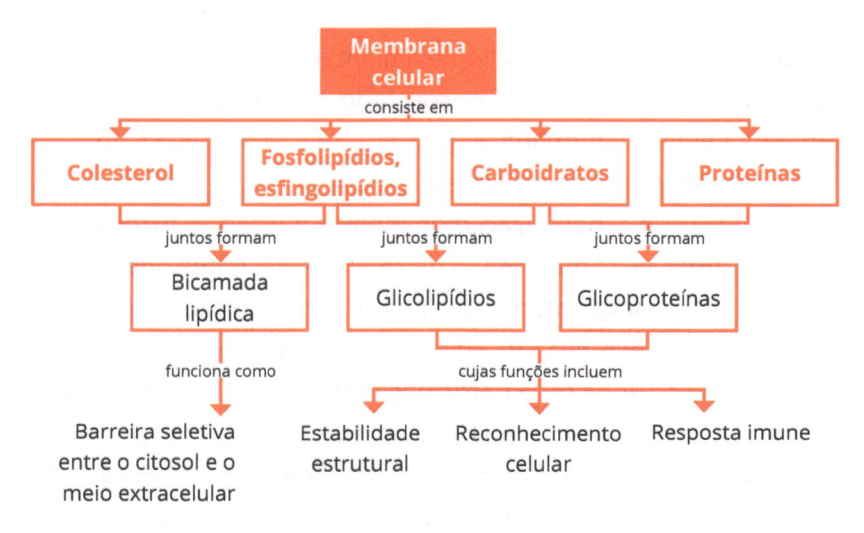

```
                    Membrana
                     celular
                   consiste em
   ┌──────────────┬──────────────┬──────────────┐
┌──────────┐ ┌──────────────┐ ┌──────────────┐ ┌──────────┐
│Colesterol│ │Fosfolipídios,│ │ Carboidratos │ │ Proteínas│
│          │ │esfingolipídios│ │              │ │          │
└──────────┘ └──────────────┘ └──────────────┘ └──────────┘
  juntos formam   juntos formam    juntos formam
   ┌──────────┐    ┌──────────┐    ┌──────────────┐
   │ Bicamada │    │Glicolipídios│  │Glicoproteínas│
   │ lipídica │    └──────────┘    └──────────────┘
   └──────────┘
  funciona como       cujas funções incluem
        ↓           ↓           ↓            ↓
  Barreira seletiva  Estabilidade  Reconhecimento  Resposta imune
  entre o citosol e o  estrutural   celular
  meio extracelular
```

Fonte: Silverthorn, 2017, p. 63.

Atividades de autoavaliação

Analise a figura a seguir para responder às questões 1 e 2.

Figura A – Membrana plasmática

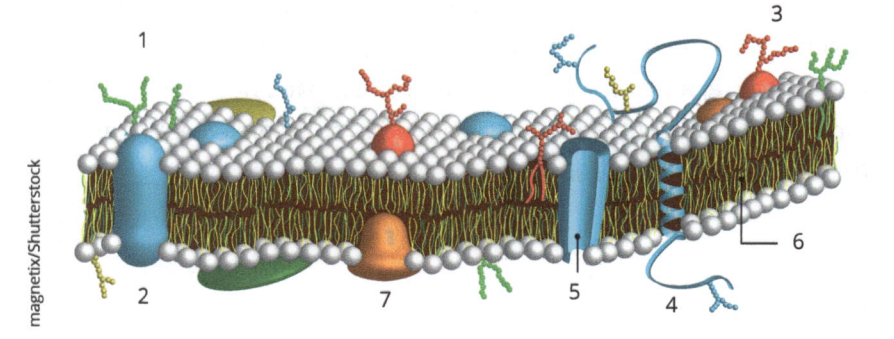

1. Analise as afirmações a seguir e assinale V para as verdadeiras e F para as falsas.

   ( ) Todos os tipos celulares contam com uma membrana celular que delimita os conteúdos intracelular e extracelular e mantém as diferenças entre eles.
   ( ) O modelo representado é conhecido como mosaico-fluido.
   ( ) O item 1 corresponde ao meio extracelular; e o 2, ao meio intracelular.
   ( ) O item 7 representa uma glicoproteína, componente responsável pelos processos de reconhecimento celular.
   ( ) Os itens 4 e 5 são proteínas transportadoras presentes na membrana; caracterizam-se por perpassarem a bicamada lipídica e permitirem a passagem de substâncias de um lado para o outro da célula.

   Agora, assinale a alternativa que apresenta a sequência correta:

   A V, F, V, V, F.
   B V, F, V, V, V.
   C F, F, V, V, V.
   D V, V, V, F, V.
   E F, F, V, F, V.

2. Tendo em vista a Figura A, identifique a alternativa em que as estruturas correspondem corretamente ao número que a acompanha.

   A (1) meio extracelular; (2) meio intracelular; (3) carboidrato; (4) proteína transmembrana de passagem única; (5) canal proteico; (6) fosfolipídio; (7) proteína integral.

B (1) meio intracelular; (2) meio extracelular; (3) carboidrato; (4) proteína transmembrana de passagem múltipla; (5) canal proteico; (6) fosfolipídio; (7) proteína periférica.

C (1) meio extracelular; (2) meio intracelular; (3) polissa-carídio; (4) difusão simples; (5) canal proteico; (6) região hidrofóbica; (7) proteína integral.

D (1) meio extracelular; (2) matriz extracelular; (3) carboi-drato; (4) proteína transmembrana de passagem única; (5) canal proteico; (6) fosfolipídio; (7) proteína periférica.

E (1) meio intracelular; (2) matriz extracelular; (3) glicocálice; (4) proteína transmembrana de passagem única; (5) canal iônico; (6) fosfolipídio; (7) proteína periférica.

3. A respeito da composição química das membranas celulares, marque a alternativa correta.

A A bicamada lipídica é formada por um tipo de fosfolipídio, havendo, em células com menor atividade metabólica, uma proporção similar de colesterol.

B Os fosfolipídios são produzidos pelo retículo endoplas-mático não granuloso com base em dieta nutricional, e são encaminhados para a monocamada voltada ao meio intracelular, pela qual passam para a outra camada, extra-celular, através do movimento de *flip-flop*.

C A bicamada é formada por vários tipos de fosfolipídios provenientes de dieta alimentar e por proteínas integrais ou periféricas.

D As proteínas voltadas ao meio intracelular podem estar protegidas por um conjunto de oligossacarídios ou polissacarídios, formando as glicoproteínas; ou por lipídios, formando os glicolipídios.

E O glicocálice é constituído, principalmente, por proteínas e carboidratos. Pode ser encontrado em alguns tipos celulares, nos quais exerce a função de reconhecimento celular; ou nos processos de defesa, podendo atuar como segundo mensageiro, já que está voltado ao meio intracelular.

4. Relacione os tipos de transporte que ocorrem na membrana (primeira coluna) com a descrição do respectivo processo (segunda coluna).

1. Transporte passivo
2. Transporte ativo
3. Difusão simples
4. Difusão facilitada
5. Fagocitose
6. Exocitose

( ) Entrada da glicose presente no sangue para os tecidos.
( ) Moléculas são liberadas em direção ao líquido extracelular, como a secreção de hormônios nas células produtoras.
( ) A bomba Na^+/K^+-ATPase atua no equilíbrio iônico e osmótico das células nervosas, por exemplo.
( ) As substâncias atravessam a bicamada lipídica a favor do gradiente de concentração.
( ) Pela hematose, há passagem do oxigênio presente nos alvéolos pulmonares para os capilares sanguíneos.
( ) Realiza-se pelos macrófagos e tem como função a defesa do organismo.

Agora, assinale a alternativa que apresenta a sequência correta:

- **A** 1, 6, 4, 5, 3, 2.
- **B** 3, 1, 2, 4, 5, 6.
- **C** 6, 5, 1, 3, 2, 4.
- **D** 4, 6, 2, 5, 3, 1.
- **E** 4, 6, 2, 1, 3, 5.

5. A ilustração a seguir representa o processo de fagocitose de um invasor pela célula de defesa.

Figura B – Processo de fagocitose

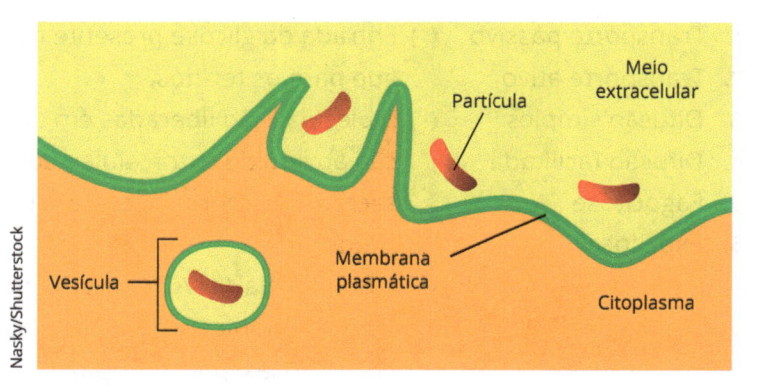

Agora, observe os eventos que ocorrem durante todo o processo.

I) Degradação da partícula em vários fragmentos.
II) Exocitose dos produtos da degradação de partículas.
III) A partícula é aderida à célula por intermédio do glicocálice.
IV) Expansões da membrana e englobamento da partícula.
V) Fusão da vesícula com o lisossomo.

Qual é a ordem de eventos no processo de fagocitose?

- **A** III, IV, V, I, II.
- **B** III, II, IV, V, I.
- **C** III, IV, V, II, I.
- **D** II, III, IV, V, I.
- **E** IV, III, V, I, II.

6. A osmose consiste na passagem da água através da membrana semipermeável. Sobre isso, analise as afirmativas a seguir e marque a **incorreta**.

- **A** As hemácias estão mergulhadas no plasma, onde a concentração de cloreto de sódio é de 0,9% (em meio isotônico, o volume de água que flui entre os meios é o mesmo).
- **B** As hemácias em solução hipertônica perdem água e murcham; já quando mergulhadas em solução hipotônica, ganham água, inchando.
- **C** As células animais e as vegetais, quando mergulhadas em solução hipotônica, ganham água, podendo até mesmo sofrer lise ou rompimento.
- **D** A hemólise ocorre quando as hemácias são mergulhadas em um meio com 0,4% ou menos de NaCl.
- **E** A plasmólise ocorre em células vegetais mergulhadas em meio hipertônico, e a saída da água faz com que a membrana se descole da parede celular.

7. Salgar a carne ou fazer a "compota" (mergulhar frutas em uma calda doce) são formas de armazenar o alimento por mais tempo. Analise as afirmativas a seguir e assinale a que explica corretamente esses processos de conservação.

- **A** Os meios com sal e açúcar ficam hipotônicos, o que resulta na perda hídrica do alimento e no ganho de água pelos micro-organismos.
- **B** Quando o alimento é exposto ao sal, ocorre o processo de osmose. Ao ser colocado em meio açucarado, acontece a difusão simples.
- **C** O alimento em meio ao sal perde água pelo processo de osmose, pois cria-se uma solução hipotônica. Já em meio açucarado ele ganha água, pois está hipertônico com relação ao meio.
- **D** Quando o alimento é mergulhado em um meio salgado ou açucarado, tanto ele quanto os micro-organismos que o decompõem são expostos ao processo de osmose.
- **E** Nos dois processos, apenas os micro-organismos sofrem osmose, perdendo água de sua célula para o meio.

8. A membrana celular apresenta especializações responsáveis por diferentes funções. Analise as afirmativas a seguir e assinale aquela que apresenta corretamente o tipo de especialização e sua função.

- **A** As proteínas transmembranas estão presentes apenas em células altamente metabólicas, e atuam na absorção de substâncias.
- **B** As microvilosidades aumentam a área de absorção, e estão presentes em células intestinais e nos túbulos renais, por exemplo.
- **C** Os desmossomos são dobras da membrana que atuam na adesão entre as células vizinhas, presentes no tecido epitelial.
- **D** O glicocálice, camada de carboidratos presente na membrana celular de alguns tipos celulares, atua no

reconhecimento celular e na defesa do organismo contra os organismos invasores.

E As interdigitações consistem em uma faixa contínua na região apical de certas células epiteliais, e formam uma verdadeira barreira contra a passagem de íons e moléculas entre as células.

9. A membrana apresenta uma variedade de proteínas. Sobre elas, é correto afirmar que:

   A todas perpassam a bicamada lipídica, sendo que algumas permitem a passagem de substâncias para o meio intracelular ou extracelular.

   B a quantidade e o tipo de proteínas são invariávei entre os tipos celulares.

   C as proteínas integrais do tipo transmembrana unipasso ou multipasso estão envolvidas no trânsito de substâncias entre os meios intracelular e extracelular.

   D as proteínas voltadas ao meio extracelular auxiliam na fluidez da membrana celular, mas não interferem na função da célula.

   E algumas proteínas da membrana são produzidas no interior da célula, ao passo que outras vêm da dieta alimentar.

10. No néfron, célula renal, o hormônio antidiurético (ADH) atua favorecendo a abertura de canais de água no túbulo coletor. Sabendo que a água pode passar pela membrana celular, analise as afirmações a seguir sobre os canais denominados *aquaporinas*.

    I) As aquaporinas estão presentes em todos os tipos celulares

    II) Os canais de água são encontrados apenas em organismos pluricelulares.

III) As células que necessitam da passagem rápida das moléculas de água contam com canais de aquaporina.

É correto apenas o que se afirma em:

A I.
B II.
C I e II.
D I e III.
E III.

Atividades de aprendizagem

Questões para reflexão

1. A ilustração a seguir mostra as células epiteliais da mucosa bucal vistas ao microscópio óptico e coradas com azul de metileno.

Figura C – Células epiteliais da bochecha

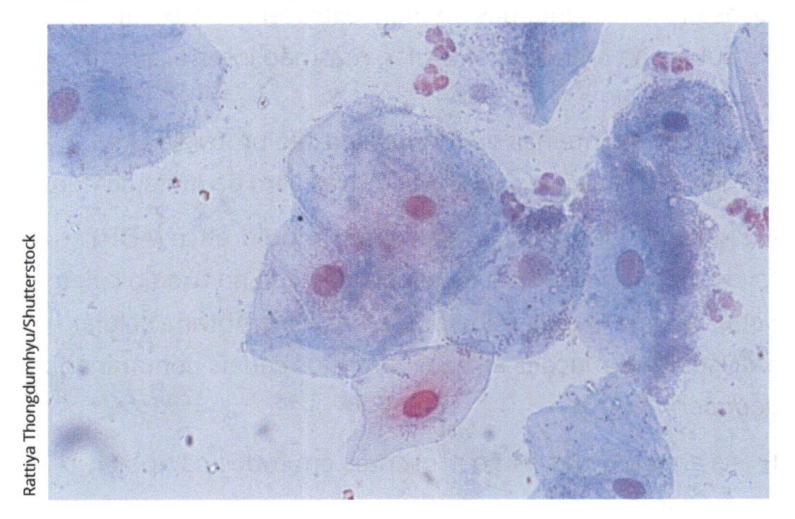

Explique por que não vemos a membrana nas células da imagem. Posteriormente, faça um desenho do modelo de mosaico fluido proposto por Singer e Nicholson, identificando seus componentes básicos.

2. Na região externa da membrana encontra-se o glicocálice, camada de carboidratos associada às proteínas integrais, chamadas *glicoproteínas*. A especificidade do glicocálice altera de indivíduo para indivíduo, pois verifica-se uma constituição química diferente para cada tipo celular. Qual é a importância dessas glicoproteínas na formação de tecidos e no reconhecimento celular?

Atividade aplicada: prática

1. Faça um diagrama com os tipos de transportes realizados através da membrana, especificando-os. Em seguida, indique como e em que condições eles ocorrem. Dê exemplos.

CAPÍTULO 3

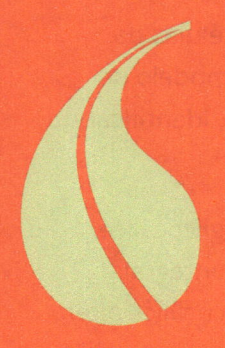

CITOESQUELETO E CITOPLASMA

Neste capítulo, examinaremos o citoplasma e as diversas funções que ocorrem no meio intracelular e extracelular por intermédio dos componentes ali presentes.

O citoplasma, também chamado de *citosol* ou *hialoplasma*, é, aparentemente, um líquido gelatinoso (viscoso) sem nitidez. Nas células procariontes, vale ressaltar, ele geralmente compreende um único compartimento intracelular envolvido pela membrana plasmática. Já nas células eucariontes o ambiente interno à membrana é formado por diferentes compartimentos membranosos, denominados *organelas*.

Somente com o uso da microscopia eletrônica foi possível entender a complexidade do citoplasma de células eucariontes e descobrir a grande quantidade de finas membranas lipoproteicas encontradas nas diferentes organelas citoplasmáticas. A microscopia eletrônica também foi importante na descoberta de finíssimos tubos e filamentos proteicos formadores do citoesqueleto, responsáveis pela manutenção da forma e dos diversos movimentos celulares.

Tendo isso em vista, neste capítulo, daremos enfoque às organelas citoplasmáticas e às suas respectivas funções no metabolismo celular.

3.1 Citoplasma em procariontes e eucariontes

O citoplasma de células procariontes, como mencionado, apresenta um único compartimento, delimitado por membrana celular, composto por 80% de água e 20% de proteínas, glicídios, lipídios, aminoácidos, bases nitrogenadas, íons etc. Mergulhados nesses elementos há uma ou mais moléculas de ácido desoxirribonucleico (DNA) e milhares de ribossomos (organelas não membranosas). Os

ribossomos das células procariontes são menores e apresentam diferenças significativas em sua composição, quando comparados com aqueles presentes em células eucariontes (Figura 3.1).

Figura 3.1 – Células eucariontes (1 e 2) e célula procarionte (3)

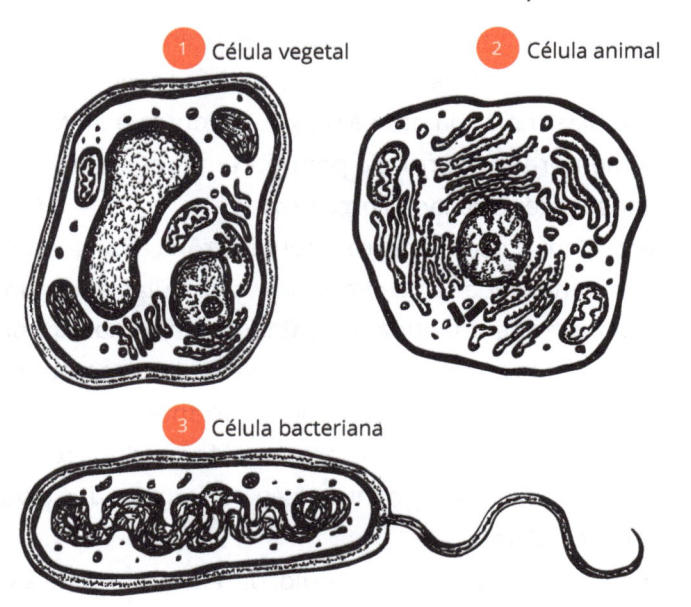

1 Célula vegetal
2 Célula animal
3 Célula bacteriana

Anasta/Shutterstock

⚠ Importante!

A diferença entre os ribossomos presentes nos dois tipos celulares permitiu a produção de drogas (antibióticos) eficientes contra os ribossomos bacterianos, impedindo a síntese de proteínas nestes sem interferir nos ribossomos de células eucariontes.

3.2 Citoesqueleto

No citoplasma das células eucariontes, a existência de um citoesqueleto foi considerada pelos citologistas, primeiramente, como um arranjo de proteínas que, além do papel de suporte, mantinha a forma celular e a posição dos componentes no meio intracelular. O que se verifica atualmente é que o citoesqueleto é dinâmico e, por isso, responsável por estabelecer, modificar e manter a forma celular, bem como pelos movimentos celulares (contração, formação de pseudópodes e deslocamento intracelular de organelas, cromossomos, vesículas e grânulos diversos).

Embora já se tenha admitido a inexistência de um citoesqueleto nas células procariontes, avanços na microscopia permitiram encontrar proteínas análogas àquelas presentes em eucariontes e outras específicas dos procariontes. Nesses organismos, os elementos do citoesqueleto, além de atuarem na divisão celular, na proteção e na forma da célula, determinam a polaridade dos seres procariontes.

Figura 3.2 – Microtúbulo

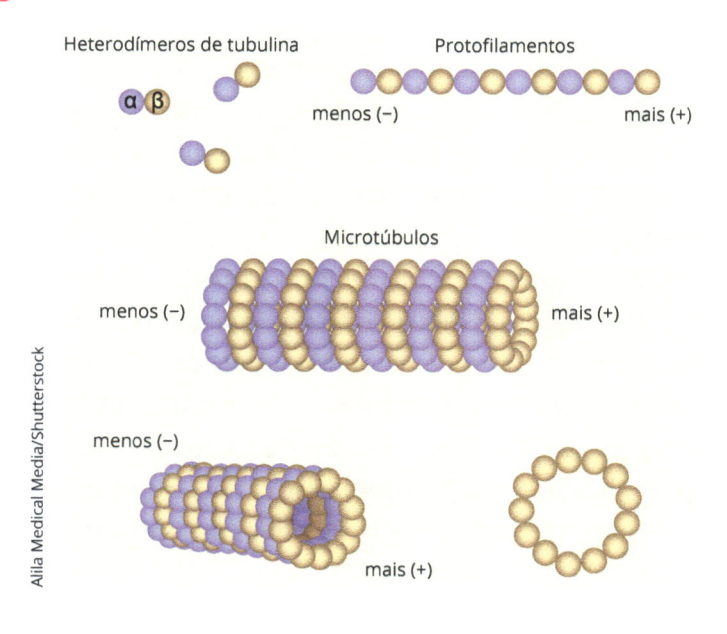

Notemos, na Figura 3.2, os dímeros de tubulina α e β e a criação de um anel com 13 filamentos. Na extremidade *mais (+)* ocorre a polimerização; e na extremidade *menos (–)*, a despolarização. Portanto, os principais componentes do citoesqueleto de células eucariontes são os microtúbulos, os microfilamentos de actina e os filamentos intermediários. Desses componentes, apenas os **filamentos intermediários** não participam dos movimentos celulares, sendo destinados apenas à sustentação.

3.2.1 Microtúbulos

Os microtúbulos apresentam natureza proteica com elevado nível de organização. Cada um é formado pela associação de duas cadeias polipeptídicas, denominadas *tubulina α* e *tubulina β*, e disposto em um cilindro com 13 cadeias proteicas em hélice (Figura 3.2). Os microtúbulos estão em constante organização: crescem na extremidade mais (+), graças ao processo de polarização; ao passo que na extremidade menos (–) ocorre a despolimerização, podendo diminuir a estrutura, caso essa região não esteja estabilizada. A região que sofre a despolarização, na maioria das células, ao imergir da região denominada *centrossomo*, se estabiliza, ao passo que a região oposta, livre e voltada normalmente para as bordas da célula, cresce por adição de tubulinas. Os dímeros de tubulina encontram-se no citosol da célula, e a polimerização é dependente das concentrações de cálcio (Ca^{2+}) e de proteínas associadas aos microtúbulos (*microtubule-associated proteins* – MAP). Os íons de cálcio atuam de modo mais rápido na polimerização com duração mais curta, ao passo que as MAPs atuam em polimerizações mais duradouras.

Os microtúbulos são encontrados com frequência em muitas células animais e participam de atividades importantes, como o movimento de cílios e flagelos, o transporte intracelular de partículas, o deslocamento de cromossomos na divisão celular, o estabelecimento e manutenção da forma celular e os movimentos das organelas membranosas. O movimento e o posicionamento das organelas citoplasmáticas são realizados por proteínas motoras que se ligam tanto aos microtúbulos quanto aos filamentos de actina, e que utilizam a energia proveniente das hidrólises de adenosina trifosfato (ATP).

O **centrossomo** é o centro organizador dos microtúbulos e o local em que se encontram os centríolos, presentes em muitas células animais. Os **centríolos** têm como função organizar o fuso acromático durante a divisão celular (mitose e meiose).

As imagens de microscopia eletrônica identificam um par de centríolos dispostos perpendicularmente entre si. Eles são constituídos por proteínas tubulinas que se organizam e formam um cilindro oco com 27 microtúbulos organizados em nove grupos, cada um com 3 microtúbulos (Figura 3.3).

Figura 3.3 – Estrutura do centríolo (arranjo com 9 feixes, cada um com 3 microtúbulos paralelos)

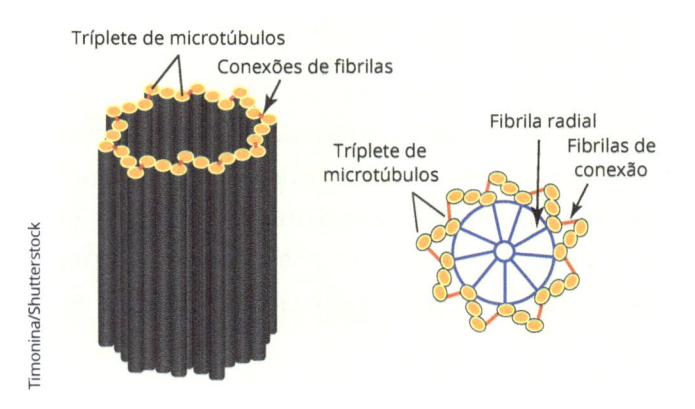

Os **cílios** e os **flagelos** formados por prolongamentos da membrana celular são responsáveis pelo movimento de algumas células. Nos eucariontes, são encontrados em algumas algas, alguns protozoários e em determinadas células animais. Os cílios são apêndices finos da membrana, cuja função básica é mover o fluido sobre a superfície da célula ou no deslocamento da célula – um exemplo são as células da mucosa da traqueia. As células ciliadas podem tanto auxiliar na obtenção de partículas de alimento quanto na locomoção. Os flagelos, por sua vez, são muito semelhantes aos cílios, porém mais longos e bem menos numerosos, tendo movimentos em forma de chicote, como verificado nos espermatozoides.

Nos dois tipos há um arranjo de nove microtúbulos duplos especiais dispostos em torno de um par central de moléculas proteicas, em especial a dineína, que, ao formar pontes entre os pares de microtúbulos, gera a força que promove a curvatura e, assim, o movimento dos cílios e flagelos. Tanto os cílios quanto os flagelos crescem pela ação de corpúsculos basais, componentes que têm a mesma estrutura dos centríolos e que também se localizam no centrossomo, diferenciando-se apenas pelo aspecto funcional.

3.2.2 Microfilamentos de actina

Os microfilamentos de actina são duas longas cadeias proteicas torcidas uma sobre a outra e formadas por monômeros de actina globular, conhecida como *actina G*. A organização dos microfilamentos é semelhante à dos microtúbulos, pois a extremidade menos (–) tem um crescimento lento, ao passo que a extremidade mais (+) apresenta um crescimento rápido. Estão presentes no citoplasma de todas as células eucariontes (especialmente nas células musculares), em proporções que variam de 5% a 30% (Alberts et al., 2017).

Figura 3.4 – Organização dos microfilamentos de actina

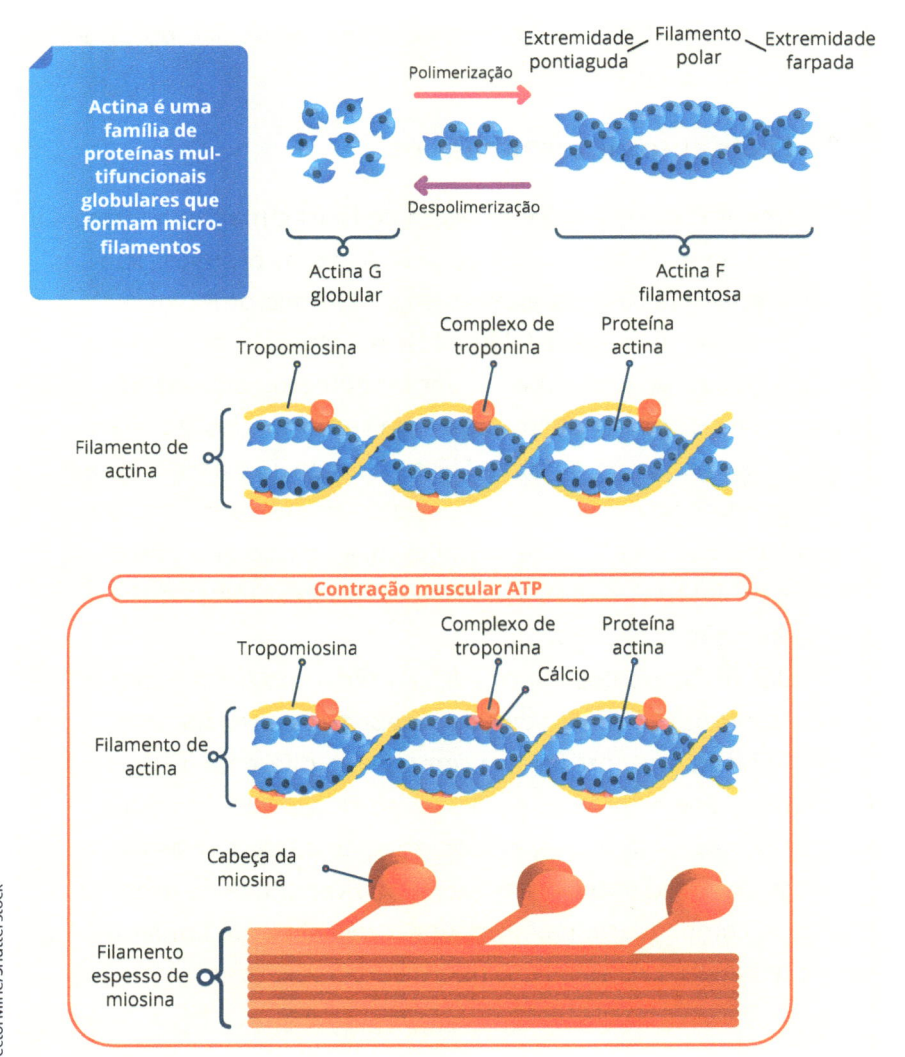

Um exemplo da presença de filamentos de actina são as regiões específicas dos neurônios diretamente ligadas às sinapses, as chamadas *espículas dendríticas*. A actina, segundo Alberts et al. (2017), por ser uma proteína contrátil, confere movimento às células. Nas células musculares, a interação da actina com a miosina, por exemplo, promove a contração muscular, propriedade fundamental dessas células.

3.2.3 Filamentos intermediários

Os filamentos intermediários têm como função manter a forma e a integridade da maioria das células. As fibras proteicas são duras, resistentes e mais estáveis do que os microtúbulos e filamentos de actina. A estabilidade desses componentes se deve ao fato de não serem formados por monômeros capazes de agregar-se ou separar-se; ou seja, uma vez formados, permanecem por longo tempo no citosol. Essa resistência é percebida em experimentos de rompimento da célula, em que os microtúbulos e os filamentos de actina se solubilizam, ao passo que 99% dos filamentos intermediários permanecem intactos (Alberts et al., 2017; Reece et al., 2010).

Todos os filamentos intermediários têm uma mesma estrutura e composição: três cadeias polipeptídicas enroladas em hélice. Entretanto, apresentam composição diferente da dos microtúbulos e filamentos de actina, pois estes são formados por tubulinas e actina, respectivamente, ao passo que os filamentos intermediários contam com uma variedade de proteínas fibrosas, como: queratina, vimentina, proteína ácida fibrilar da glia e laminas e proteínas dos neurofilamentos.

Figura 3.5 – Composição e organização dos filamentos intermediários

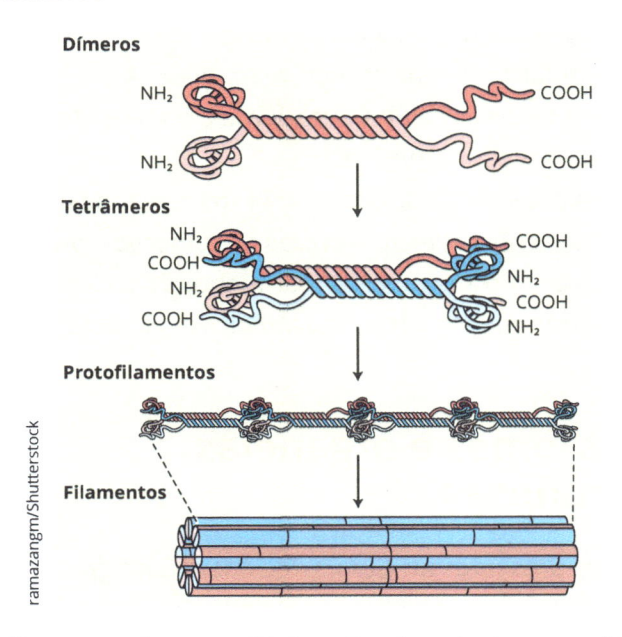

Dímeros

Tetrâmeros

Protofilamentos

Filamentos

ramazangm/Shutterstock

Os filamentos intermediários são abundantes em células que sofrem atrito e que estão sujeitas à tensão mecânica, como as da epiderme, que ali se somam aos desmossomos, especializações da membrana frequentes em axônios e em todos os tipos de células musculares (Alberts et al., 2017; Reece et al., 2010). Os filamentos intermediários, conforme a composição de suas proteínas, apresentam locais em que estas são expressas de acordo com a função que exercem. Por exemplo, os filamentos intermediários constituídos de queratinas estão presentes em células epiteliais, ao passo que aqueles compostos por proteínas do neurofilamento aparecem em prolongamentos de neurônios. Da mesma forma, a vimentina se apresenta em fibroblastos e leucócitos; e a proteína ácida fibrilar da glia está contida em células de Schuann e em astrócitos. Além disso, a lâmina nuclear se localiza em todas as células eucariontes, reforçando a superfície interna do envoltório nuclear.

Toda essa especificidade dos filamentos intermediários é uma ferramenta utilizada em biópsias de tumores e de suas metástases, assim como no reconhecimento do tecido de origem e no tratamento adequado (Alberts et al., 2017; Reece et al., 2010).

3.3 Ribossomos e organelas membranosas

As estruturas presentes no citoplasma das células garantem seu desenvolvimento e sua funcionalidade. Os ribossomos compõem tanto as células procariontes quanto eucariontes. As organelas membranosas, que contam com uma membrana que as delimita e que isola as reações químicas, estão presentes em células eucariontes. A presença de organelas membranosas promove um metabolismo intenso, pois acontecem diferentes reações químicas simultaneamente no meio intracelular. Nas Figuras 3.6 e 3.7, é possível identificar as inúmeras organelas que constituem as células eucariontes (animal e vegetal).

Figura 3.6 – Célula animal

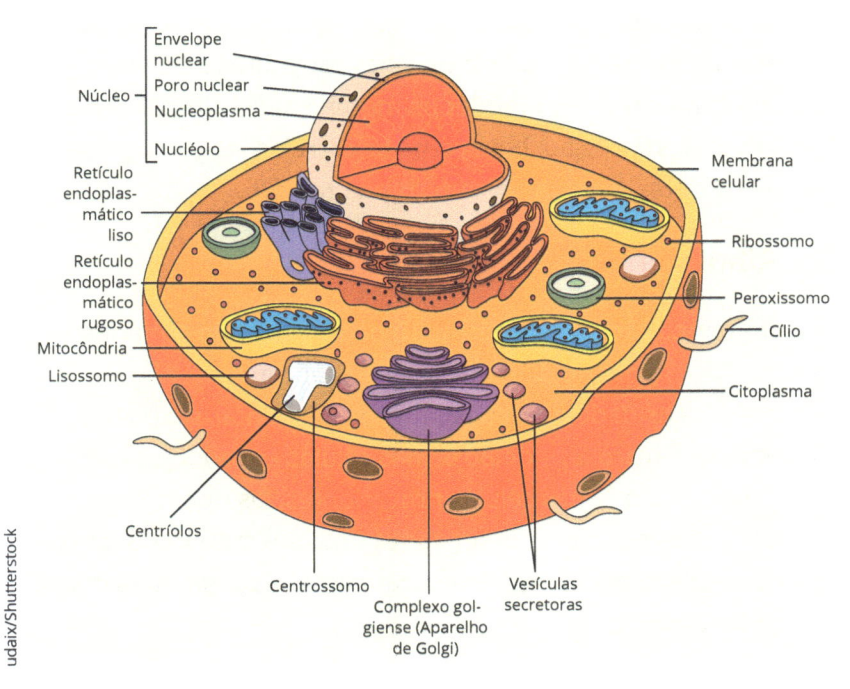

- Núcleo
  - Envelope nuclear
  - Poro nuclear
  - Nucleoplasma
  - Nucléolo
- Retículo endoplasmático liso
- Retículo endoplasmático rugoso
- Mitocôndria
- Lisossomo
- Centríolos
- Centrossomo
- Complexo golgiense (Aparelho de Golgi)
- Vesículas secretoras
- Citoplasma
- Cílio
- Peroxissomo
- Ribossomo
- Membrana celular

udaix/Shutterstock

Figura 3.7 – Célula vegetal

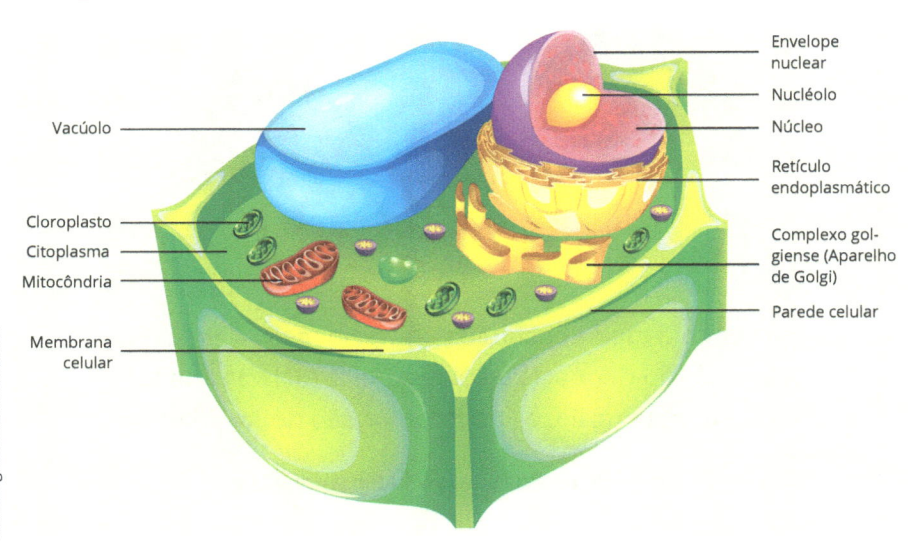

- Vacúolo
- Cloroplasto
- Citoplasma
- Mitocôndria
- Membrana celular
- Envelope nuclear
- Nucléolo
- Núcleo
- Retículo endoplasmático
- Complexo golgiense (Aparelho de Golgi)
- Parede celular

BlueRingMedia/Shutterstock

A riqueza de estruturas presente nas células eucariontes condiz com a complexidade dos organismos que as detêm. Portanto, conhecer a morfologia e a fisiologia das estruturas pertencentes ao citoplasma permite entender os mecanismos moleculares e fisiológicos dessa região, bem como as correlações com outras regiões da célula e do organismo como um todo.

3.3.1 Ribossomos

Os ribossomos são estruturas muito pequenas, cujo tamanho varia de 20 a 30 nm de diâmetro e cujo coeficiente de sedimentação (densidade do ribossomo ao sedimentar-se em um gradiente de sacarose) é de 80 S* nas células eucariontes, um pouco maior do que nas células procariontes. Os ribossomos são compostos por duas subunidades (maior e menor) de tamanho e densidade diferentes. Em eucariontes, a subunidade maior tem 60 S e a menor, 40 S.

Figura 3.8 – As subunidades maior e menor do ribossomo

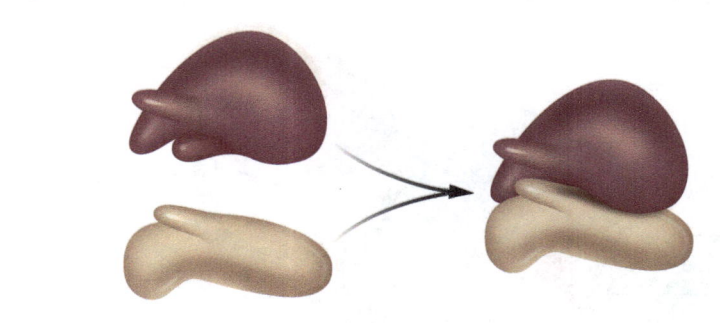

Aldona Griskeviciene/Shutterstock

Cada subunidade é constituída por, pelo menos, uma molécula de ácido ribonucleico ribossômico (RNAr) e muitas proteínas. Por essa razão, os ribossomos são denominados

---

* Medida de densidade da partícula quando ultracentrifugada.

ribonucleoproteicos. Mais da metade do peso de um ribossomo é de RNA. Já as proteínas têm como função melhorar as atividades catalíticas que ocorrem no ribossomo. Os complexos de RNAr e proteínas são produzidos numa região denominada *nucléolo*, no núcleo interfásico, e apresentam a mesma função em células procariontes e eucariontes: **sintetizar as proteínas**.

Figura 3.9 – Ribossomo e síntese proteica

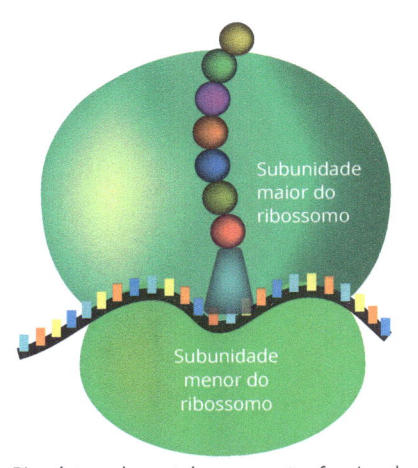

Biossíntese de proteínas no centro funcional

Os ribossomos são visíveis apenas ao microscópio eletrônico, e estão mergulhados no citoplasma e no interior dos cloroplastos e das mitocôndrias. Nas organelas, eles são um pouco menores do que aqueles encontrados no citosol. Quando analisados, os ribossomos de células eucariontes são maiores e mais complexos, principalmente aqueles presentes em células de mamíferos.

A função da célula determina a localização dos ribossomos no meio intracelular. Nas células eucariontes, os ribossomos são encontrados de duas formas: (1) livres (dispersos) no citosol;

ou (2) associados a outra organela nas membranas do retículo endoplasmático granular ou rugoso (REG ou RER), o que depende do tipo de proteína que estará sendo sintetizada e do local de sua atuação.

Os ribossomos podem atuar unitariamente ou em um arranjo (quando vários ribossomos fazem a "leitura" de uma mesma molécula de RNA mensageiro – RNAm), formando polissomos ou polirribossomos.

Figura 3.10 – Síntese proteica de um polissomo

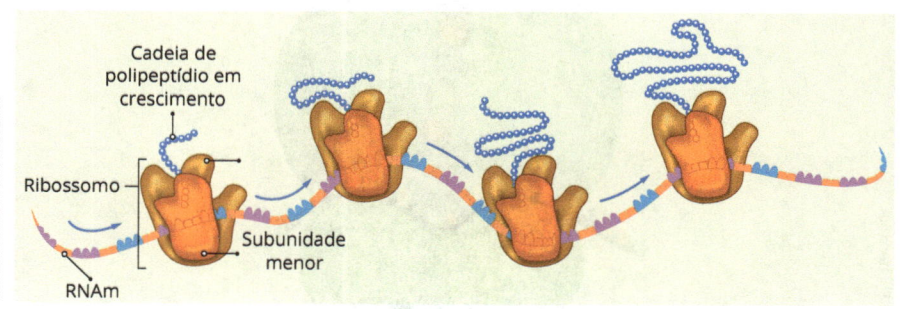

Os ribossomos livres são responsáveis pela produção das proteínas que fazem parte da composição do citoplasma ou daquelas que serão incorporadas ao núcleo, à mitocôndria, ao cloroplasto ou aos peroxissomos, ocorrendo em maior número do que os associados ao REG nesse tipo celular. Já os ribossomos aderidos à membrana do retículo endoplasmático (RE) sintetizam as proteínas do próprio retículo ou as que serão enviadas ao complexo golgiense para formar lisossomos, integrar as membranas ou ser componente de vesículas que serão empacotadas e exportadas para o meio extracelular. Esse tipo de organização é maior em células que secretam suas proteínas, cujos mecanismos serão detalhados ao longo do capítulo.

3.3.2 Retículo endoplasmático (RE)

O RE é constituído por uma rede de tubos e bolsas interconectadas, formada pela membrana nuclear, estendendo-se até as proximidades da membrana plasmática. Na maioria das células, é a maior organela citoplasmática, podendo ocupar 10% do volume celular. A membrana lipoproteica do RE, além de separar o seu lúmen (cavidade envolvida por uma membrana) do citosol, controla seletivamente a transferência de moléculas entre esses espaços. Na membrana do RE, há inúmeros sítios responsáveis pela produção de biomoléculas (proteínas e lipídios) da maioria das organelas, incluindo o próprio RE, o complexo golgiense, os lisossomos, as vesículas secretoras, os endossomos e a própria membrana plasmática.

A microscopia eletrônica revelou que o RE, de acordo com o momento e a função que a célula desempenha, pode se apresentar de duas formas: com ou sem ribossomos aderidos à sua membrana voltada à superfície externa. O REG apresenta ribossomos aderidos à sua superfície, o que lhe confere a função de sintetizar proteínas. Já o retículo endoplasmático agranular ou liso (REA ou REL) não apresenta ribossomos aderidos, e tem como função produzir lipídios.

Figura 3.11 – REG (com ribossomos aderidos à superfície externa da membrana) e REA

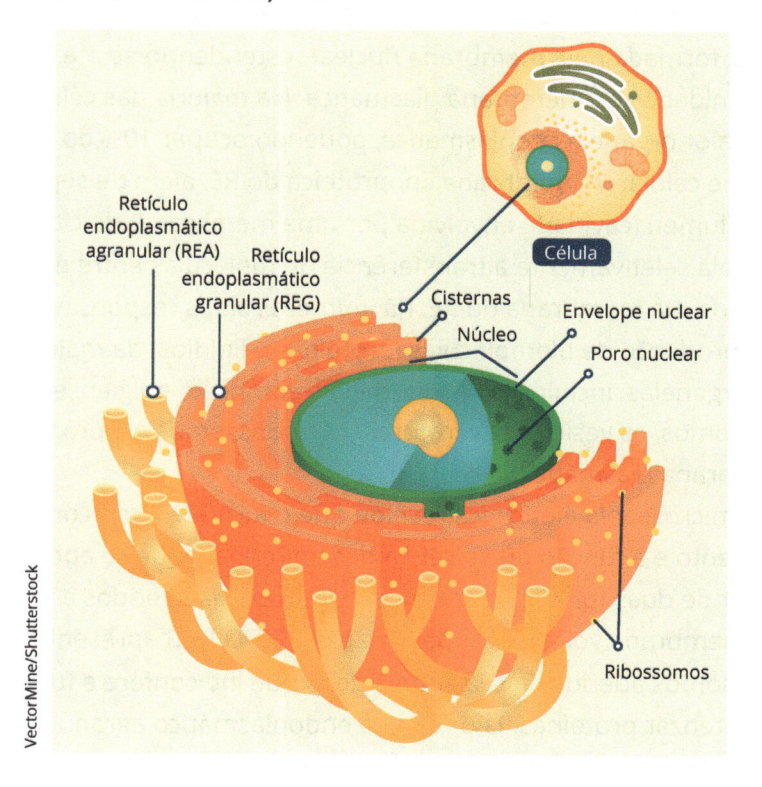

3.3.2.1 Retículo endoplasmático granular (REG)

No REG, os ribossomos se apresentam na forma de polirribossomos quando estão unidos ao segmento de RNAm, e associam-se à membrana na face citosólica, indicando plena síntese da cadeia polipeptídica. Esta, por sua vez, será exportada ao retículo, formando as bolsas ou cisternas (Figura 3.12). As proteínas recém-sintetizadas podem ser as transmembranares ou as solúveis em água.

Figura 3.12 – REG (imagem de microscopia eletrônica de transmissão)

Jose Luis Calvo/Shutterstock

Entre as proteínas transmembranares, estão aquelas que permanecem na membrana do RE; e as que são encaminhadas para a membrana de outras organelas ou constituem a membrana plasmática. Já as proteínas solúveis em água perpassam a membrana e chegam ao lúmen do retículo, estimulando a formação de vesículas destinadas às organelas ou à secreção.

Para que a proteína seja captada no citosol e entregue ao lúmen do retículo, há um peptídio sinal (sequência de 20 a 25 aminoácidos) responsável por direcionar a proteína recém-formada.

O peptídio sinal é reconhecido por um complexo proteico chamado de *partícula reconhecedora de sinal* (PRS). Esse fator citoplasmático se liga ao peptídio sinal presente no ribossomo, responsabilizando-se pela inserção deste na membrana do retículo.

A ligação do complexo PRS-ribossomo ocorre em regiões da membrana do retículo compostas por proteínas integrais de membrana, denominadas *receptores PRS*. A síntese proteica, momentaneamente interrompida para a aderência do ribossomo à membrana do RE, se reinicia com a separação do PRS do complexo, e a síntese da cadeia peptídica cresce em direção ao lúmen do RE.

O crescimento da proteína no lúmen do retículo depende da clivagem do peptídio sinal, a qual é realizada pela enzima sinal-peptidase, que a reconhece e a retira da proteína nascente. A liberação da proteína recém-formada no interior do retículo depende da degradação da sinal-peptidase mediante a atuação de proteases. As proteínas de membrana apresentam peptídio sinal para permanecer na bicamada lipídica. As proteínas transmembranares unipasso contam com um peptídio sinal de permanência, que ancora a proteína na membrana após sua clivagem no RE. Já nas multipasso são encontrados alguns desses sinais. As proteínas de membrana do próprio RE contêm um sinal de retenção, com quatro aminoácidos no terminal carboxila, além do peptídio sinal.

Figura 3.13 – Peptídio sinal e PRS direcionando os ribossomos para a membrana do RE

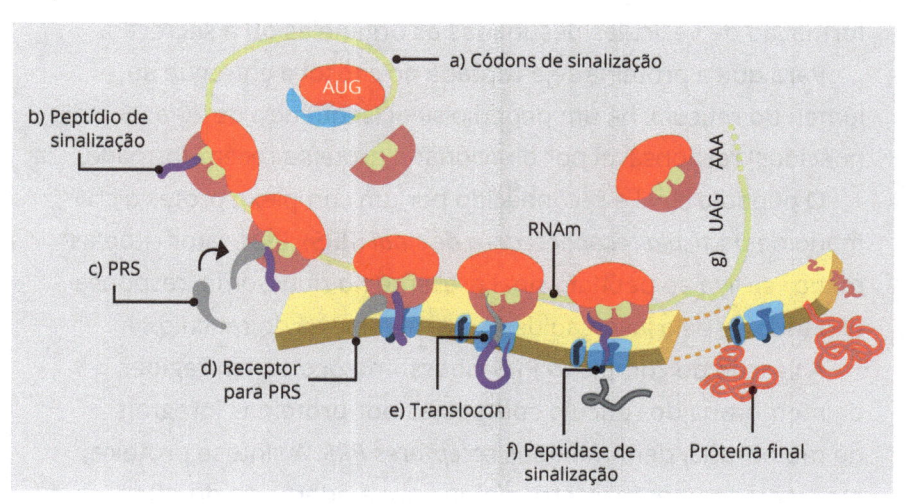

Fonte: Ribeiro, 2020, p. 48.

As proteínas que permeiam o interior do REG, conhecidas como *proteínas residentes*, sofrem inúmeras modificações no lúmen dessa organela, as quais as tornam funcionais. Um processo importante são as diversas dobras que as proteínas têm para adquirir a conformação terciária ou garantir o arranjo das cadeias polipeptídicas na conformação quaternária.

Embora a conformação da proteína se deva à sequência de aminoácidos, uma classe de proteínas residentes do RE, as chaperonas moleculares, está diretamente relacionada a uma conformação correta, impedindo que as proteínas apresentem erros na conformação. Além das chaperonas, as proteínas dissulfeto isomerases catalisam a reação entre dissulfetos e resíduos de cisteína, responsáveis pela estabilização da conformação final das proteínas a serem secretadas.

Outro processo importante que acontece no REG é a **glicosilação** (Figura 3.14), que consiste na adição de carboidratos (açúcares) à proteína. No início do processo, um oligossacarídio de 14 unidades (2 resíduos de N-acetilglicosamina, 9 manoses e 3 glicoses) fica ligado a um lipídio especial, o dolicol-fosfato, na face da membrana do REG voltada ao lúmen. No lúmen, há uma série de proteínas especiais: as residentes do REG, chamadas *oligossacaril-transferases*, que são capazes de reconhecer o aminoácido asparagina na cadeia polipeptídica e de promover a transferência do oligossacarídio que está ligado ao dolicol--fosfato para esse aminoácido. Todo o processo de glicosilação acontece enquanto a proteína atravessa a membrana do REG. O oligossacarídio pode permanecer com suas 14 unidades ou não, podendo ocorrer a remoção de açúcar no lúmen da organela ou a inserção de novas moléculas de açúcares no complexo golgiense, como demonstraremos mais adiante.

Figura 3.14 – Processo de glicosilação

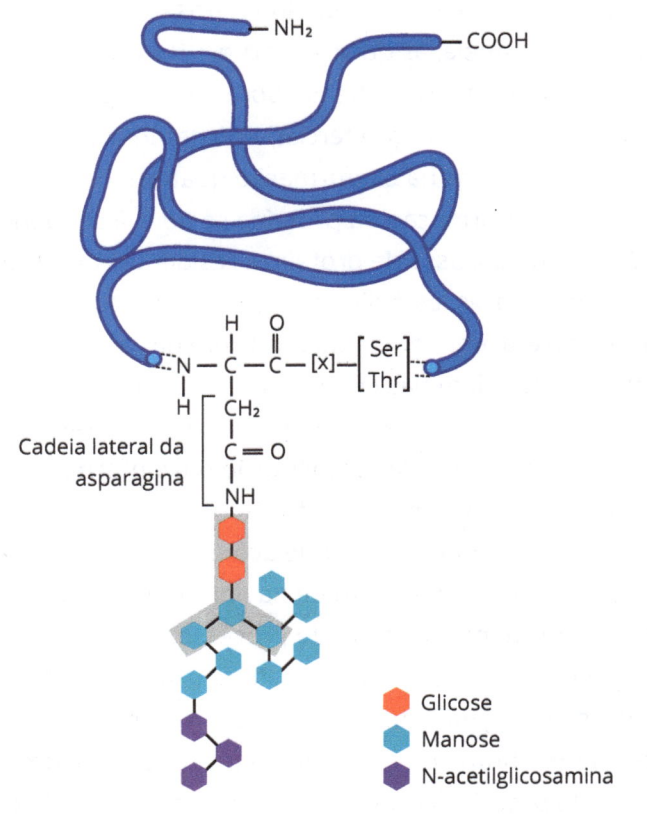

Fonte: Ribeiro, 2020, p. 47.

As proteínas residentes do REG apresentam uma sequência de quatro aminoácidos – lisina, asparagina, ácido glutâmico e leucina –, conhecida como **sequência KDEL**, que as retêm no lúmen da organela. Quando são empacotadas em vesículas e encaminhadas ao complexo golgiense, este, que parece reconhecer a sequência KDEL como proteínas residentes do REG, reenvia essas proteínas à organela de origem.

⚠ Fique atento!

Glicoproteínas e os anticorpos

Estamos expostos constantemente a patógenos (bactérias, vírus, fungos, falta de higiene etc.), contra os quais o organismo precisa se defender. O sistema imunológico atua por intermédio de uma série de células e moléculas. Os anticorpos são moléculas de proteína associadas a um açúcar e a uma glicoproteína. A proteína é sintetizada por ribossomos aderidos à superfície do REG, ao passo que a adição do açúcar é feita em conjunto pelo REG e pelo complexo golgiense.

3.3.2.2 Retículo endoplasmático agranular (REA)

O REA não apresenta ribossomos aderidos à sua membrana e tem como funções básicas: (1) produzir lipídios de membrana; (2) ser reservatório de íons cálcio (Ca^{2+}); (3) desintoxicar o organismo; iv) metabolizar o glicogênio; e (4) formar vesículas secretoras de fosfolipídios para a formação das diversas membranas celulares.

O REA participa da síntese de lipídios da célula de praticamente todos os componentes das membranas (incluindo os fosfolipídios e o colesterol). Muitos dos fosfolipídios de membranas são sintetizados na face do REA voltada ao citosol pela ação de moléculas de glicerol e ácidos graxos que se ligam à coenzima A (CoA). Eles serão utilizados na formação da membrana da própria organela ou encaminhados, por meio de vesículas transportadoras, para a síntese da membrana plasmática e de organelas como complexo golgiense, lisossomos, mitocôndrias, plastos e peroxissomos. Nessas três últimas, a inserção dos lipídios conta com um mecanismo especial no processo de exportação. Nesse processo especial, o transporte dos fosfolipídios necessita de um tipo de proteína transportadora do citosol que reconheça tipos específicos de fosfolipídios de membrana, envolvendo-o e levando-o até a nova membrana. Sendo assim, os fosfolipídios são transportados da membrana em que a sua concentração é maior, a do REA, para a membrana em que se apresenta em menor concentração, a das organelas (Reece et al., 2010; Junqueira; Carneiro, 2000; Alberts et al., 2017).

Em alguns tipos celulares, há um grande volume de REA, como nos hepatócitos, células do fígado responsáveis por sintetizar lipoproteínas e enzimas que participam do processo de desintoxicação, metabolizando substâncias tóxicas ao organismo, como álcool, medicamentos, agrotóxicos e outros resíduos nocivos. Um mecanismo de desintoxicação conhecido compreende um conjunto de enzimas da família do citocromo P450, que atuam catalisando reações químicas de modo que compostos insolúveis se tornem solúveis, deixando a célula e sendo facilmente excretado através da urina. A quantidade de REA em hepatócitos pode aumentar consideravelmente caso o órgão necessite aumentar a concentração de enzimas desintoxicantes por efeito de uma droga (um medicamento, por exemplo).

Na membrana da organela dessas células, são sintetizados os lipídios necessários para a formação das lipoproteínas e as enzimas que degradam as drogas lipossolúveis produzidas pela ação do metabolismo celular. O uso frequente de uma droga, por exemplo, leva à resistência, pois há um aumento do REA resultante da exposição contínua e da necessidade de desintoxicação. Assim, um metabolismo acelerado faz com que sejam necessárias doses maiores para o mesmo efeito que era obtido com pequenas doses (Reece et al., 2010; Junqueira; Carneiro, 2000; Alberts et al., 2017).

Além dos fosfolipídios nas membranas do REA, observa-se, de acordo com Reece et al. (2010), Junqueira e Carneiro (2000) e Alberts et al. (2017), a síntese de colesterol e lipoproteínas responsável pelo transporte de lipídios para outros órgãos através da corrente sanguínea. Por exemplo, o colesterol na membrana dos hepatócitos será convertido em ácidos biliares; nas células especializadas na síntese de hormônios esteroides (células intersticiais dos testículos e corpo lúteo dos ovários), será transformado em testosterona e progesterona. A produção dos hormônios esteroides pelo colesterol acontece por uma ação conjunta de enzimas presentes nas membranas do REA e das mitocôndrias. Isso pode ser verificado pela quantidade que há dessas organelas em células que sintetizam esteroides, bem como pela aproximação entre essas organelas no citoplasma (Reece et al., 2010; Junqueira; Carneiro, 2000; Alberts et al., 2017). O REA, em muitas células, apresenta regiões específicas especializadas no armazenamento de Ca^{2+}, atuando como segundo mensageiro e tendo a função facilitada pela alta concentração de proteínas ligadoras de Ca^{2+} presentes em sua membrana.

As células musculares concentram um grande volume de REA especializado no armazenamento desse íon, denominado *retículo sarcoplasmático*. Todavia, o REA desempenha importante função na manutenção da concentração de íons Ca^{2+} entre os meios intracelular e extracelular, que deve ser baixa no meio intracelular e alta no meio extracelular. Isso ocorre porque a manutenção baixa de Ca^{2+} no citosol é o gradiente necessário para que o íon atravesse a bicamada lipídica. Por intermédio de uma Ca^{2+}-ATPase na membrana plasmática e na membrana do REA, a energia da hidrólise de ATP é utilizada para bombear Ca^{2+} para fora da célula ou para o lúmen da organela. Nas células musculares e nervosas, o íon Ca^{2+} é bastante utilizado na contração muscular e nas sinapses, respectivamente, com tendência de entrada constante, o que é resolvido com uma bomba de cálcio extra na membrana plasmática dessas células, a qual realiza o transporte mediante movimento simporte, acoplando a saída do Ca^{2+} à entrada de Na^+.

Em células capazes de armazenar o glicogênio (os hepatócitos e as células musculares e esqueléticas, principalmente), a presença da glicose-6-fosfatase na membrana voltada ao lúmen do REA é responsável pela inserção das moléculas de glicose, de modo a promover a glicogenólise. O glicogênio armazenado nos hepatócitos será liberado entre uma alimentação e outra para o uso das demais células do organismo, mantendo o nível de glicose (glicemia) normal, ou seja, de acordo com o padrão. Já o glicogênio da célula muscular estriada será degradado por ela mesma, não contribuindo com o perfil glicêmico do sangue.

Outra função deliberada ao REA é a síntese de triglicerídios nas células epiteliais de absorção do intestino delgado. Nessas células e no lúmen da organela, a síntese de triglicerídios acontece pela ação de ácidos graxos e glicerol oriundos da alimentação e absorvidos da luz intestinal para as células.

Portanto, os dois tipos de RE são grandes produtores de lipídios e proteínas essenciais à célula e participam da rota de biossíntese e de secreção de moléculas para a membrana plasmática e as organelas, fazendo parte do seu lúmen ou de suas membranas.

3.3.3 Complexo golgiense

O complexo golgiense foi evidenciado pela primeira vez em 1898, pelo médico italiano Camillo Golgi (1843-1926). Ao corar células nervosas com nitrato de prata, Golgi observou uma estrutura em rede que, a princípio, foi denominada *aparelho* ou *complexo de Golgi* (Junqueira; Carneiro, 2000).

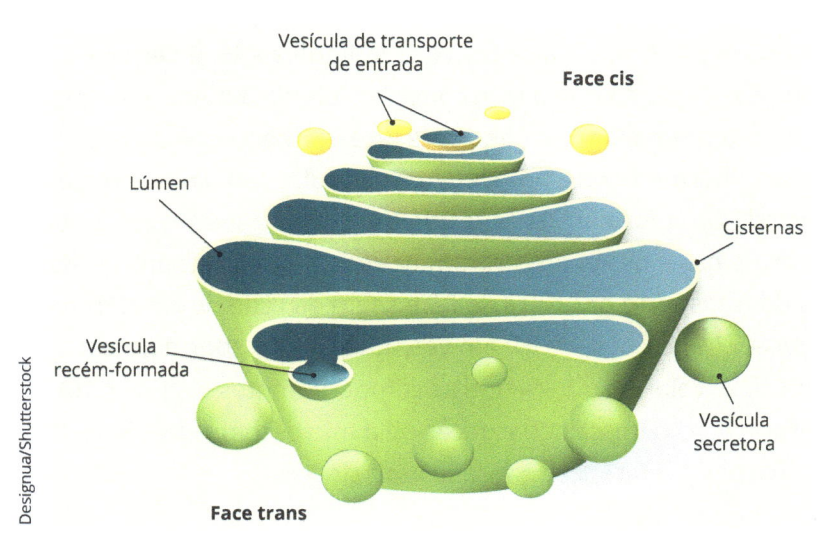

Figura 3.15 – Estrutura do complexo golgiense

A microscopia eletrônica permitiu identificar a morfologia da organela, que costuma estar entre o RE e a membrana celular, e apresentar uma estrutura semelhante a uma pilha de sacos membranosos achatados, com pequenas vesículas esféricas associadas (Junqueira; Carneiro, 2000; Reece et al. 2010; Alberts et al., 2017). A organela tem origem no RE, de onde vêm as moléculas para a formação das membranas dos sáculos presentes em cada pilha. O conjunto de pilhas de cisternas, somado às vesículas associadas, forma uma unidade de Golgi denominada

dictiossomo. Na maioria das células eucariontes, um dictiossomo é composto de quatro a seis cisternas empilhadas, cuja proximidade não confere contato físico entre elas (Figura 3.15). A quantidade de unidades de Golgi varia de acordo com o tipo e a função da célula, o que confere grande plasticidade ao complexo golgiense.

Os dictiossomos apresentam uma morfologia constante: uma forma curva que lembra uma pilha de pratos com duas faces distintas, cis e trans (Junqueira; Carneiro, 2000; Reece et al. 2010; Alberts et al., 2017). A face convexa, voltada ao RE, é denominada *cis*, ao passo que a face côncava, voltada à membrana plasmática, é denominada *trans*. Essas faces estão interligadas por bolsas intermediárias, uma rede de vesículas tubulares interconectadas que formam as redes de Golgi cis e trans (Figura 3.15). As proteínas e os lipídios entram na rede de Golgi cis em vesículas de transporte oriundas do RE e saem da rede de Golgi trans (*trans-Golgi network* – TGN) em vesículas de transporte para a superfície celular ou para outros compartimentos (Figura 3.16). A identificação dessas duas faces pela microscopia eletrônica ocorre pelas diferenças em suas morfologias:

- A **face cis** (de formação) tem ligação com o REG ou com a membrana nuclear e engloba várias vesículas utilizadas na formação das membranas dos sáculos e substâncias para as atividades da organela. O conteúdo dessa região aparece menos denso na microscopia.
- Na **face trans**, os sáculos originados da região de retículo endoplasmático de transferência (região do retículo parcialmente lisa e parcialmente granular) tem densidade maior e conteúdo mais fragmentado, o que se reflete na formação de vesículas de secreção (Figura 3.16).

Portanto, a face cis corresponde à entrada do complexo golgiense, ao passo que a face trans está diretamente relacionada ao sítio de saída.

Figura 3.16 – Retículo endoplasmático e complexo golgiense: síntese e distribuição das proteínas

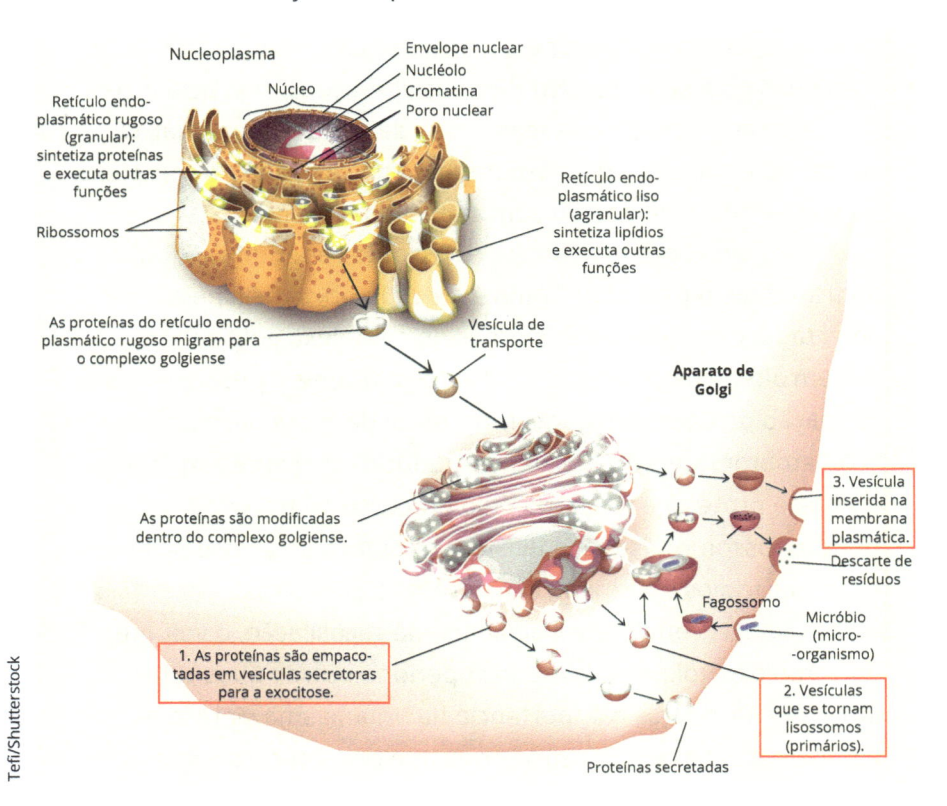

A Figura 3.16 ilustra o transporte das moléculas do RE até a face cis do complexo golgiense; a formação e secreção de vesículas na face trans; e os possíveis destinos das proteínas produzidas. A membrana do complexo golgiense é lipoproteica, tal como outras membranas biológicas, cuja composição é de

40% de lipídios e 60% de proteínas. Entre os lipídios presentes, estão os fosfolipídios (em maior concentração), os triglicerídios, os colesteróis e os glicolipídios. Das proteínas presentes na membrana, muitas são enzimas relacionadas à glicosilação (glicosiltransferase), à sulfatação (sulfotransferase) e à fosforilação (fosfotransferase). Nesse sentido, as moléculas de lipídios e proteínas, ao transitarem pela membrana ou pelas cisternas do complexo golgiense, sofrem diversas alterações, seja pela inserção, seja pela remoção de segmentos da estrutura original. O conteúdo enzimático da membrana ou da cavidade do complexo golgiense difere de acordo com a atividade da célula.

As proteínas produzidas por ribossomos aderidos ao REG, ao transitarem pela membrana e pelo lúmen da organela a ser secretada, perpassam as cisternas do complexo golgiense e sofrem alterações pós-traducionais significativas, promovendo a formação de uma variedade importante de proteínas na célula. Vale lembrar que a alteração pós-traducional acontece quando a síntese proteica é realizada pelo processo de tradução feita pelos ribossomos, isto é, o REG e o complexo golgiense recebem oligossacarídios e formam, com isso, glicoproteínas.

Em células com intensa atividade de glicosilação, o volume do complexo golgiense é muito superior a outros tipos celulares, verificando-se a importância da organela na síntese de glicoproteínas e outras substâncias que contêm carboidratos. As glicoproteínas secretadas pelo REG são capturadas pela face cis e, ao passarem pelos sáculos, sofrem hidrólise pela ação de uma sequência organizada e por um conjunto de enzimas, que promovem modificações sucessivas na proteína com a troca da fração glicídica por novos oligossacarídios, processo denominado **glicosilação terminal**.

O complexo de enzimas que catalisam os processos iniciais está voltado à face cis, ao passo que as catalisadoras dos processos finais voltam-se à face trans. O transporte entre as cisternas deve acontecer por intermédio de vesículas de transporte, brotando de uma cisterna e fundindo-se à subsequente. O tipo de glicosilação forma glicoproteínas com composição química e destinos diferentes, razão pela qual as glicoproteínas de lisossomos serão distintas daquelas que farão parte da membrana plasmática ou das de secreção.

Na face cis do complexo golgiense estão presentes enzimas fosfotransferases especializadas na fosforilação de resíduos de manose. As proteínas marcadas com resíduos de manose-6--fosfato serão reconhecidas por receptores na face trans e secretadas para os lisossomos. Quando um oligossacarídio N-ligado permear as cisternas do complexo golgiense, este pode sofrer ou não modificações por meio das enzimas ali presentes, formando duas classes de oligossacarídios N-ligados: os complexos e os ricos em manose. O grupo de oligossacarídios complexos, ao atravessar as cisternas, tem a adição de novos monossacarídios à proteína, podendo ter mais de duas N-acetilglicosaminas originais, com quantidade maior de resíduos de galactose e ácido silíaco.

A polimerização de uma ou mais glicosaminoglicanas promove a formação das proteoglicanas encontradas na matriz extracelular, onde conferem rigidez e resistência à compressão e ao preenchimento de espaços. Essas proteínas proteoglicanas estão ancoradas na membrana plasmática e são o principal componente de materiais viscosos, protegendo muitos epitélios.

> ⚠️ **Fique atento!**
>
> **Eventos pós-traducionais e a Síndrome Ehlers-Danlos**
>
> Os eventos pós-traducionais produzem uma variedade de moléculas proteicas pela ação de uma série de processos enzimáticos. Assim, caso ocorram problemas com essas enzimas, as proteínas podem ser alteradas. Um exemplo é a proteína colágeno, presente nos ossos, na pele, nos tendões, nas articulações etc. Erros na biossíntese dessa proteína podem levar a um grupo de doenças, como a Síndrome Ehlers-Danlos (SED), que se caracteriza pela fragilidade da pele, dos ligamentos, dos vasos sanguíneos e dos órgãos internos.

3.3.3.1 Transporte de moléculas no complexo golgiense

O transporte das moléculas sintetizadas no complexo golgiense (proteínas, lipídios e polissacarídios) ocorre através das vias secretoras. As macromoléculas precisam ser empacotadas e secretadas pela rede trans do complexo golgiense para diferentes destinos, a depender do tipo de secreção.

Na **secreção constitutiva**, as moléculas sofrem exocitose à medida que são formadas – sem um estímulo específico, seguem a via de fluxo e são incorporadas à membrana plasmática ou associadas à sua face extracelular. A **secreção regulada** acontece em células especializadas. Essa secreção depende de uma sinalização, que pode ser um hormônio, um neurotransmissor ou um receptor de membrana. Um exemplo desse tipo de secreção são as enzimas digestivas, presentes no suco pancreático, as quais, após serem sintetizadas no REG, passam pelo complexo golgiense, que, por sua vez, as empacota em vesículas membranosas. As vesículas se desprendem do complexo golgiense e migram para o polo celular, aguardando a secreção por exocitose no duodeno (primeira porção do intestino delgado), onde desempenham um papel essencial no processo digestório. A secreção dessas vesículas ocorre por intermédio do hormônio colecistocinina, produzido no intestino delgado.

Na célula vegetal, a formação de uma nova parede celular e membrana plasmática conta com a participação do complexo golgiense. A organela produz e secreta várias vesículas com glicoproteínas e polissacarídios (pectina e hemicelulose), que formam esses envoltórios e são fundamentais para que as células vizinhas se agreguem. Os vacúolos, estrutura presente na célula vegetal, contam com enzimas que podem atuar na digestão intracelular, as quais são sintetizadas pelo complexo golgiense.

Outra função do complexo golgiense é a formação de uma estrutura importante do espermatozoide, o **acrossomo** (do grego *acros*, "alto" ou "topo", e *somatos*, "corpo"). O acrossomo compreende uma vesícula repleta de enzimas digestivas localizadas no topo da cabeça do espermatozoide, sendo responsável pela perfuração da membrana do óvulo (célula reprodutiva feminina), ocasionando a fecundação. Em outras palavras, as vesículas com enzimas digestivas são secretadas pelo complexo golgiense, e a fusão delas dará origem à bolsa de enzimas com a maturação do espermatozoide.

Figura 3.17 – Desenvolvimento do espermatozoide: formação do acrossomo

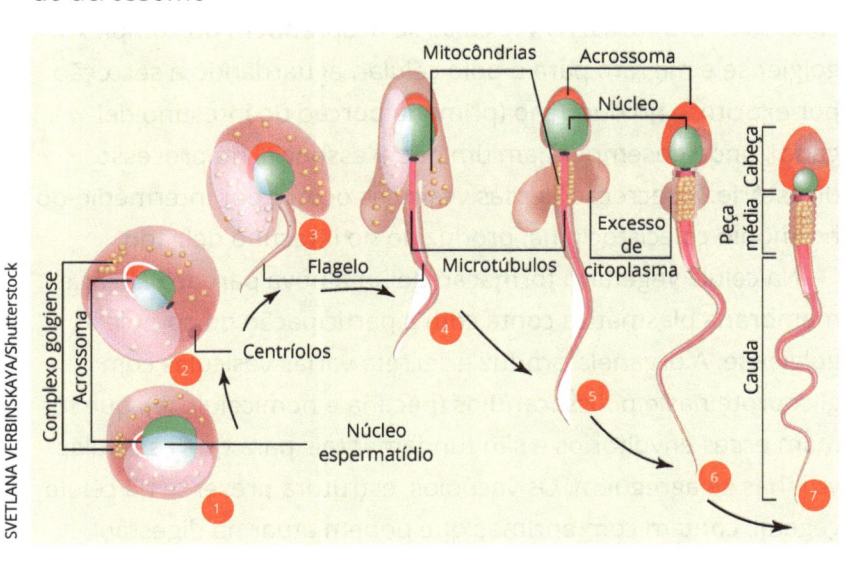

Do complexo golgiense saem, ainda, vesículas que transportam enzimas digestivas integrantes dos lisossomos primários. Essas organelas são responsáveis pela digestão intracelular.

3.3.4 Lisossomos

Os lisossomos (do grego *lysis*, "dissolução", e *soma*, "corpo") são organelas esféricas envolvidas por membrana lipoproteica oriunda do complexo golgiense. Apresentam mais de 40 tipos de enzimas hidrolíticas sintetizadas no REG, sendo capazes de digerir macromoléculas (Figura 3.18). As enzimas hidrolíticas são todas hidrolases ácidas, compostas por nucleases, glicosidases, lipases, fosfatases, fosfolipases, sulfatases, proteases etc., razão pela qual o pH ideal deve estar sempre em torno de 5, diferentemente do citosol, que solicita um pH neutro. As proteínas transportadoras presentes na membrana da organela são responsáveis pelo envio dos produtos finais da digestão (aminoácidos, açúcares, nucleotídeos etc.) para o citosol, onde podem ser reutilizados ou secretados pela célula.

Figura 3.18 – Morfologia do lisossomo

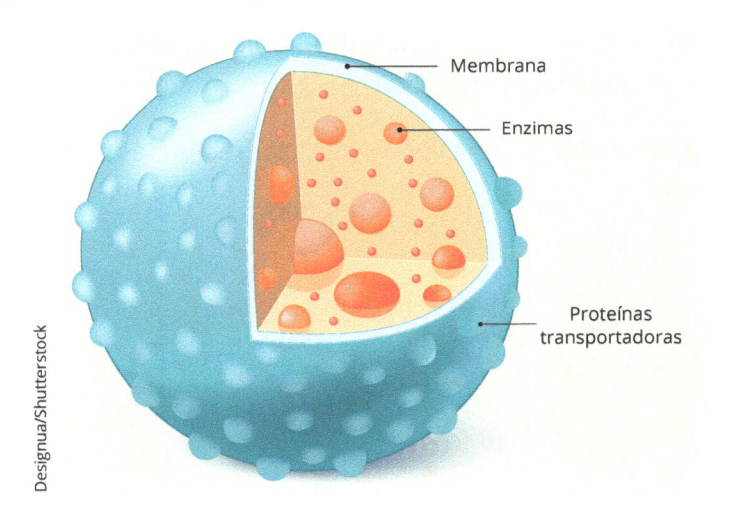

Além das proteínas transportadoras, na bicamada lipoproteica da organela são encontradas importantes proteínas de membrana, como a bomba de H^+ (também chamada de *bomba H^+-ATPase* e *bomba de prótons*), que utiliza a energia (ATP) para bombear H^+ para o lúmen da organela, promovendo a manutenção do pH; e as proteínas glicosiladas de membrana, que a protegem das proteases presentes no lúmen dos lisossomos.

Os lisossomos apresentam diversidade morfológica e fisiológica, resultando numa variedade de substâncias ingeridas pela organela e em sua participação em rotas de tráfego intracelulares importantes, seja na degradação de substâncias intracelulares ou extracelulares, seja na destruição de micro-organismos fagocitados, seja na produção de nutrientes à célula. Para tanto, primeiramente os lisossomos desencadeiam a digestão de partículas que são englobadas pela célula por fagocitose, formando um endossomo. Os endossomos são encaminhados até as vesículas pré-formadas pelo complexo golgiense (lisossomos primários), quando ocorre a fusão entre as partículas que sofreram endocitose e as enzimas digestivas, originando o lisossomo secundário (ou vacúolo digestivo).

Figura 3.19 – Rotas de digestão intracelular realizadas pelos lisossomos

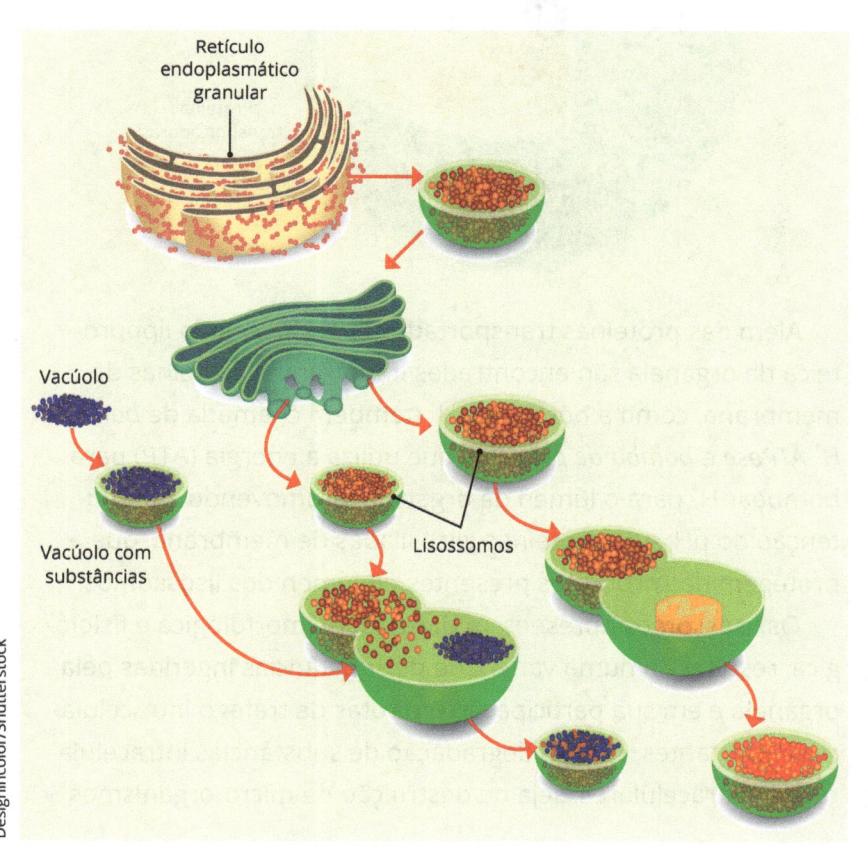

Na segunda via de degradação ocorre o englobamento de partes obsoletas, danificadas ou em excesso na própria célula. Esse processo, conhecido como *autofagia*, se inicia com o envolvimento da estrutura, uma organela danificada, por exemplo, por uma membrana do RE, e continua com o englobamento desse autofagossomo por lisossomos que, mediante enzimas hidrolíticas, digerem a estrutura. Essa via está presente em todos os tipos de células, razão pela qual o material celular pode ser renovado. Os lisossomos, por essa via, mantêm os componentes celulares em constante reconstrução, promovendo a degradação dos que estão obsoletos e suprindo a produção de componentes recicláveis para a produção de outros componentes celulares. Por exemplo, quando a célula é exposta a um estresse, são encontrados inúmeros vacúolos digestivos que podem atuar na degradação de partes danificadas ou digerir estruturas do conteúdo celular para suprir as necessidades da célula em situações de escassez, o que permite a sua sobrevivência (Figura 3.19).

Por fim, a terceira via corresponde a um processo de fagocitose especial, pois partículas grandes (ou micro-organismos) são ingeridas pela célula, formando os fagossomos, os quais, por sua vez, serão convertidos em lisossomos. Nos protozoários, que se alimentam via fagocitose, as partículas chegam ao lisossomo e são digeridas e liberadas ao citosol. Nos organismos pluricelulares, a fagocitose (Figura 3.20) está restrita a um grupo de células especializadas; nos vertebrados, por exemplo, há os macrófagos e os neutrófilos, conhecidos como *fagócitos profissionais*.

Figura 3.20 – Processo de fagocitose em organismo humano (neutrófilos e macrófagos)

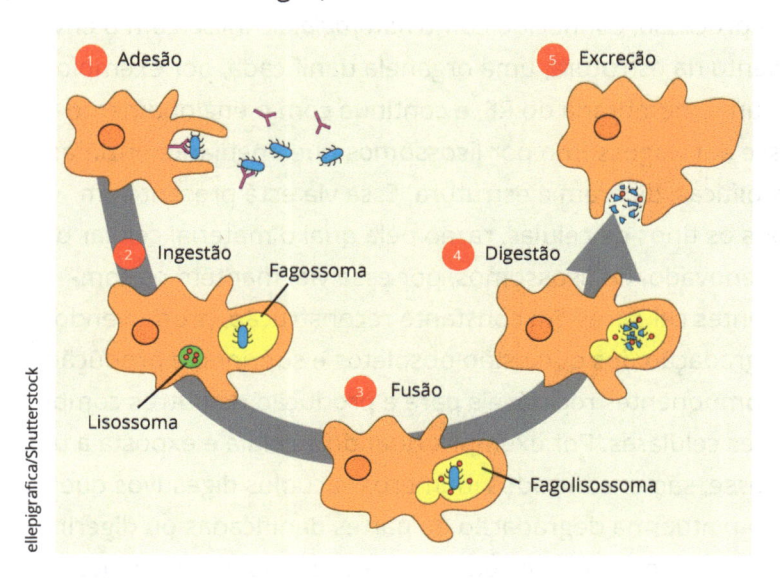

[Figura: diagrama do processo de fagocitose mostrando as etapas 1. Adesão, 2. Ingestão (Fagossoma, Lisossoma), 3. Fusão (Fagolisossoma), 4. Digestão, 5. Excreção. Crédito: ellepigrafica/Shutterstock]

Notemos que, em 1, o micro-organismo, reconhecido e capturado por um anticorpo, é encaminhado até os leucócitos, responsáveis pela destruição do invasor (um macrófago, por exemplo). Em 2, o fagossomo é englobado e o lisossomo primário é pré-formado pela ação de vesículas secretadas do complexo golgiense. Em 3, o fagossomo é incorporado ao lisossomo primário. Em 4, ocorre digestão intracelular. Em 5, ocorre a exocitose, excreção das partículas resultantes da etapa 4.

Tanto os macrófagos quanto os neutrófilos são leucócitos especializados no processo de fagocitose. O primeiro, além de estar amplamente distribuído na corrente sanguínea, encontra-se nos tecidos. Por essa razão, além de ingerir micro-organismos invasores, é responsável por eliminar células obsoletas ou danificadas e restos celulares. Os neutrófilos aumentam na corrente sanguínea quando ocorre qualquer tipo de infecção, promovendo, assim, a destruição dos micro-organismos invasores. Como ilustra a Figura 3.20, a fagocitose de micro-organismos acontece via receptores de superfície; os anticorpos, por exemplo, ao reconhecerem o invasor, transmitem sinais para o interior da célula, que são lidos por receptores específicos presentes nas membranas celulares de macrófagos e neutrófilos. A ligação entre partículas recobertas por anticorpos e esses receptores induz a célula de defesa a projetar expansões de sua membrana, os pseudópodes, que englobam a partícula e, consequentemente, formam o fagossomo.

3.3.4.1 Apoptose

A função do lisossomo também é reconhecida no processo de *apoptose*, um tipo de morte celular programada que consiste em um padrão previsível de eventos que matam a célula por mecanismos fisiológicos naturais. A apoptose é um processo rápido e tão importante quanto a divisão celular, visto que regula o número de células em diferentes situações, como em neurônios durante o processo de podas neuronais, no descarte de células que já executaram suas funções e na formação estrutural de órgãos.

A morte programada da célula segue um protocolo: (1) ao perder suas proteínas de adesão, a célula que vai se suicidar inicia o processo separando-se de suas vizinhas; (2) em seguida, acontece o murchamento da célula, que promove perda da assimetria da membrana, redução do espaço intracelular, alteração do citoesqueleto e compactação do núcleo (colapso da membrana nuclear e da cromatina). Todo o conteúdo da célula morta encontra-se em vesículas, corpos apoptóticos que serão fagocitados por células especializadas – os macrófagos são o tipo celular mais comum.

O processo de apoptose é regulamdo por genes e, consequentemente, por proteínas. Uma proteína atuante no processo é a p53, que, quando expressa em grandes quantidades nas células tumorais, promove a apoptose. A p53 está presente na regulação dos processos de divisão celular, retardando de forma satisfatória as fases G1 e S (ver Capítulo 6). Estudos com *Caenorhabditis elegan* (verme de um milímetro) têm sido modelo para identificar o processo de apoptose, formado por, pelo menos, três grupos de genes:

1. aqueles envolvidos na marcação da célula que sofrerá a apoptose;
2. aqueles que desencadeiam o processo de apoptose;
3. aqueles envolvidos no processo de fagocitose dos restos celulares (Figura 3.21).

Compreender os processos de apoptose nesses animais ajuda a entender mecanismos similares em humanos.

Figura 3.21 – As etapas do processo de apoptose celular

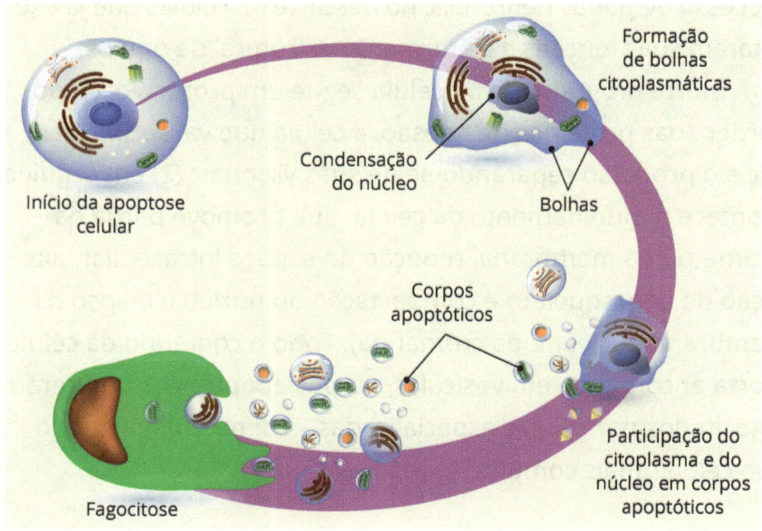

Designua/Shutterstock

A ação dos lisossomos no processo de apoptose pode ser identificada durante a metamorfose dos anfíbios, quando o girino perde a cauda antes de se tornar adulto. Algo semelhante acontece na fase embrionária de humanos, quando, nas mãos e nos pés, as células da região interdigital sofrem apoptose na formação dos dígitos. Outro exemplo de apoptose é a redução do útero após o parto e das glândulas mamárias ao término do período de amamentação. Esses são somente alguns exemplos de processos de apoptose.

Além disso, a apoptose pode estar relacionada a doenças degenerativas do sistema nervoso, como Alzheimer e Parkinson. Na doença de Alzheimer, sabe-se que proteínas ativadoras se acumulam no meio, intracelular, das células neurais e estimulam as enzimas digestiva desencadearem o processo de apoptose, resultando na perda da função cerebral característica da doença. O vírus da imunodeficiência humana (HIV-1), causador da síndrome da imunodeficiência adquirida (Aids), consegue desencadear o processo de apoptose ao produzir proteínas que permeiam a membrana mitocondrial de linfócitos, o que provoca a destruição da célula de defesa e beneficia a infecção do vírus no organismo. As células tumorais podem, provavelmente, surgir por falhas no processo de apoptose, que resultariam na permanência de células alteradas e defeituosas.

A necrose, por sua vez, é um processo de morte diferente do que ocorre na apoptose, uma vez que é uma resposta a uma lesão grave, num processo desordenado em que a célula incha, provocando o rompimento e a dissolução de suas organelas e a digestão por enzimas do lisossomo (Figura 3.22).

Figura 3.22 – Diferenciação entre a morte celular por apoptose e necrose

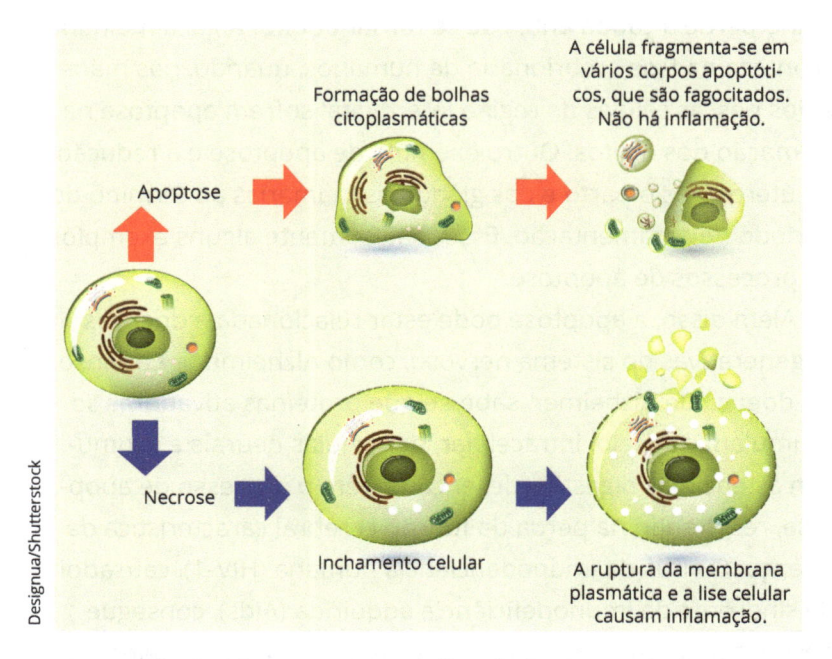

A **autofagia** (do grego *auto*, "si", e *fagia*, "comer") é outro processo de morte celular. Nesse caso, a célula é, como mencionado anteriormente, degradada pela atividade enzimática de seus lisossomos. Quando estiver danificada, a organela será envolvida por uma membrana originada do REA, resultando em um conjunto denominado *autofagossomo*. Esse conjunto funde-se ao lisossomo primário, originando o vacúolo digestivo (ou lisossomo secundário), no qual estão as enzimas digestivas. Os resíduos do processo de digestão intracelular são eliminados da célula por exocitose.

⚠ Preste atenção!

Uma doença que envolve a autofagia é a silicose, doença pulmonar provocada pela inalação de pó de sílica.

Após inalada, a sílica destrói a membrana lisossômica. Assim, as enzimas digestivas extravasam para o meio intracelular, causando a morte da célula e de suas vizinhas.

3.3.5 Peroxissomos

Os peroxissomos são vesículas esféricas que se assemelham aos lisossomos na morfologia, mas diferem em origem. O lisossomo, como já estudado, é formado por vesículas do complexo golgiense, ao passo que o peroxissomo se origina de proteínas e lipídios do citosol.

Essa organela distribui-se aleatoriamente pelo citoplasma da célula e, em casos especiais, aparece em regiões específicas para realizar suas funções, podendo estar próxima a cloroplastos ou mitocôndrias. Os peroxissomos apresentam como conteúdo interno mais de 50 tipos de enzimas diferentes, agrupadas em oxidases e catalases. O conteúdo do peroxissomo pode variar de acordo com o tipo celular e a função que desempenhará no organismo, bem como entre espécies diferentes, embora a essência seja a mesma: enzimas atuando sobre sustâncias tóxicas.

⚠ Fique atento!

Peroxissomos e patologias

A função do peroxissomo está relacionada à sua carga de enzimas, razão pela qual problemas na atividade enzimática é sinônimo de disfunção nessa organela. A disfunção pode causar doenças como a Síndrome de Zellweger e a adrenoleucodistrofia (ADL).

A **Síndrome de Zellweger** é uma doença genética de caráter autossômico recessivo. Nela, as enzimas não são sintetizadas e a organela tem o seu lúmen esvaziado. Essa disfunção afeta principalmente o cérebro, o fígado e os rins, provocando desde o aumento do fígado até problemas neurológicos (desmielinização, retardo mental e convulsões). A **ADL**, por sua vez, está ligada ao cromossomo X e é mais comum em homens. Nela ocorre a deficiência de uma enzima dos peroxissomos, a ligase acil-CoA gordurosa, o que leva a problemas no cérebro e nas glândulas adrenais.

As enzimas do tipo oxidase envolvem o oxigênio molecular (O_2) no processo, o qual funcionará como o aceptor de elétrons na produção de peróxido de hidrogênio (H_2O_2). Nas células humanas, esse processo é bastante comum no metabolismo de lipídios, por exemplo. A formação do H_2O_2 é tóxica para a célula, momento em que entram em ação as catalases, enzimas responsáveis por catalisar essa substância produzida pela própria célula e por transformá-la em uma que não a prejudique, a água. Na reação, a enzima promove a formação de água e de oxigênio como produtos de duas moléculas de H_2O_2, os reagentes da equação.

Os peroxissomos apresentam funções bem específicas em determinadas células. Aqueles presentes em células do fígado e dos rins exercem importante papel na desintoxicação de substâncias ingeridas pelos seres humanos, como bebidas alcóolicas e remédios. Nas plantas, há peroxissomos especiais: os glioxissomos. Encontrados nas sementes, são importantes no processo de germinação, visto que transformam os ácidos graxos armazenados em açúcares, os quais fornecerão energia para o metabolismo e o crescimento da planta enquanto não ocorre a formação das folhas, o órgão-sede da fotossíntese.

Os peroxissomos, juntamente com o REA, apresentam enzimas para a biossíntese do colesterol, o qual será utilizado na produção dos hormônios esteroides nas glândulas sexuais e na formação dos sais biliares no fígado.

3.3.6 Mitocôndrias

São organelas responsáveis pela obtenção de energia (ATP) através da respiração celular aeróbica nos seres eucariontes. Ela tem sido essencial na evolução dos animais complexos, pois converte o açúcar completamente em energia, o que difere da glicólise anaeróbica, em que apenas uma pequena parcela de toda a energia armazenada e disponível da glicose é liberada.

Figura 3.23 – Morfologia interna da mitocôndria

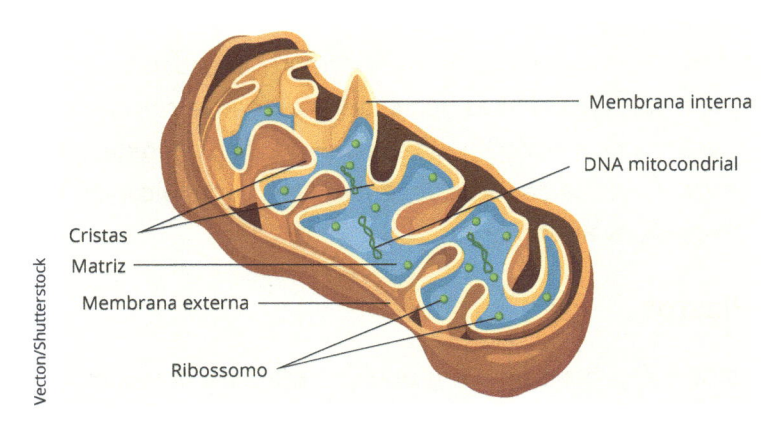

As mitocôndrias apresentam morfologia semelhante a um bastonete, sendo envolvida por duas membranas similares à plasmática: a externa, que separa o conteúdo da organela do citosol; e a interna, que apresenta várias dobras denominadas *cristas mitocôndrias*. A membrana externa é permeável a muitas substâncias e conta com enzimas que sintetizam lipídios mitocondriais. Já a membrana interna contém proteínas que desempenham três funções básicas: (1) conduzir a oxidação da cadeia respiratória; (2) produzir ATP na matriz, mediante um complexo enzimático; e (3) regular o trânsito de metabólitos para dentro ou fora da matriz por meio de proteínas transportadoras específicas.

A matriz mitocondrial compreende o interior da organela, preenchido por uma solução que lembra gelatina, onde estão mergulhadas inúmeras enzimas responsáveis pela respiração celular, o DNA circular (similar ao que é encontrado em bactérias) e o RNA e os ribossomos próprios. Isso permite às mitocôndrias sintetizar as próprias proteínas e se autoduplicar (Figura 3.23). Vale adiantar que a produção de ATP será detalhada no Capítulo 4.

Por fim, a mitocôndria exerce importantes funções no interior da célula, e diferentes linhas de pesquisa ajudam a compreender toda a dinâmica e a atividade da organela. A disfunção dela pode ser a causa de várias doenças degenerativas, como o câncer e até o próprio envelhecimento.

3.3.7 Plastos

Os plastos compreendem um grupo de organelas presentes em células de plantas e algas, com diferenças nas funções que realizam e no tipo de pigmento que sintetizam e armazenam. Inicialmente, na célula surgem plastos embrionários ou proplastos (proplastídio), pequenas bolsas esféricas que contêm DNA, RNA, enzimas e ribossomos, os quais serão caracterizados como plastos incolores (leucoplastos) ou plastos coloridos (cromoplastos). A diferenciação dependerá da incidência de luz e do órgão da planta, conforme ilustra a Figura 3.24.

Figura 3.24 – Identificação do proplastídio e diferenciação em leucoplastos e cromoplastos

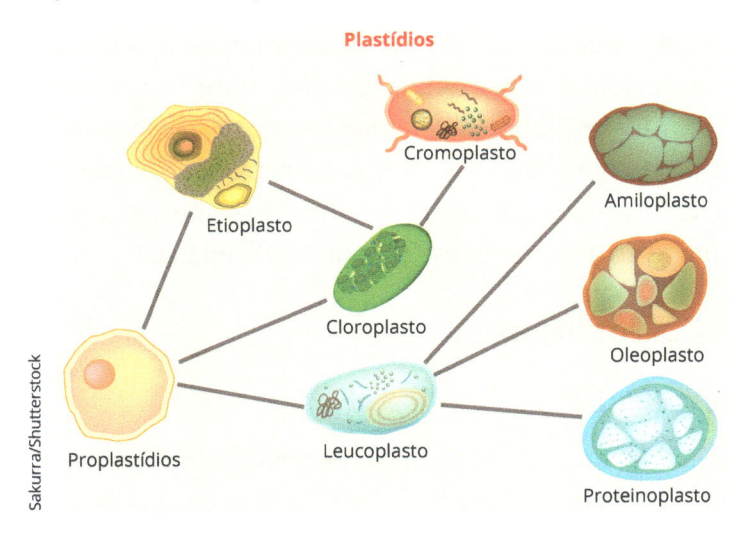

Os leucoplastos (do grego *leukos*, "branco", e *plastos*, "moldado") são responsáveis pelo armazenamento de substâncias como amido, proteína e óleo, sendo denominados *amiloplastos*, *proteoplastos* e *oleoplastos*, respectivamente. Os cromoplastos (do grego *kromo*, "cor") apresentam pigmentos armazenados, os quais são responsáveis pela coloração de algas, flores e frutos. A cor dos frutos é resultado de pigmentos denominados *carotenoides*; por exemplo, a cor verde do fruto dá lugar a outra cor, como laranja, amarelo ou vermelho. O pigmento eritroplasto (do grego *eritros*, "vermelho") é responsável pela cor avermelhada, ao passo que o pigmento xantoplasto (do grego *xanthos*, "amarelo") determina a cor amarelada.

Os cloroplastos (do grego *khloros*, "verde") são plastos encontrados principalmente nas partes verdes das plantas, que contêm a clorofila. Trata-se do principal pigmento responsável pela fotossíntese. A organela apresenta a forma discoide, com dobras na membrana interna, denominadas *lamelas*, sobre as quais se formam pequenos discos, os tilacoides (ver Capítulo 4). Cada pilha de tilacoides constitui um *granum* (grão em latim), cujo conjunto denomina-se *grana* (plural). O espaço interno do cloroplasto é preenchido por um líquido viscoso, o estroma, onde encontram-se o material genético, as proteínas e os ribossomos. Adiantamos que o processo da fotossíntese será discutido no Capítulo 4.

❓ Curiosidade

Plantas albinas

O albinismo é uma herança genética autossômica recessiva. A alteração genética incapacita as células de produzir pigmentos, como a melanina nas células epiteliais dos animais. Nas plantas, a herança desse gene é letal, pois causa a sua morte logo após a germinação, quando o estoque nutritivo da semente termina. Isso porque a incapacidade de produzir clorofila torna as folhas brancas e incapazes de realizar o processo de fotossíntese, visto que a folha é o principal órgão responsável pela captura de energia solar e pela sua transformação em energia química.

Figura 3.25 – Folha com albinismo

Síntese

Quadro-resumo			
Célula procarionte	Célula eucarionte	Ribossomos	Organelas membranosas
Ausência de organelas membranosas.	Presença de organelas membranosas.	Orgânulos formados por moléculas de RNA e de proteínas.	Participam da produção de biomoléculas.
Ausência de membranas internas.	Presença de membranas internas.	Presente em células procariontes e eucariontes com duas subunidades.	Desempenham um papel importante na rota da qual participam no metabolismo celular.
Apresenta ribossomos com duas subunidades: uma menor, que se liga ao RNAm e ao RNA transportador (RNAt), e outra maior, responsável por catalisar as ligações peptídicas.	Apresenta ribossomos com duas subunidades: uma menor, que se liga ao RNAm e ao RNAt, e outra maior, responsável por catalisar as ligações peptídicas.	Desempenham a função de síntese proteica em células procariontes e eucariontes, bem como no interior dos cloroplastos e das mitocôndrias.	

Atividades de autoavaliação

1. No citoplasma de células eucariontes, encontra-se o citoesqueleto, cujas funções são:

    I) manutenção e sustentação da forma celular de células eucariontes;
    II) movimentos intracelulares – contração muscular, por exemplo;
    III) auxílio no movimento de vesículas no interior da célula;
    IV) participação no processo de divisão celular.

    Está correto apenas o que se afirma em:

    A) I, II, III e IV.
    B) I.
    C) I e II.
    D) I, II e III.
    E) III.

2. O citoesqueleto presente nas células eucariontes apresenta três importantes filamentos (microtúbulos, microfilamentos de actina e filamentos intermediários). A versatilidade do citoesqueleto faz com que ele participe de diversas funções na célula. Sobre o assunto, marque a afirmativa **incorreta**.

    A) Os microtúbulos e os microfilamentos de actina são mais versáteis quando comparados aos filamentos intermediários, pois apresentam uma extremidade que polariza e outra que despolariza.
    B) Os microtúbulos participam da movimentação de cílios e flagelos, do transporte de partículas e do deslocamento dos cromossomos durante a divisão celular.

- **C** Os centríolos são organelas envolvidas com a organização do fuso acromático; são formados pela junção de microtúbulos e filamentos intermediários.
- **D** Os filamentos de actina são abundantes nas células musculares e, em menor concentração, nos outros tipos celulares. A presença da proteína actina confere movimento à célula.
- **E** Os filamentos intermediários, diferentemente dos outros dois filamentos, não estão diretamente envolvidos com o movimento no citosol, pois exercem uma função mais estrutural.

3. A célula é a unidade morfológica e fisiológica da maioria dos seres vivos. Uma célula glandular com atividade proteica intensa deve apresentar qual(is) organela(s) em maior concentração?

- **A** Apenas ribossomos, pois são os responsáveis pela síntese proteica.
- **B** Ribossomos, porque sintetizam proteínas; e lisossomos, porque são responsáveis pela excreção dessas proteínas.
- **C** Retículo endoplasmático granular (REG), responsável pela síntese proteica; complexo golgiense, que forma as vesículas para a secreção; e mitocôndrias, que fornecem energia para o processo.
- **D** Lisossomos e peroxissomos, por apresentarem grande volume de enzimas digestivas.
- **E** Ribossomos, pois são responsáveis pela síntese de proteínas e de lipídios constituintes das vesículas de secreção.

4. Um tipo importante de proteína, sintetizado no interior da célula e encontrado na região da membrana voltada à matriz mitocondrial, são as glicoproteínas, entre as quais se destaca o glicocálice. A produção desses tipos especiais de proteína (proteína e carboidrato) requer as seguintes estruturas celulares:

   A retículo endoplasmático granular (REG), complexo golgiense e vesículas de secreção.
   B retículo endoplasmático agranular (REA), complexo golgiense e vesículas de secreção.
   C REG, lisossomos e vesículas de secreção.
   D ribossomos, REG, REA, complexo golgiense e mitocôndrias.
   E REA, complexo golgiense e mitocôndrias.

5. O complexo golgiense apresenta-se na célula como um conjunto de sáculos (cisternas) achatados e envoltos por inúmeras vesículas menores, com função de síntese, empacotamento e secreção de substâncias produzidas nos retículos. Assinale a alternativa que cita outras funções dessa organela.

   A Desintoxicação do organismo que degrada as substâncias tóxicas.
   B Produção de proteínas e inserção de oligossacarídios e polissacarídios que formam as glicoproteínas.
   C Formação do acrossomo no espermatozoide, estrutura importante para o processo de fertilização, com enzimas que digerem a membrana celular do gameta feminino.

D Ao estar presente em células procariontes e eucariontes, é responsável pela produção de lipídios e proteínas.

E As glicoproteínas produzidas no retículo endoplasmático agranular (REA) entram no complexo golgiense pela face trans e, após serem empacotadas, são secretadas através da face cis.

6. Analise as alternativas a seguir e marque aquela que **não** corresponde à função do complexo golgiense.

   A O par de centríolos é composto por nove conjuntos de três microtúbulos, tendo como função básica a orientação e a movimentação dos cromossomos na divisão celular.

   B Os retículos endoplasmáticos são uma extensa rede de canalículos responsável pela síntese de proteínas e de lipídios.

   C Os peroxissomos contêm inúmeras enzimas, agrupadas em oxidases e catalases, as quais atuam na degradação de substâncias tóxicas para a célula.

   D Os lisossomos são organelas originadas de fagossomos, formadas a partir de partículas capturadas pelas células mediante pseudópodes da membrana.

   E As mitocôndrias são responsáveis pela produção de energia através da ação de várias enzimas que realizam a respiração celular.

7. Os lisossomos apresentam muitas enzimas digestivas e estão envolvidos com uma série de processos que acontecem em diferentes células. Sobre esse processo, assinale a alternativa **incorreta**.

A Os lisossomos de células de defesa auxiliam no processo de apoptose ao digerir as vesículas apoptóticas formadas com a morte programada da célula.

B A morte programada da célula acontece quando a proteína p53 está inativada, evitando a proliferação de células tumorais e de doenças degenerativas.

C A autofagia é um processo que envolve a degradação de organelas pela fusão com o lisossomo primário.

D Os lisossomos atuam na degradação de células do útero, após o parto, e das glândulas mamárias, após o período de amamentação.

E Na heterofagia, os lisossomos, responsáveis por digerir substâncias que penetram a célula, estão envolvidos, em protozoários, com o processo de alimentação, pois as partículas fagocitadas são digeridas e podem ser utilizadas na síntese de outras substâncias ou no fornecimento de energia.

8. Relacione corretamente as funções (primeira coluna) às estruturas celulares (segunda coluna).

1. Síntese de proteínas.
2. Produção de glicoproteínas e glicolipídios.
3. Degradação de moléculas tóxicas ao organismo.
4. Produção de ATP.
5. Digestão intracelular.

( ) Ribossomos
( ) Lisossomos
( ) Retículo endoplasmático agranular
( ) Complexo golgiense
( ) Mitocôndrias

Agora, assinale a alternativa que apresenta a sequência correta:

- **A** 1, 5, 3, 2, 4.
- **B** 1, 4, 3, 5, 2.
- **C** 1, 5, 4, 3, 2.
- **D** 3, 5, 1, 2, 4.
- **E** 3, 4, 1, 5, 2.

10. A droga fenobarbital, de propriedade anticonvulsivante, age no sistema nervoso central e estimula a proliferação do retículo endoplasmático agranular (REA) em hepatócitos (células do fígado). Assinale a afirmativa correta com relação ao aumento dessa organela após o uso desse princípio ativo.

- **A** O REA age na ativação do princípio ativo e, por isso, está aumentado nas células do fígado.
- **B** A ação da droga no sistema nervoso depende da ativação feita por enzimas presentes no REA.
- **C** A droga pode causar dependência do indivíduo, o que não acontece quando ocorre aumento de volume do REA.
- **D** O aumento no volume do REA, provocado pela ingestão da droga, motiva a degradação dessa substância.
- **E** A droga fenobarbital tem composição lipídica que serve de matéria-prima para a produção de novas moléculas lipídicas no REA.

Atividades de aprendizagem

Questões para reflexão

1. A figura a seguir apresenta algumas das principais organelas presentes no citoplasma de células eucariontes.

   Figura A – Célula eucarionte animal

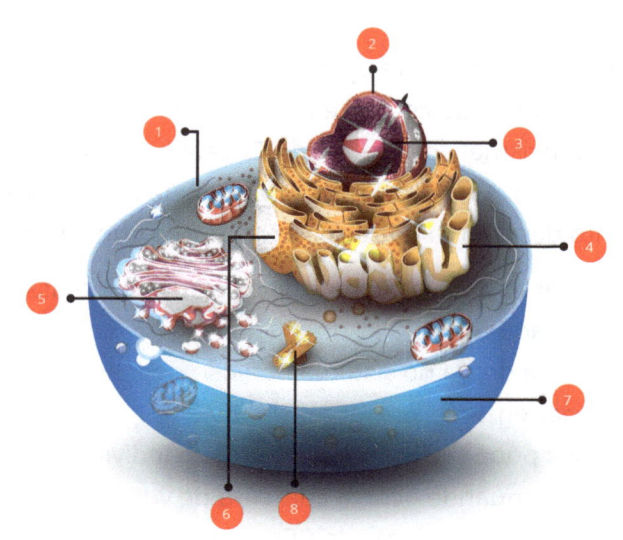

   Tefi/Shutterstock

   A Identifique as estruturas celulares indicadas pelos números de 1 a 8.

   B Descreva as diferenças morfológicas e fisiológicas entre a estruturas 4 e 6.

   C Os ribossomos podem estar aderidos ao REA ou livres no citosol (não identificado na imagem). Conforme demonstramos neste capítulo, há diferença entre os produtos de acordo com a localização dos ribossomos. Explique essa afirmação.

   D Os lisossomos não foram identificados na ilustração. Eles estão presentes ou ausentes? Justifique sua resposta.

2. O núcleo de células eucariontes está bem individualizado com relação ao conteúdo do citosol, visto que o material genético está separado e mais bem protegido. De acordo com o que foi apresentado neste capítulo, responda: Quais são as outras organelas que apresentam DNA próprio? Como a ciência explica a existência dessas organelas?

3. Os ribossomos são responsáveis pela produção de proteínas no meio intracelular. As funções desempenhadas pelas proteínas são bastante diversificadas, podendo ser: estruturais, enzimáticas, hormonais, de defesa, energéticas, secretadas para a matriz extracelular ou para compor um constituinte de membranas. Por exemplo, ao longo do dia, entramos em contato com muitos agentes patogênicos; porém, não ficamos doentes o tempo todo porque temos um sistema imunológico que, entre outras substâncias, produz anticorpos. De acordo com o que foi apresentado neste capítulo, responda: Como justificar a presença de uma grande concentração de retículo endoplasmático granular (REG) e do complexo golgiense nessas células?

Atividade aplicada: prática

1. Desenhe uma célula animal e indique as principais estruturas e suas funções básicas. Em seguida, escolha três dessas estruturas e pesquise uma função biológica (interesse clínico) com base no papel que exercem na célula.

CAPÍTULO 4

METABOLISMO ENERGÉTICO DA CÉLULA

No interior das células ocorrem transformações químicas com o objetivo de produzir moléculas energéticas que serão utilizadas pela própria célula. Veremos, neste capítulo, como as células produzem a adenosina trifosfato (ATP) por fontes de energia. Esclareceremos, portanto, a importância dessa molécula energética para todos os seres vivos.

Nos organismos pluricelulares complexos, há um consumo exacerbado de energia, razão pela qual os processos de conversão precisam ser eficientes, como os que acontecem nas mitocôndrias e nos cloroplastos. Tanto as mitocôndrias, convertendo a energia derivada de combustíveis químicos, quanto os cloroplastos, que o fazem mediante energia luminosa, produzem grandes quantidades de ATP pelo mecanismo de acoplamento quimiosmótico.

4.1 Estrutura química da molécula de ATP

No citoplasma, parte da energia produzida e liberada da degradação de moléculas orgânicas é, primeiramente, armazenada em moléculas de ATP. Cada molécula de ATP é constituída por um nucleotídio – a adenina ligada ao glicídio ribose e este a uma cadeia de três grupos fosfatos. Para que a energia armazenada na molécula de ATP seja liberada, a ligação entre um dos grupos fosfatos é quebrada por hidrólise, formando o composto adenosina difosfato (ADP) e o grupo fosfato inorgânico (P_i).

As moléculas de ATP são recursos energéticos renováveis. A perda de um grupo fosfato transforma a molécula de ATP em ADP, e esta poderá se ligar a outro grupo fosfato, absorvendo energia e formando ATP novamente.

Figura 4.1 – Ciclo de ATP-ADP

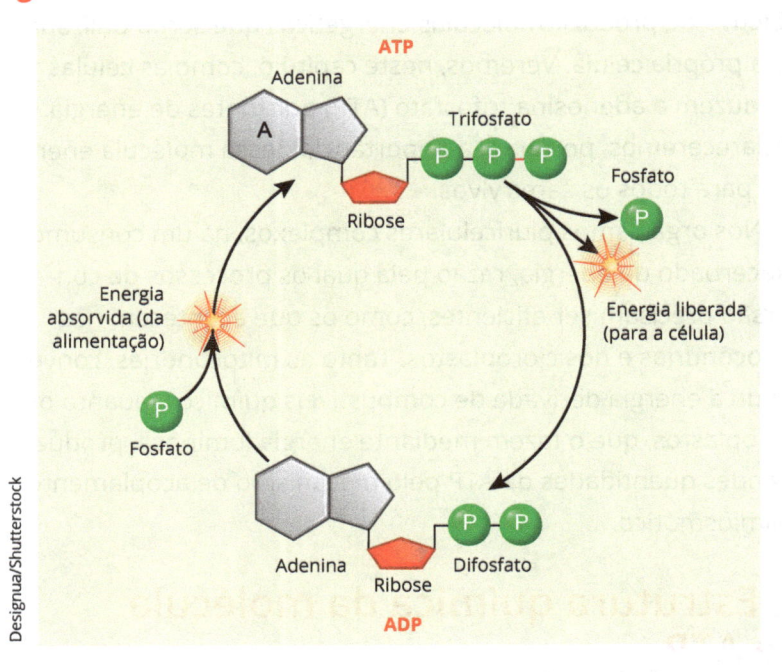

Designua/Shutterstock

As células, para desempenharem suas diferentes funções (movimento, síntese ou transporte de substâncias), são dependentes de energia. A bioenergética é a área de estudos dos diferentes processos de transformação de energia que ocorrem nos organismos. Entre os processos metabólicos importantes para a manutenção da vida estão as reações da fotossíntese e a respiração celular. As reações químicas promovem mudanças em um ou mais reagentes para a formação de novos produtos e moléculas energéticas.

A **hidrólise de ATP** libera energia, fator importante no metabolismo celular, pois as moléculas de ATP são facilmente utilizadas pela célula como fonte de energia, embora não se caracterizem como moléculas estáveis, como o glicogênio e os triglicerídios, por exemplo, que se acumulam no citoplasma das células como reserva de energia. Isso porque as moléculas de ATP vão sendo sintetizadas de acordo com as necessidades do metabolismo celular. Nos animais, as moléculas de ácidos graxos são mais energéticas quando comparadas às de carboidratos, razão pela qual constituem a reserva do organismo.

Cada molécula de glicose pode fornecer à célula um saldo de 32 ATPs. Subtraindo-se um gasto de 2 ATPs, o saldo líquido é de 30 ATPs por glicose, ao passo que um ácido graxo (o ácido palmítico, por exemplo) pode gerar até 108 ATPs. Em um homem adulto, a reserva de ácidos graxos dura semanas, ao passo que o glicogênio é restrito para um dia. No dia a dia, as células utilizam a glicose para a produção de ATP, e o ácido graxo só será requisitado diante da escassez de glicose ou em atividades físicas intensas.

A glicose é requisitada por muitos tipos de células e tecidos como fonte primária para a produção de ATP. As hemácias, por não possuírem mitocôndrias, utilizam a glicose como fonte exclusiva. Os músculos a utilizam em grande quantidade, inclusive quando expostos a atividade intensa. Da mesma forma, o cérebro consome grandes quantidades da glicose sanguínea.

O alto consumo de glicose é possível porque o organismo tem sítios de armazenamento, ou seja, setores responsáveis pela reserva de glicogênio: o músculo e o fígado. O músculo a estoca para as suas necessidades diárias, ao passo que o fígado o faz para a manutenção da glicemia sanguínea, isto é, para o suprimento de todos os tecidos. Tanto no fígado quanto no músculo há enzimas responsáveis pelo metabolismo e pela degradação do glicogênio, como a **glicogênio sintase**, que atua na reserva de glicose das células, e a **glicogênio fosforilase**, responsável pela manutenção do monossacarídio na célula (músculo) ou no sangue (fígado).

Nos seres humanos, os níveis normais de glicose no sangue giram em torno de 90 mg/dl (miligramas por decilitros), ou seja, 5 mM (mmol/L). Quando os níveis glicêmicos estão próximos de 2 mM, as células do cérebro não conseguem mais captar a glicose, razão pela qual, quando a glicemia começa a baixar, outros tecidos deixam de usá-la para que não falte ao cérebro. Em jejuns prolongados, ou por falta do consumo necessário de glicídios, órgãos como o fígado (principalmente) e os rins sintetizam glicose por meio de precursores não glucídicos (lactato, piruvato, glicerol e aminoácidos). Esse processo, chamado *gliconeogênese*, é responsável pela produção de mais de 60% da glicose nas primeiras horas do jejum, assumindo praticamente toda a produção após 46 horas.

Figura 4.2 – Gliconeogênese (via da pentose-fosfato)

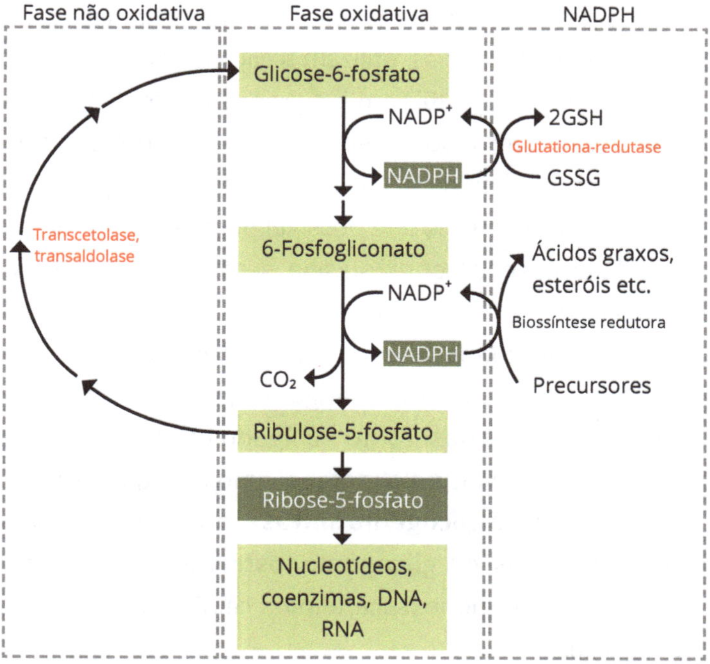

Fonte: Nelson; Cox, 2014, p. 575.

A produção de ATP, pela ação da oxidação de moléculas orgânicas provenientes da alimentação, é um mecanismo que permite que os mais diversos tipos de processos metabólicos ocorram nas células. Entender quais são as vias de produção dessa molécula é uma das propostas deste capítulo, bem como a produção das moléculas orgânicas fundamentais para as vias de oxidação (Alberts et al., 2017).

Os recursos energéticos, mediante os quais a célula pode obter energia, e as maneiras de transformá-la variam bastante de acordo com o organismo.

Primeiramente, gostaríamos de destacar os processos de fotossíntese e respiração celular. O que se verifica é que a célula vegetal, durante o processo de fotossíntese, consegue produzir moléculas orgânicas pela energia luminosa, ao passo que a respiração celular, ao processar a matéria orgânica, produz moléculas energéticas (ATP). No interior da célula, as reações químicas promovem o rearranjo dos átomos em novas moléculas, o que resulta, muitas vezes, na liberação de energia. Essa reação é denominada **exergônica**, e ocorre na respiração celular aeróbica (ou aeróbia) e na fermentação. As reações que envolvem a glicose e o oxigênio, que constituem o principal processo de produção de energia nos seres vivos, são um exemplo de energia exergônica. Em outros casos, a energia externa (do ambiente) é absorvida e armazenada nas ligações químicas de uma nova molécula, de modo a formar uma energia endergônica. Isso é o que acontece com o processo de fotossíntese (Reece et al. 2010; Alberts et al., 2017).

Figura 4.3 – Fotossíntese e respiração celular

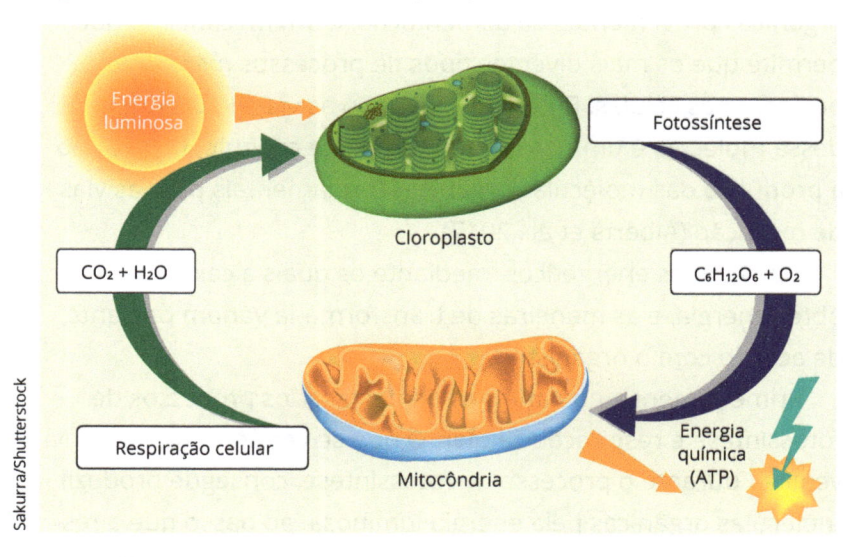

[Figura: ciclo mostrando Cloroplasto recebendo Energia luminosa e $CO_2 + H_2O$, produzindo $C_6H_{12}O_6 + O_2$ (Fotossíntese); Mitocôndria realizando Respiração celular e produzindo Energia química (ATP). Crédito: Sakurra/Shutterstock]

Na Figura 4.3, é possível observar que os produtos das reações da mitocôndria são os reagentes dos cloroplastos e vice-versa. Isto é, normalmente, os produtos originados pelos dois tipos de reações, endergônico e exergônico, passam a ser reagentes na outra reação, o que permite chamar de *conversão de energia* as reações ocorridas, principalmente, em mitocôndrias e cloroplastos.

4.2 Respiração celular

A respiração celular consiste em fenômenos bioquímicos presentes nas células dos seres vivos para a obtenção de energia (ATP), essencial às funções vitais. Esse processo, na maioria dos seres vivos, ocorre com a utilização do oxigênio, mediante **respiração aeróbica** (ou aeróbia). Quando esse gás está ausente, como em alguns tipos celulares, o processo acontece por meio de **respiração anaeróbica** (ou anaeróbia).

Iniciemos com a respiração celular que acontece em células eucariontes na presença de oxigênio, em que a mitocôndria tem papel essencial na produção de moléculas de ATP. No interior das células, uma forma de obter energia se dá pela ocorrência de reações químicas entre as moléculas orgânicas e o oxigênio, que resulta na liberação de calor. Contudo, a simples liberação de calor elevaria a temperatura celular rapidamente e os danos seriam irreversíveis à célula. Isso, no entanto, não ocorre, visto que as células desenvolveram mecanismos para oxidar de forma gradativa os nutrientes, liberando energia, água e dióxido de carbono.

A produção de energia pela ação de moléculas orgânicas acontece em três etapas: glicólise, ciclo de Krebs (também chamado de *ciclo tricarboxílico* ou *ciclo do ácido cítrico*) e fosforilação oxidativa. O primeiro processo é anaeróbio e ocorre no interior do citoplasma; já o segundo acontece nas mitocôndrias com a presença do oxigênio (o ciclo de Krebs se dá na matriz mitocondrial); por fim, a fosforilação oxidativa acontece na membrana interna, precisamente nas cristas mitocondriais.

💡 Curiosidade

O bioquímico alemão Hans Krebs (1900-1981) foi o principal responsável por descrever todo o processo do ciclo do ácido nítrico. Em 1953, ele ganhou o Prêmio Nobel de Fisiologia ou Medicina.

4.2.1 Glicólise

A glicólise (do grego *glykos*, "glicose", e *lysis*, "quebra") consiste em enzimas presentes no citosol que desencadeiam uma sequência de reações químicas, transformando gradualmente as moléculas de glicose em duas moléculas de ácido pirúvico ou piruvato ($C_3H_4O_3$) e quatro moléculas de ATP, com um saldo de duas moléculas e a liberação de elétrons energizados e H^+.

⚠ Importante!

Reação de oxirredução (ou reação redox)

Essa reação compreende dois processos contrários, que contam com transferências de elétrons entre os átomos presentes em determinadas substâncias. A oxidação consiste na perda de elétrons para a outra substância, razão pela qual a carga desta substância fica positiva, aumentando o seu nox (número de oxidação). Já a redução caracteriza-se pelo ganho de elétrons de um elemento químico, com consequente diminuição de seu nox.

Além da produção de ATP, acontece também a troca de energia por transferência de elétrons, em uma reação de oxirredução. A captura desses elétrons energizados e dos íons H^+ é feita por uma molécula complexa, com afinidade pelo íon H^+, chamada de *nicotinamida adenina dinucleotídio* (NAD); dessa maneira, forma-se o $NADH^+$. Embora essa primeira etapa não dependa de oxigênio, se ele estiver presente, as moléculas formadas seguem as rotas metabólicas da respiração aeróbica, que são o ciclo de Krebs e a fosforilação oxidativa.

$C_6H_{12}O_6 + 2ADP + 2Pi + 2NAD^+ \rightarrow 2C_3H_3O_3^- + 2NADH + 2H^+ + 2ATP + 2H_2O$

Glicose   Piruvato   Energia

4.2.2 Ciclo de Krebs e fosforilação oxidativa

O ciclo de Krebs e a fosforilação oxidativa, nos organismos eucariontes, ocorrem no interior da mitocôndria. Nessa rota, há um maior rendimento energético do que na glicólise, sendo produzidas, pelo menos, 32 moléculas de ATP com a oxidação completa da glicose. Para compreender a rota, vamos rever a constituição da mitocôndria, começando pela matriz mitocondrial, que se refere ao espaço interno envolvido por duas membranas.

    Na matriz mitocondrial estão o ácido desoxirribonucleico (DNA) mitocondrial, os ribossomos mitocondriais especiais, o ácido ribonucleico transportador (RNAt) e várias enzimas, entre as quais há aquelas com função de expressão gênica, e aquelas necessárias à oxidação do piruvato ou de ácidos graxos no ciclo do ácido cítrico. As membranas mitocondriais apresentam os mesmos componentes de outras membranas, ou seja, a membrana externa é lisa, bastante permeável a diferentes compostos e conta com enzimas que convertem moléculas lipídicas em compostos que podem ser metabolizados na matriz (Reece et al. 2010; Alberts et al., 2017). A membrana mitocondrial interna, por sua vez, apresenta numerosas dobras, denominadas de *cristas mitocondriais*, importantes no aumento da área de atuação das diferentes proteínas. Basicamente, cada grupo proteico dessa membrana desenvolve uma função importante: há proteínas que conduzem as reações de oxidação da cadeia respiratória; as proteínas ATP-sintase se responsabilizam pela produção de ATP na matriz; e as proteínas transportadoras específicas atuam na regulação da passagem de metabólitos para dentro ou para fora da matriz mitocondrial, conforme demonstra a Figura 4.4 (Reece et al. 2010; Alberts et al., 2017).

Figura 4.4 – Componentes da mitocôndria

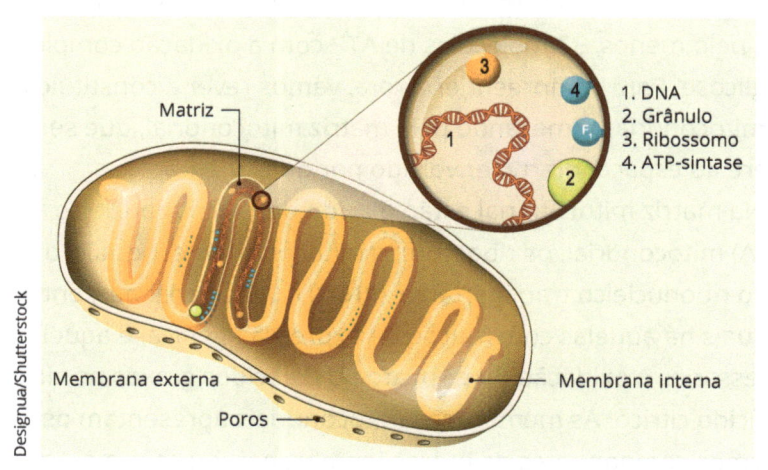

1. DNA
2. Grânulo
3. Ribossomo
4. ATP-sintase

Matriz

Membrana externa
Poros
Membrana interna

Designua/Shutterstock

Os componentes formados no citoplasma da célula, na primeira etapa, como a glicólise, atravessam a membrana externa da mitocôndria, alcançando o espaço intermembranas. Ao atravessar a membrana interna, alcançam a matriz mitocondrial. As duas moléculas de piruvato são transportadas do citoplasma para o interior da matriz mitocondrial, e cada uma encontra um complexo enzimático, o "complexo piruvato desidrogenase", que converte a molécula em acetilcoenzima A (acetil CoA).

$C_3H_3O_3^-$ + CoA → C_2H_3O-CoA + CO_2
Piruvato   Coenzima A   Acetilcoenzima A   Dióxido de carbono

Com a formação da acetil CoA, inicia-se o ciclo de Krebs. Essa rota corresponde a dois terços da oxidação total de compostos orgânicos, tendo início quando a acetil CoA reage com um composto de quatro carbonos, o oxalacetato, originando o ácido cítrico de seis carbonos e passando por sete reações enzimáticas subsequentes, que resultam na remoção de dois carbonos na forma de CO_2 e na volta da molécula de oxalacetato, a qual reinicia o ciclo.

No final do ciclo, o resultado são as desidrogenações (retirada de hidrogênios), as descarboxilações (retirada de dióxido de carbônico) e a liberação de prótons e elétrons que promovem a formação de moléculas de ATP. A importância de toda essa rota metabólica está na extração de elétrons de alta energia e de H^+, que serão prontamente capturados pelo NAD^+, transformando-se em NADH; e de outro complexo presente na mitocôndria, a flavina-adenina dinucleotídio (FAD), que rapidamente se converte em $FADH^+$ (Figura 4.5). Em cada ciclo são formados três NADH e um $FADH^+$, os quais direcionam-se ao espaço intermembranas e entram na última rota da cadeia respiratória.

Figura 4.5 – Infográfico do Ciclo de Krebs

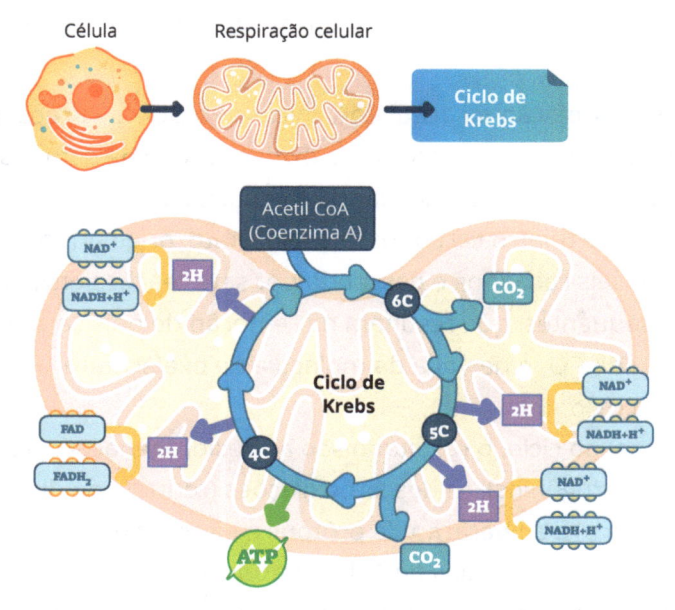

O piruvato e o ácido graxo, ao entrarem na mitocôndria, são inicialmente degradados a acetil CoA, que é metabolizada no ciclo do ácido cítrico, produzindo NADH e FADH$^+$.

❓ Curiosidade

Mitocôndrias da gordura marrom – máquinas geradoras de energia

Animais que hibernam (e os recém-nascidos) possuem tecidos denominados *gordura marrom*. Nesses tecidos, as mitocôndrias oxidam a maior parte da energia, liberando-a na forma de calor, e não na produção de ATP. Isso é possível porque nas membranas internas da organela há uma proteína transportadora que promove o movimento dos prótons a favor de seu gradiente sem acionar a ATP-sintase. Os estoques de gordura rapidamente são oxidados e, por isso, são importantes para reanimar animais que estão hibernando e para proteger áreas sensíveis de recém-nascidos.

A síntese da maior parte da ATP acontece na terceira rota, na fosforilação oxidativa, quando os elétrons de alta energia são transferidos para o oxigênio na cadeia respiratória da membrana interna, promovendo a produção de ATP pelo mecanismo quimiosmótico (*quimio* de "processos químicos", e *osmótico* do grego *osmos*, "empurrar"). Em síntese, o processo acontece à medida que os transportadores de H^+ (NADH e $FADH^+$) passam pela cadeia respiratória na membrana mitocondrial interna e liberam energia de uma molécula carreadora para outra próxima, o que promove o bombeamento de H^+ (prótons) presentes na matriz mitocondrial para o espaço intermembranas.

No espaço intermembranas, o acúmulo de H^+ gera um gradiente eletroquímico de prótons, o qual promove o refluxo de H^+ a favor do gradiente pela ATP-sintase da membrana interna, responsável por catalisar a reação entre as moléculas ADP e Pi, transformando-as em ATP e, consequentemente, completando a fosforilação oxidativa. Os elétrons são transferidos do NADH para o oxigênio mediante três grandes complexos enzimáticos, formando água, como veremos ainda neste capítulo.

Dois processos importantes ocorrem na membrana interna da mitocôndria: a cadeia transportadora de elétrons (ou cadeia respiratória) e a fosforilação oxidativa. A cadeia transportadora de elétrons apresenta ao todo 40 proteínas diferentes, organizadas em três grandes complexos enzimáticos, responsáveis pela transferência de elétrons ao longo da cadeia. A transferência se inicia quando o NADH doa o seu par de elétrons para o primeiro aceptor de elétrons e este o passa para o seguinte, e assim por diante. A passagem dos elétrons faz com que percam energia gradativamente, o que promove a reação com o gás oxigênio e a produção da molécula de água (Figura 4.6). O gás oxigênio participa efetivamente da respiração celular nessa última etapa, num processo denominado *fosforilação oxidativa*, pois o último agente oxidante é o oxigênio.

Figura 4.6 – Complexo enzimático ATP-sintase

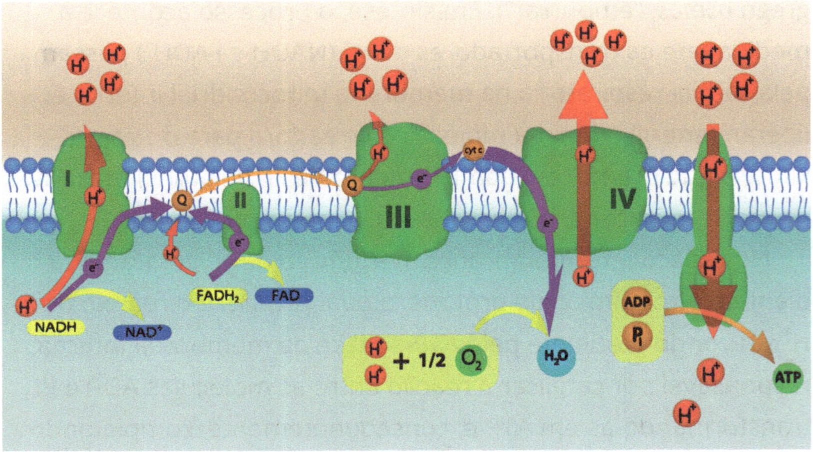

extender_01/Shutterstock

A transferência de elétrons depende da quantidade de ADP na matriz para que seja realizada a conversão em ATP. Portanto, o controle da fosforilação oxidativa obedece à lei de oferta e procura, pois, se a célula diminui o gasto energético (de ATP), ela terá menos ADP, o que promove o decréscimo no fluxo de elétrons.

4.3 Fermentação

Nos organismos com **respiração celular anaeróbica**, como alguns seres procariontes, o aceptor final de elétrons não é o oxigênio, e sim outros elementos, como o nitrogênio e o enxofre. Neles a glicólise acontece no citosol, ao passo que o ciclo de Krebs e a cadeia respiratória ocorrem em dobras da membrana celular, denominadas *mesossomos*. Outra particularidade da respiração anaeróbica é a menor afinidade dos aceptores de elétrons, o que resulta em uma **produção menor de energia**.

A fermentação é um dos processos mais antigos na Terra, em que organismos como fungos e bactérias, que precisam de pouca energia, usam processos em que a célula não utiliza o oxigênio na oxidação de moléculas orgânicas para a produção de ATP. Sendo assim, os hidrogênios retirados da molécula de glicose não são encaminhados ao oxigênio para a formação da água, acumulando-se no citosol, podendo originar substâncias residuais, como o álcool (etanol) na fermentação alcoólica, o ácido lático na fermentação lática e o ácido acético na fermentação acética. Os organismos anaeróbios obrigatórios são aqueles que só utilizam a respiração celular anaeróbica ou a fermentação como processo para a obtenção de energia. A bactéria *Clostridium tetani*, causadora do tétano, é um exemplo de organismo anaeróbio obrigatório ou estrito (Reece et al., 2010).

Na fermentação, o processo de glicólise libera duas moléculas de ácido pirúvico, íons hidrogênio e quatro moléculas de ATP, com um saldo positivo de duas moléculas de ATP, pois as outras duas são gastas para iniciar o processo. Esse processo de glicólise é muito semelhante àquele que acontece na respiração celular, embora existam algumas divergências.

Na **fermentação alcoólica**, o ácido pirúvico originado da quebra da molécula de glicose recebe os elétrons e os hidrogênios do NADH e sofre descarboxilação (perda de CO_2), convertendo-se em álcool etílico. Esse processo é realizado por alguns tipos de leveduras (fungos), como as do gênero *Saccharomyces*, que, ao fermentar açúcares de frutas e sementes, geram bebidas alcóolicas (vinho, cerveja, saquê etc.).

Na **fermentação lática**, o próprio piruvato é o aceptor final de elétrons e dos H^+, convertendo-se em ácido lático sem a formação de CO_2. Esse tipo de fermentação é realizada por micro-organismos como bactérias, fungos e protozoários ou por células musculares, quando há atividade física intensa e quando a respiração aeróbica não dá conta de suprir a necessidade energética. Podemos citar como exemplo as bactérias do gênero *Lactobacillus*, utilizadas na indústria alimentícia para a produção dos derivados de leite (queijo, coalhada, iogurte), processo no qual a lactose é quebrada em ácido lático.

4.4 Cloroplasto e fotossíntese

O cloroplasto é a organela citoplasmática especializada na fotossíntese. Contudo, as cianobactérias, organismos procariontes, também são capazes de realizar a fotossíntese no interior de seu citoplasma. Acredita-se que a evolução das cianobactérias pelas bactérias fotossintetizantes foi fundamental para o surgimento de seres aeróbios. Em resumo, a fotossíntese consiste na conversão de energia luminosa em energia química, processo no qual o carbono é fixado em moléculas orgânicas. Além da molécula orgânica, como a glicose, utilizada como alimento pelos seres vivos, no processo biológico há a produção de oxigênio, essencial para os organismos aeróbios. O elemento carbono, presente principalmente no dióxido de carbono (CO_2), faz parte do corpo dos seres vivos (como componente de estruturas fundamentais; por exemplo, de moléculas de carboidratos, proteínas, lipídios e ácidos nucleicos), dos combustíveis fósseis e da atmosfera.

⚠ Fique atendo!

O efeito estufa, fenômeno importante na manutenção da temperatura média do planeta, tem colapsado a atmosfera em razão do aumento da produção e da liberação de CO_2 por atividades humanas, gerando impactos nos ecossistemas e afetando diversos organismos.

A célula que realiza o processo de fotossíntese é capaz de produzir pigmentos que absorvem a energia luminosa. Os pigmentos que participam da fotossíntese são a **clorofila**, vital para o processo; e os **carotenoides**, considerados acessórios no processo, uma vez que são incapazes de desencadear as reações fotossintéticas. Os pigmentos de clorofila apresentam variações quanto à absorção da luz em relação ao comprimento de ondas. A **clorofila a** absorve a luz nas faixas do vermelho ao violeta e reflete a luz verde, ao passo que a **clorofila b** e os pigmentos carotenoides são considerados acessórios importantes na fotossíntese, pois ampliam o espectro de luz captada e aumentam a conversão de energia na clorofila *a* (Raven; Evert; Eichhorn, 1996).

Compreender a constituição do cloroplasto faz com que as reações químicas e os elementos utilizados no processo de fotossíntese fiquem mais evidentes, a começar pela presença de duas membranas lipoproteicas (uma interna e outra externa), similares a outras membranas, como visto em mitocôndrias.

A membrana externa apresenta porinas, proteínas semelhantes às existentes em mitocôndrias, as quais permitem a passagem livre de pequenas moléculas. Já a membrana interna é extremamente seletiva, visto que, para ultrapassá-la, íons e metabólitos precisam de transportadores específicos. O interior da organela apresenta uma matriz amorfa, denominada **estroma**, rica em proteínas, moléculas circulantes de DNA e ribossomos (Raven; Evert; Eichhorn, 1996).

Figura 4.7 – Componentes do cloroplasto

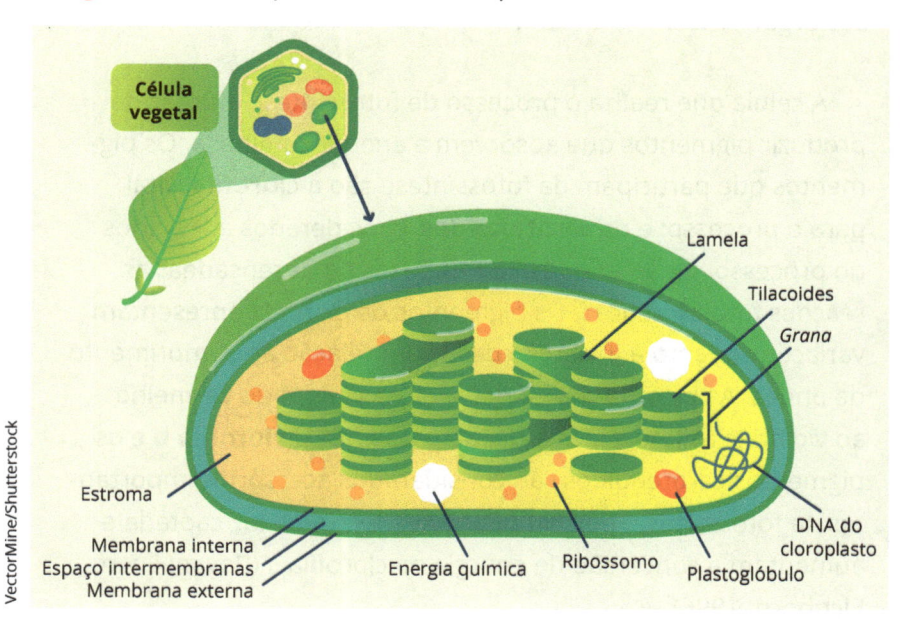

A **membrana interna** (ou membrana de tilacoides) é composta por uma série de vesículas achatadas (lamelas), que formam pilhas de lamelas discoides, semelhantes a uma pilha de moedas, denominadas *grana*, as quais preenchem o interior do cloroplasto. Os discos de tilacoides comunicam-se entre si formando o lúmen de tilacoides, no qual estão presentes os **pigmentos de clorofila** e outros pigmentos que participam do processo de fotossíntese, na **etapa fotoquímica**. Os pigmentos fotossintetizantes ligados a proteínas e a lipídios especiais de membrana dos tilacoides formam os fotossistemas (FS). Os fotossistemas são responsáveis pela captação da energia luminosa e pela conversão em formas de energia utilizável. Para isso, apresentam dois componentes interligados: o **complexo antena** é responsável pela captação de energia luminosa e pela transferência de elétrons ao **centro de reação**, onde será convertida em energia química. O complexo antena consiste em um aglomerado de várias moléculas de clorofila unidas a proteínas que funcionam de maneira integrada, pois, quando uma molécula de clorofila é excitada, passa sucessivamente a outras até encontrar o centro de reação.

Há dois tipos de fotossistemas (FSI e FSII) responsáveis pelo transporte de elétrons, cada um com um par diferente de clorofila. No primeiro, há moléculas de clorofila do tipo *a*, conhecidas como P_{700} – o *P* se refere ao pigmento, ao passo que o número (700 nm) diz respeito ao pico ótimo de absorção do comprimento de onda da luz. No segundo, o pico máximo de absorção da onda de luz é de 680 nm, portanto, P_{680}. O processo de fotossíntese tem início quando a energia da luz entra no FSII por meio do seu complexo antena e passa para o seu centro de reação, promovendo a excitação das moléculas de clorofila e a passagem do seu elétron energizado para um aceptor de elétrons. A transferência de elétrons entre as moléculas de clorofila para aceptores promove "o sequestro" de elétrons da molécula de água pela clorofila P_{680}. Essa reação ocorre num processo denominado **fotólise da água** (do grego *photos*, "luz", e *lyse*, "quebra"), com base no qual a água se decompõe em prótons (íons H^+), elétrons (e^-) e oxigênio. Quando quatro elétrons de duas moléculas de água são liberados, acontece a união de dois átomos de oxigênio e a produção do gás oxigênio, o qual será liberado (Alberts et al., 2017).

Os elétrons captados pelo FSII deslocam-se até o FSI mediante uma cadeia transportadora de elétrons, sendo transferidos de um aceptor para outro até chegar ao último aceptor de elétrons no cloroplasto, o $NADP^+$. A energia dos elétrons, ao passar pelas cadeias transportadoras, força a saída dos prótons (H^+) do estroma para o lúmen dos tilacoides, promovendo a formação de um gradiente de concentração. Na medida em que os H^+ vão se acumulando na região, tendem a fundir-se de volta no estroma, embora precisem fazê-lo por intermédio de uma proteína transportadora, a ATP-sintase, o que proporciona a formação de moléculas de ATP por meio de ADP + Pi, num processo denominado **fotofosforilação**.

Na etapa fotoquímica, vista até aqui, acontece um fluxo contínuo de elétrons, presentes na molécula de água, para o FSII. Na sequência, o FSII o encaminha para o FSI, e este para o aceptor final $NADP^+$, resultando na produção de moléculas de NADPH e ATP, armazenadas para serem utilizadas na etapa química, bem como na produção de gás oxigênio como produto secundário.

Figura 4.8 – As duas etapas da fotossíntese

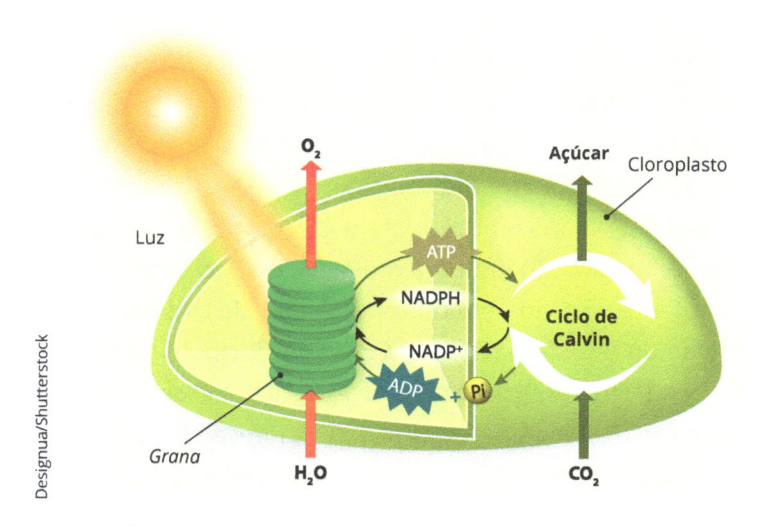

As reações da segunda etapa da fotossíntese, denominada **etapa química**, são independentes de luz, embora dependentes dos produtos originados na etapa fotoquímica. As moléculas de ATP e NADPH são usadas nas reações de síntese que acontecem no estroma dos cloroplastos ou no citosol das bactérias fotossintetizantes (Alberts, et al., 2017; Raven; Evert; Eichhorn, 1996). Nessa etapa, um conjunto de reações químicas promove a fixação do átomo de carbono do dióxido de carbono em hidrogênios trazidos pelos NADPH, sintetizando as moléculas orgânicas (como a glicose) e as novas moléculas de água. A fixação do carbono na fotossíntese ocorre por intermédio de uma série de reações químicas, conhecidas como *ciclo das pentoses* ou *ciclo de Calvin-Benson*, em homenagem aos pesquisadores Melvin Calvin (ganhador do Prêmio Nobel de Química de 1961) e Andy Benson, responsáveis por elucidar todo o processo.

O **ciclo de Calvin-Benson** é semelhante ao ciclo de Krebs, em que o composto inicial, ao final do ciclo, é regenerado. Nesse caso, o composto inicial (e final) é um açúcar de cinco carbonos com dois grupos fosfato, denominados *ribulose-1,5-bifosfato* (RuBP). O início do ciclo começa com a fixação do carbono do CO_2 na RuBP pela ação da enzima chamada *rubisco*, sendo necessárias seis voltas no ciclo para a introdução de seis átomos de carbono, resultando em uma molécula de seis carbonos que imediatamente se divide em duas moléculas de três carbonos, o gliceraldeído-3-fosfato (G3P). O G3P é o principal produto dessa etapa (Figura 4.9), não sendo, portanto, a glicose, como normalmente ocorre (Alberts, et al., 2017; Reece et al., 2010).

O composto de G3P do cloroplasto apresenta duas vias de utilização. Na primeira, a molécula deixa o estroma e passa para o citoplasma, onde é rapidamente convertida em glicose-1--fosfato e frutose-6-fosfato, formando o dissacarídio sacarose (glicose + frutose), e constituindo o principal glicídio de transporte das plantas. A parte da triose (G3P) que permanece no estroma do cloroplasto é convertida em amido (principal carboidrato de reserva) durante o dia; à noite, é transformada em sacarose para ser exportada às outras partes da planta. Quando enviada ao citoplasma da célula, a triose pode ser utilizada na síntese de outros compostos, como aminoácidos, látex e celulose, ou entrar direto na via da glicólise, produzindo piruvato, o qual será utilizado pelas mitocôndrias na produção de ATP. Os cloroplastos, em seu estroma, utilizam o G3P para a síntese de aminoácidos, lipídios, componentes lipídicos de membrana e pigmentos fotossintetizantes, processos que também consomem NADPH e ATP (Alberts, et al., 2017; Reece et al., 2010).

Figura 4.9 – Ciclo de Calvin-Benson

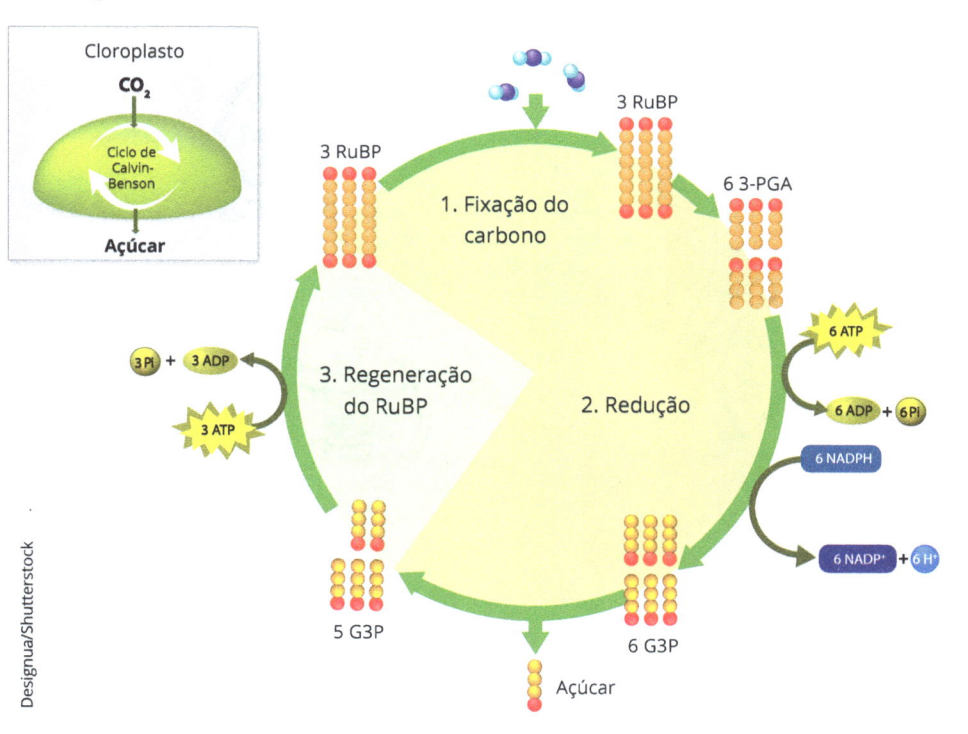

A Figura 4.9 ilustra o ciclo iniciando-se com a enzima catalisadora rubisco fixando o átomo de carbono, oriundo da molécula de CO_2, na RuBP. A cada seis voltas completas formam-se duas moléculas do principal produto, o G3P, que será utilizado na síntese de açúcares, amidos e outras moléculas. A energia que movimenta o processo, como evidenciado, vem do ATP e do NADPH formados nas reações dependentes de luz.

Em síntese, os produtos direto e indireto da (Figura 4.10) garantem aos organismos autótrofos a obtenção de nutrientes e compostos orgânicos, e a absoluta maioria dos seres heterótrofos depende dessas substâncias orgânicas para sobreviver.

Figura 4.10 – Fotossíntese

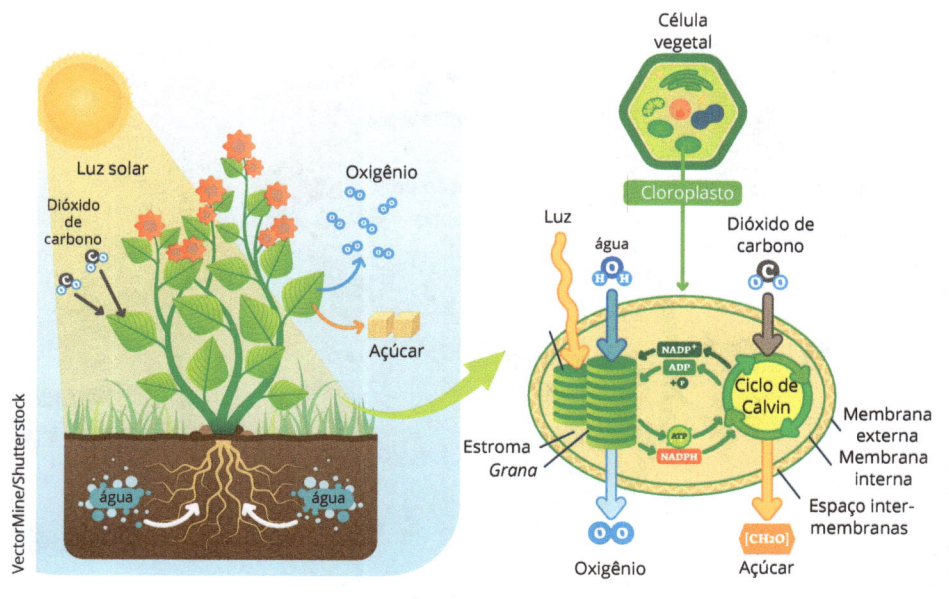

A Figura 4.10 apresenta o processo de fotossíntese, no qual a planta absorve o CO_2 através dos estômatos (presentes nas folhas). O CO_2 será fixado na etapa química, nos átomos de H provenientes da molécula de água, quebrada na etapa fotoquímica, resultando na liberação das moléculas de gás oxigênio, conforme explicado anteriormente.

4.5 Quimiossíntese

A quimiossíntese é realizada por organismos autotróficos do Reino Monera (certas bactérias e as arqueas) que vivem em ambientes pobres em oxigênio e utilizam a energia proveniente da oxidação de moléculas inorgânicas, o carbono e a água, para a síntese de moléculas orgânicas. Muitos dos organismos quimiossintetizantes são encontrados em ambientes extremos, onde a temperatura, a pressão e a salinidade, por exemplo, são condições incompatíveis com a vida da maioria dos organismos. Esses micro-organismos, denominados *extremófilos*, podem ser encontrados em fontes termais, onde produzem matéria orgânica com enxofre ou amoníaco.

No solo, as nitrobactérias promovem a oxidação do nitrogênio, importante para a sobrevivência de plantas e animais. Já no tratamento de esgoto ou no intestino de mamíferos, há bactérias produtoras de metano.

Na quimiossíntese, a produção de energia tem início com a oxidação da molécula inorgânica, que promove a formação de ATP pela ação da fosforilação; em seguida, os elétrons e prótons são encaminhados às reações seguintes pelo NADPH. Essas reações são semelhantes às do ciclo de Calvin-Benson, em que o ATP e o NADPH, utilizados para a produção da molécula, se organizam pela redução de CO_2.

⚠ Importante!

Os organismos que realizam a quimiossíntese são adaptados a circunstâncias que podem ter sido comuns há bilhões de anos. Isso levou alguns cientistas a considerarem esses organismos descendentes diretos dos primeiros habitantes vivos da Terra.

Síntese

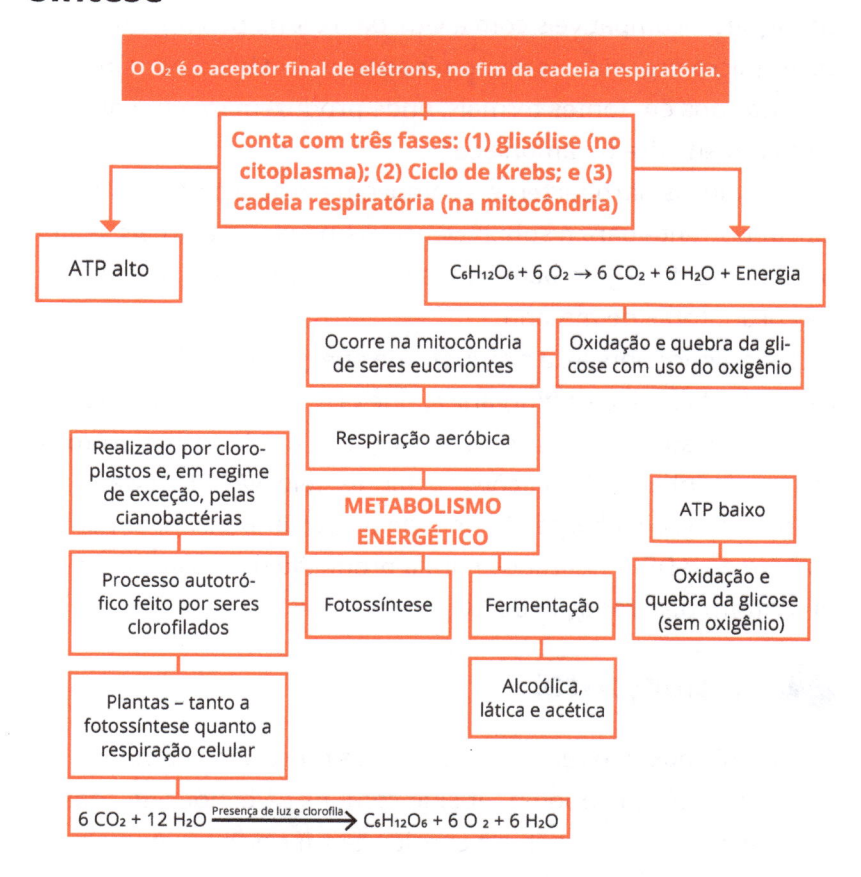

O O₂ é o aceptor final de elétrons, no fim da cadeia respiratória.

Conta com três fases: (1) glisólise (no citoplasma); (2) Ciclo de Krebs; e (3) cadeia respiratória (na mitocôndria)

ATP alto

$C_6H_{12}O_6 + 6 O_2 \rightarrow 6 CO_2 + 6 H_2O + Energia$

Ocorre na mitocôndria de seres eucoriontes

Oxidação e quebra da glicose com uso do oxigênio

Realizado por cloroplastos e, em regime de exceção, pelas cianobactérias

Respiração aeróbica

METABOLISMO ENERGÉTICO

ATP baixo

Processo autotrófico feito por seres clorofilados

Fotossíntese

Fermentação

Oxidação e quebra da glicose (sem oxigênio)

Alcoólica, lática e acética

Plantas – tanto a fotossíntese quanto a respiração celular

$6 CO_2 + 12 H_2O \xrightarrow{\text{Presença de luz e clorofila}} C_6H_{12}O_6 + 6 O_2 + 6 H_2O$

Atividades de autoavaliação

1. Entre os processos biológicos, quais estão diretamente relacionados com a produção de energia? Marque a alternativa correta.

    A Fotossíntese e osmose.
    B Osmose e respiração celular.
    C Digestão e fotossíntese.

- D Fotossíntese e respiração celular.
- E Osmose e difusão.

2. As mitocôndrias, os cloroplastos, bem como a maioria das bactérias, apresentam um mecanismo de acoplamento quimiosmótico, que consiste:

- A na produção de moléculas de ATP mediante a formação de um gradiente de prótons (H^+), originado nas organelas ou no citosol de bactérias. Nesse processo, há a passagem de íons pela membrana, e o refluxo do H^+ aciona a proteína de canal ATP-sintase para a formação de ATP por ADP + Pi.
- B nos dois fotossistemas que estão ligados na transferência de elétrons de água para o $NADP^+$, formando o NADPH e, consequentemente, o gradiente eletroquímico de prótons.
- C nas reações químicas ocorridas no ciclo do ácido cítrico ou no ciclo de Krebs, que terminam com a passagem de elétrons com alta energia para a cadeia respiratória presente na matriz das mitocôndrias.
- D na formação dos NAD^+ e FAD^+, responsáveis pela produção dos prótons e pela transferência destes através da membrana para a formação de moléculas de água.
- E na produção de ATP por meio de fontes de energia – quimiossíntese ou fotossíntese.

3. O processo de respiração celular e a fotossíntese são responsáveis, respectivamente:

- A pela síntese de moléculas orgânicas altamente energéticas e pela produção de ATP.
- B pela liberação de energia para as funções vitais da célula e pela produção de substâncias orgânicas mediante a

fixação de carbonos da molécula de CO_2 no H da molécula de água.

C) pela produção de ATP com base nos fotossistemas I e II e pela produção de gás oxigênio por meio de hidrólise nos tilacoides.

D) pela reação química que ocorre nas cristas mitocondriais, formando o CO_2, e pela captação de energia luminosa através do complexo de antena.

E) pela síntese do NADP e pela síntese do FAD.

4. Tendo em vista a etapa de glicólise, analise as afirmativas a seguir.

I) A glicólise é um processo que acontece na ausência do gás oxigênio, tanto em células eucariontes quanto em células procariontes.

II) A quebra da glicose forma duas moléculas de ácido pirúvico, quatro moléculas de ATP e duas moléculas de NADH.

III) Entre as quatro moléculas de ATP, o salto positivo é de dois, pois as outras duas moléculas são gastas no processo.

IV) O transportador de prótons utilizado nessa etapa é o NAD^+.

Está correto apenas o que se afirma em:

A) I e IV.
B) I, II e IV.
C) I, II e III.
D) III e IV.
E) I, II, III e IV.

5. Considere as afirmativas a seguir referentes ao processo de respiração celular.

   I) A respiração celular em células eucariontes ocorre nas mitocôndrias, onde sucessivas reações de oxidação convertem as moléculas de glicose em um número bem maior de moléculas de ATP.
   II) A transformação da glicose ocorre em três etapas: glicólise, ciclo de Krebs e fosforilação oxidativa. A primeira acontece no citosol, e as outras duas, na mitocôndria.
   III) O ciclo de Krebs ocorre na matriz mitocondrial, ao passo que a fosforilação oxidativa acontece nas cristas mitocondriais.
   IV) A fosforilação oxidativa consiste na produção de ATP por um complexo enzimático denominado *ATP-sintase*.
   V) No ciclo de Krebs, cada molécula de ácido pirúvico será degradada por um conjunto de proteínas, liberando o CO_2 e os NADH e $FADH_2$.

   Está correto apenas o que se afirma em:

   A I, II e V.
   B II, III, IV e V.
   C I, II, III, IV e V.
   D I, II, III e V.
   E II e IV.

6. Sobre a respiração celular, é correto afirmar que:

   A só acontece em organismos eucariontes na presença de mitocôndrias.
   B só acontece em animais, visto que as plantas realizam outro processo: a fotossíntese.

C a glicólise é um processo anaeróbio e ocorre tanto em célula procarionte quanto eucarionte.
D pode acontecer em células de animais e plantas, pois estas apresentam mitocôndrias, mas não acontece em bactérias, visto que são seres procariontes.
E ocorre no interior das células com alto gasto energético.

7. Considere as afirmativas a seguir referentes ao processo de fotossíntese.

   I) A etapa fotoquímica ocorre nos tilacoides do cloroplasto e consiste na captação de energia luminosa pelas moléculas de clorofila.
   II) Os fotossistemas são complexos multiproteicos associados à clorofila, os quais se organizam em um centro de reações rodeado por outro responsável por coletar a luz, denominado *complexo de antena*.
   III) Nos fotossistemas ocorre o processo de hidrólise, em que a água é fonte de H para a síntese de $NADPH_2$ e de O_2, o qual será liberado.
   IV) Nas reações químicas do estroma, o CO_2 é fonte de carbono para a síntese de molécula orgânica, processo em que, como produto secundário, ocorre a produção de O_2.

   Está correto apenas o que se afirma em:
   A I, II e IV.
   B I, III e IV.
   C II, III e IV.
   D I, II e III.
   E I, II, III e IV.

8. A fotossíntese acontece em duas etapas: a fotoquímica e a química. Na primeira etapa, não ocorre a fixação de:

   A ATP.
   B NADPH.
   C O_2.
   D CO_2.
   E hidrólise.

9. Analise a seguinte afirmação: "Um organismo X apresenta dois processos importantes para a conversão de uma energia em outra. O organismo Y apresenta apenas um tipo de processo para a obtenção de energia".

   Agora, assinale a alternativa correta.

   A O organismo X é uma planta ou alga, visto que é capaz de fazer a fotossíntese e a respiração celular, ao passo que o organismo Y é um animal, visto que realiza respiração celular e não tem cloroplasto em suas células.
   B O organismo X pode ser um fungo, pois realiza o processo de respiração celular e fermentação, produzindo álcool etílico.
   C O organismo X é uma bactéria, porque apresenta respiração celular e fermentação láctica, ao passo que o organismo Y é uma planta, pois faz fotossíntese.
   D O organismo X é uma bactéria, pois pode realizar dois tipos de fermentação, a láctica e a alcoólica, ao passo que o organismo Y é uma planta, visto que realiza a respiração celular.
   E O organismo X é um animal, pois desempenha os processos de glicólise e cadeia respiratória, e o organismo Y é uma alga, pois realiza fotossíntese.

10. Em determinado experimento, uma planta fica exposta à luz solar por certo período, porém não recebe o suprimento de CO_2. Num segundo período, ela é colocada em uma área com ausência total de luz, mas com o suprimento de CO_2. Sobre os resultados coletados em cada período, é correto afirmar:

A No primeiro período ocorre a liberação de O_2 para o ambiente, ao passo que, no segundo, acontece a fotólise ou hidrólise (quebra da molécula de água).

B No primeiro período acontece a síntese de O_2 pela hidrólise, e, no segundo, os H^+ capturados pelos NAD^+ e FAD^+ são encaminhados para o citosol da célula.

C Os $NADPH^+$ formados no primeiro período serão utilizados no segundo período, inicialmente aumentando a produção de moléculas orgânicas, e cessando o processo quando a concentração de H^+ decair.

D A primeira etapa vai acontecer, visto que há luz. Contudo, a segunda não poderá ocorrer, mesmo com a inserção de CO_2, pois todas as etapas da fotossíntese são dependentes de luminosidade.

E Na primeira etapa não acontece reação alguma, e somente na segunda, com a inserção do CO_2, é possível dar início ao processo.

11. No meio ambiente, existem bactérias que usam compostos nitrogenados, as nitrobactérias, e outras que oxidam o ferro, as ferrobactérias, para a produção de energia. As bactérias citadas produzem energia com base no processo de:

A fotossíntese, pois, pela ação desses compostos inorgânicos, são capazes de produzir a matéria orgânica.

B fermentação, visto que o nitrogênio e o ferro são utilizados para a fermentação alcoólica.

- **C** quimiossíntese, representado por organismos autotróficos capazes de produzir a matéria orgânica mediante compostos inorgânicos de nitrogênio e de ferro.
- **D** quimiossíntese, processo realizado por bactérias, fungos e protozoários que utilizam essas moléculas inorgânicas na produção de energia e de resíduos como álcool e ácido lático.
- **E** osmose, com base no qual as bactérias realizam a fermentação lática após a produção lática de ATP.

12. Sobre os processos fermentativos, assinale a alternativa correta.

- **A** A fermentação é o processo de produção de energia específico das bactérias, as quais apresentam mecanismos celulares eficientes na produção de quantidades expressivas de ATP.
- **B** A fermentação lática é um processo anaeróbio realizado exclusivamente por fungos, e a indústria a utiliza para a produção dos produtos derivados do leite.
- **C** Na fermentação alcoólica, a matéria orgânica é quebrada parcialmente, liberando ATP e NADPH no processo de glicólise, os quais serão utilizados em reações subsequentes para formar etanol e CO_2.
- **D** A fermentação lática consiste na produção do ácido lático pela ação do ácido pirúvico e do resíduo de CO_2.
- **E** A fermentação lática é exclusiva de bactérias do leite, as quais não sobrevivem fora desse tipo de componente.

Atividades de aprendizagem

Questões para reflexão

1. Os povos antigos desconheciam os processos pelos quais alguns fungos e bactérias produzem energia, mas utilizavam-nos na produção de alguns tipos de alimentos. Os povos pré-históricos iniciaram a produção de pão há cerca de 10.000 anos, processo sobre a qual há registros arqueológicos de diferentes culturas. O costume era guardar uma pequena parte da massa fresca, deixando-a azedar, para, posteriormente, misturá-la na próxima massa fresca, procedimento que garantia o crescimento do pão. De acordo com o que você aprendeu neste capítulo, explique esse processo milenar em que micro-organismos são utilizados na produção de diversas massas.
2. Por muitos anos, acreditou-se que o oxigênio produzido no processo de fotossíntese viesse da molécula de dióxido de carbono. Analise a imagem a seguir e responda: Como ocorre a produção de oxigênio? Quais os eventos oriundos dessa reação?

Figura A – Representação da fotossíntese

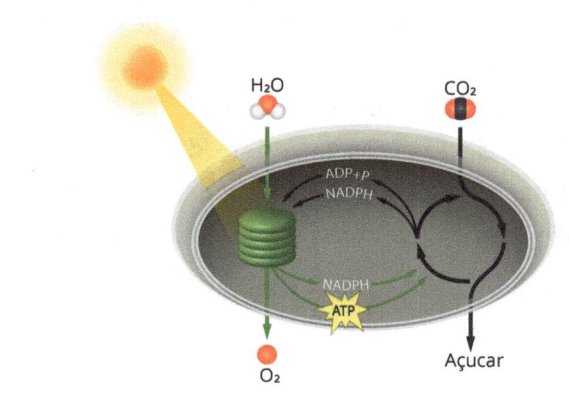

Aldona Griskeviciene/Shutterstock

Atividade aplicada: prática

1. As mitocôndrias apresentam uma importante função no metabolismo da maioria das células eucariontes, assim como o gás oxigênio. Pesquise qual substância ou quais outros gases podem prejudicar a vida mediante interações ou comprometimento da atividade das mitocôndrias.

CAPÍTULO 5

NÚCLEO CELULAR

O núcleo é o principal componente de células eucariontes, e concentra o maior volume de material genético. Ele é responsável pelo armazenamento das características hereditárias do organismo e das informações referentes à função e à estrutura da célula, bem como pelo controle do metabolismo celular mediante os processos de transcrição e tradução.

No núcleo, as moléculas de ácido desoxirribonucleico (DNA) associadas a proteínas são chamadas de *cromatina* (do grego *Khroma*, "cor"). Isso porque, ao se usar um corante, como o azul de metileno, porções do núcleo se coram e tornam-se visíveis ao microscópio óptico. Quando a célula não está em um processo de divisão celular, o que se verifica em seu interior é uma intensa atividade metabólica, período denominado *interfase*. O núcleo interfásico apresenta uma região chamada *nucléolo*, responsável pela produção dos ribossomos e pela cromatina, ambos mergulhados em um fluido similar ao citosol, o **nucleoplasma** (Figura 5.1). Uma célula em divisão celular faz com que a cromatina (DNA + proteínas) sofra um processo de condensação, responsável por formar os cromossomos.

Figura 5.1 – Imagem de microscopia eletrônica de transmissão (núcleo interfásico em destaque)

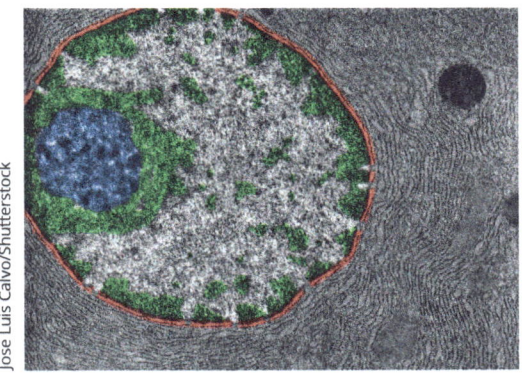

Neste capítulo, abordaremos, portanto, os componentes do núcleo interfásico e sua participação na atividade de síntese proteica, bem como a compactação do DNA em cromossomos.

5.1 Núcleo interfásico

A presença de um núcleo distingue uma célula eucarionte de uma célula procarionte. É no interior dele que se encontra a maior porção do material genético, organizado em DNA. Uma pequena fração de DNA está fora do núcleo, sendo encontrada no interior das mitocôndrias e dos cloroplastos, como já mencionado no Capítulo 4.

O núcleo pode variar de tamanho, forma e localização, de acordo com o tipo de célula. Quanto ao tamanho, pode ser de 5 μm a 10 μm. A explicação para essa diferença está no metabolismo da célula: aquelas com metabolismo intenso apresentam núcleo volumoso, com a síntese de um maior número de proteínas relacionadas ao processo de transcrição do DNA.

A forma do núcleo, normalmente, é a mesma da célula, podendo ser alongada, ovoide, esférica ou lobulada. A localização, na maioria das células, é central, embora em alguns tipos celulares o núcleo apareça numa região basal ou periférica.

O núcleo evidencia duas fases importantes no ciclo de vida de uma célula: a mitose (divisão celular) e a interfase (intervalo entre duas divisões). No **núcleo interfásico**, o material genético encontra-se na forma de DNA (conjunto cromatina), onde evidenciam-se regiões em que a molécula se apresenta compactada e descompactada. Esse arranjo depende de um complexo grupo de proteínas específicas, classificadas como *histônicas* e *não histônicas*. Nesse contexto, a espessura do DNA pode se diferenciar e apresentar entre 11 nm e 30 nm. Nas células em divisão, as moléculas de DNA estão em condensação muito superior à do período de interfase, apresentando espessura que pode variar de 300 nm a 700 nm, formando, assim, os cromossomos. No núcleo interfásico, é possível identificar o envoltório nuclear, a cromatina, o nucleoplasma e os nucléolos.

Figura 5.2 – Ilustração de uma célula com o núcleo interfásico e suas principais estruturas

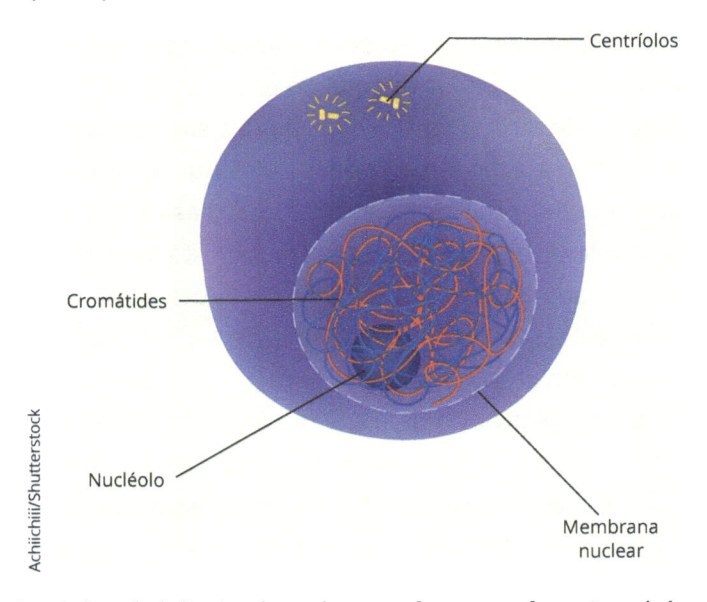

O núcleo é delimitado pelo **envelope nuclear** (também chamado *carioteca* ou *membrana nuclear*) e é constituído por duas unidades de membrana lipoproteica, sendo comumente composto por 30% de lipídios e 70% de proteínas, muito similares àquelas encontradas nos retículos endoplasmáticos (RE). Entre os lipídios, há 90% de fosfolipídios e 10% de colesterol, triglicerídios e ésteres. Cada membrana mede cerca de 6 nm, e o espaço entre elas permanece entre 10 nm e 50 nm. A parte interna da membrana está conectada à cromatina e à lâmina nuclear (rede fibrosa que dá sustentação e forma ao núcleo), ao passo que a parte externa está ligada à rede de tubos do RE (Junqueira; Carneiro, 2000; Alberts et al., 2017).

Em vários pontos as membranas interna e externa fundem-se em poros delimitados por um complexo proteico. Acredita-se que há mais de 100 proteínas diferentes em sua constituição, chamadas coletivamente de *proteínas nucleoporinas*. Os poros podem ocupar até 25% da área total do envoltório nuclear, cuja concentração está diretamente relacionada à síntese proteica, visto que a concentração é maior em células que apresentam mais produção de proteínas. As macromoléculas permeiam os poros por transporte passivo ou ativo, o que está diretamente relacionado ao seu tamanho; afinal, muitas proteínas e ácidos ribonucleicos (RNAs) são grandes demais para atravessar o complexo de poro sem gasto energia.

A microscopia eletrônica de transmissão permitiu observar que os filamentos de DNA apresentam compactações diferentes. As regiões mais condensadas no núcleo interfásico são denominadas **regiões de heterocromatina**, e as menos compactadas, onde a cromatina aparece mais esticada, são chamadas de **regiões da eucromatina** (Alberts et al., 2017). A eucromatina apresenta-se de duas formas: 10% com menor condensação na região ativa; e o restante como eucromatina inativa, sem função direta no processo de transcrição. Essa compactação está diretamente relacionada à função da estrutura do DNA, pois a eucromatina ativa apresenta ação gênica, ou seja, o DNA é expresso em diferentes fitas de RNA pela transcrição. O processo de transcrição é evidenciado apenas no núcleo interfásico e não ocorre quando a célula entra no processo de divisão celular (Alberts et al., 2017).

As regiões da heterocromatina, por sua vez, são geneticamente inativas, ou seja, os genes estão "desligados", pois não apresentam boa superfície de contato com as estruturas presentes no núcleo. A heterocromatina permanece inativa para a transcrição durante a interfase, mas é duplicada normalmente durante a fase S (síntese) no processo de divisão celular.

Nas células interfásicas, a heterocromatina também se apresenta de duas formas: constitutiva e facultativa. A **heterocromatina constitutiva** consiste numa sequência gênica altamente repetitiva do DNA, que não é transcrita, sendo encontrada em regiões específicas do cromossomo, do centrômero, dos telômeros e ao redor das constrições secundárias (Figura 5.3). Já a **heterocromatina facultativa** corresponde à região que, num mesmo indivíduo, em determinado tipo celular, pode ser tanto condensada quanto descondensada (Alberts et al., 2017).

Um exemplo de heterocromatina facultativa é um dos pares de cromossomo X nas fêmeas de mamíferos, o qual é inativado na fase de vida intrauterina. A condensação acontece por acaso e pode ocorrer no cromossomo X materno ou paterno. Nesse caso, é possível encontrar no corpo da mulher órgãos com um ou outro cromossomo X heterocromático. Na microscopia, ele aparece como uma partícula esférica no interior do núcleo ou ligada à membrana nuclear, ficando bem visível porque cora facilmente, sendo conhecida como **cromatina sexual** (ou corpúsculo de Barr). Esse procedimento pode ser usado para a identificação do sexo, uma vez que está presente apenas nas fêmeas.

Figura 5.3 – Cromossomo sexual (presença de heterocromatina constitutiva no centrômero e nos telômeros)

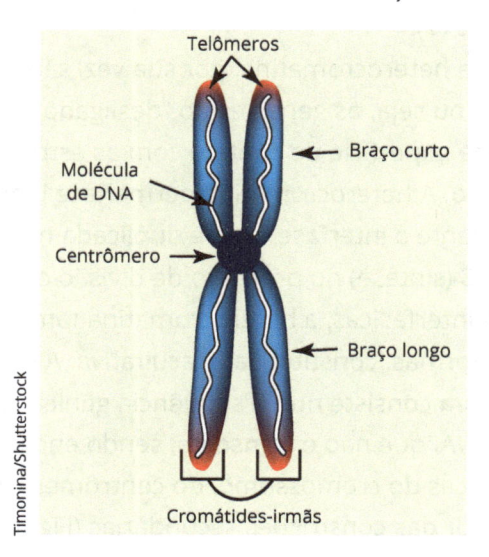

A condensação ou descondensação da cromatina está diretamente relacionada às proteínas histonas que participam ativamente da arquitetura molecular da cromatina. A quantidade de histonas é proporcional à concentração de DNA, além de apresentar cinco tipos diferentes. A concentração de dois aminoácidos, lisina e arginina, permite classificá-las em: H1, H2A, H2B, H3 e H4. A H1 tem 220 aminoácidos e, entre os cinco tipos, é a que apresentou menor grau de conservação durante a evolução. Os outros tipos de histonas, que apresentam entre 102 e 135 aminoácidos, se conservaram ao longo da evolução. A H3 e a H4 apresentam sequências idênticas entre seres eucariontes distintos, sendo a mesma em células vegetais e animais. A H2A e a H2B apresentam sequências idênticas e algumas variações específicas em determinadas espécies.

O **nucleoplasma** compreende a solução aquosa que preenche o interior do núcleo e na qual estão mergulhados o nucléolo e a cromatina, além de proteínas, RNAs, nucleotídios, íons etc. As proteínas são, em sua maioria, enzimas envolvidas nos processos de autoduplicação e transcrição do DNA, como no caso das DNA-polimerases, RNA-polimerases, topoisomerases e helicases.

Outra estrutura presente no núcleo é o **nucléolo**, localizado em uma parte da cromatina denominada *região organizadora do nucléolo*. Apresenta em sua composição uma pequena porção de DNA da cromatina, com genes responsáveis pela codificação de RNA ribossômico (RNAr); e moléculas de RNAr associadas a uma grande quantidade de proteínas, as quais vão compor as subunidades ribossômicas. As células em que a síntese proteica é intensa ou que se reproduzem frequentemente podem apresentar mais de um nucléolo e/ou ser maior quando comparadas às células que produzem poucos ribossomos. No centro do nucléolo, há uma região chamada *centro fibrilar*, onde estão as moléculas de RNA-polimerase I e de DNA-topoisomerase I, bem como os fatores de transcrição do RNAr, responsáveis pela transcrição dos genes para a síntese do RNAr. Em eucariontes, os genes expressos pelas polimerases I e III determinam a produção de uma molécula de RNAr 45S. Nesse contexto, a polimerase I produz as moléculas 28S, 18S e 5,8S, ao passo que a polimerase III é responsável pela síntese da molécula 5S. A 18S faz parte da subunidade menor; e as outras, da subunidade maior. A unidade utilizada equivale ao coeficiente de sedimentação (S) determinado nos processos de ultracentrifugação.

5.2 Cromossomos

O material genético dos organismos é dinâmico e passível de mudanças de acordo com a necessidade da célula, seja para o metabolismo, seja para a divisão celular. Quando a atividade de síntese proteica está intensa, o que se verifica no núcleo são os filamentos de DNA, organizados em eucromatina. Quando a célula se prepara para a divisão celular, a membrana nuclear e o nucléolo desaparecem temporariamente, ao passo que a **cromatina** condensa-se até a formação de uma estrutura compacta em forma de bastonete (visível ao microscópio óptico): o **cromossomo**.

Figura 5.4 – Filamentos de DNA em torno das histonas (condensação da cromatina e formação de um cromossomo)

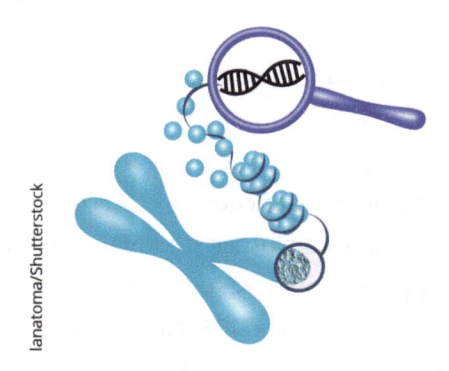

Ianatoma/Shutterstock

Os cromossomos apresentam-se sempre com a mesma estrutura: uma molécula de DNA que se enrola sobre proteínas histonas, formando os nucleossomos. Simultaneamente à formação dos nucleossomos, ocorre o enrolamento da fibra cromossômica (ou solenoide) como se fosse uma mola compacta e em hélice. O próximo passo é a associação da fibra cromossômica às proteínas não histônicas, as quais dão sustentação ao cromonema e o originam. O **cromonema** altamente compactado e enrolado sobre si mesmo forma o cromossomo, o que é verificado quando a célula está em fase de divisão para originar duas células-filhas (Figura 5.4).

A autoduplicação do DNA é condição para que a célula entre em divisão celular, possibilitando que cada cromossomo resulte em dois filamentos idênticos, as cromátides-irmãs. As **cromátides** estão ligadas uma à outra por meio da região denominada *centrômero* (ou constrição primária) (Figura 5.3). A posição dessa estrutura permite organizar os cromossomos, de acordo com semelhanças morfológicas, em metacêntricos, submetacêntricos, acrocêntricos e telocêntricos (Figura 5.5). No primeiro tipo, o centrômero está localizado bem ao centro, dividindo o cromossomo (as cromátides) em dois braços de igual tamanho. No tipo submetacêntrico, o centrômero encontra-se deslocado do centro, originando braços de tamanhos desiguais. O tipo acrocêntrico tem o centrômero posicionado próximo à extremidade, formando braços curtos. Por fim, no tipo telocêntrico, que não é encontrado no cariótipo humano, o centrômero está em posição terminal.

Figura 5.5 – Tipos de cromossomos de acordo com a posição do centrômero

Nas extremidades das cromátides, há uma região especializada denominada **telômero**. Os telômeros são sequências especiais de DNA que funcionam como uma capa protetora, a qual impede a fusão das regiões terminais entre cromossomos e fornece estabilidade à estrutura. Em eucariontes, a sequência telomérica de nucleotídios especializada no DNA foi conservada durante toda a evolução, diferenciando-se muito pouco entre os organismos. Essa sequência repetida é mantida pela enzima telomerase nas células germinativas, tendo como função a replicação dessa sequência de nucleotídios e a manutenção constante do tamanho e das propriedades dos telômeros (Figura 5.6). Contudo, estudos evidenciam que, nas células somáticas, essas regiões vão se encurtando graças às muitas divisões celulares sofridas, o que leva à perda da funcionalidade e, consequentemente, ao envelhecimento, pois as células com telômeros curtos podem morrer ou provocar a instabilidade do material genético ou a exposição deste a variações.

Figura 5.6 – Ação da enzima telomerase no alongamento dos telômeros

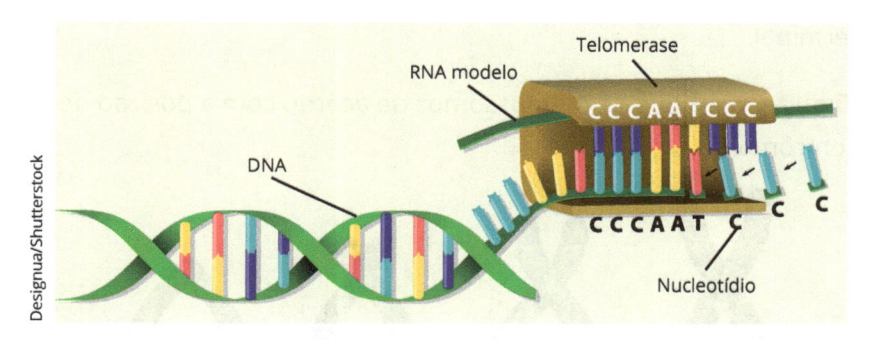

Todas as espécies apresentam um conjunto de cromossomos com características constantes, como número, tamanho e

morfologia, denominado *cariótipo*. Nos seres eucariontes, encontramos os cromossomos aos pares em suas células somáticas.

Os chamados *cromossomos homólogos*, herdados dos pais, são bastante semelhantes quanto ao tamanho, à forma e aos genes, e são responsáveis pelas características genéticas. Em um idiograma (ou cariograma), os cromossomos organizam-se de acordo com essas características.

Figura 5.7 – Idiograma de um ser humano, com os 23 pares de cromossomos (22 pares autossomos e um par sexual – feminino XX ou masculino XY)

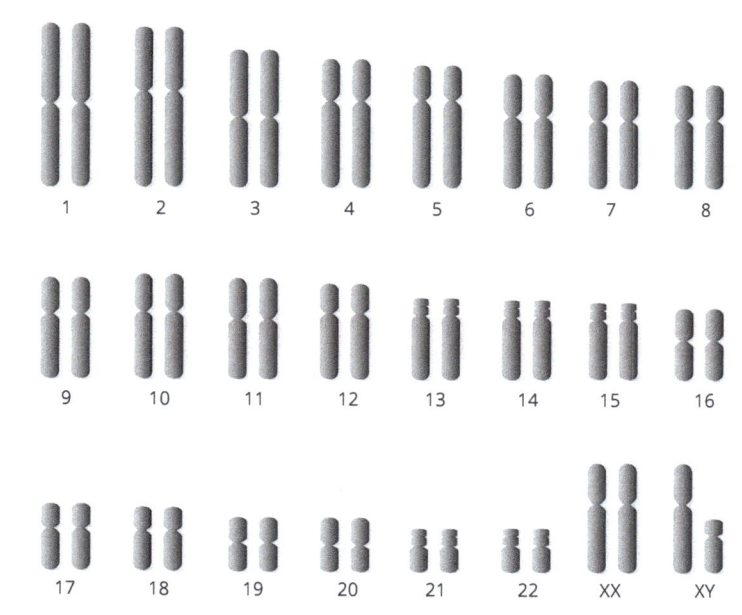

O ser humano tem um cariótipo com 46 cromossomos em cada uma de suas células nucleadas e somáticas, dos quais 44 são autossomos e 2 são sexuais. Nas mulheres, há dois cromossomos X, um de origem materna e outro de origem paterna. Já nos homens, um cromossomo é o X, de origem materna, e o outro é o Y, de origem paterna. O cariótipo pode ser representado da seguinte forma: homem = 44 (autossomos) + XY ou 46, XY; mulher = 44 (autossomos) + XX ou 46, XX.

O número de cromossomos é constante na espécie, sendo mantido durante os ciclos de divisão celular para a formação de novas células, exceto na formação das células haploides (gametas) através de meiose. As células somáticas são diploides, uma vez que apresentam o par de cromossomos homólogos, ao passo que, na célula haploide, há apenas um dos cromossomos homólogos (assunto que será discutido ainda neste capítulo, na seção que trata da divisão celular). Na espécie humana, uma célula diploide tem 46 cromossomos (2n = 46), ao passo que, na célula haploide, há 23 cromossomos (n = 23). O número de cromossomos é constante na espécie, mas varia bastante entre espécies diferentes, conforme demonstra a tabela a seguir.

Tabela 5.1 – Número de cromossomos em células diploides de algumas espécies

Nome científico (nome vulgar)	Célula 2n
Ascaris univalens (lombriga de cavalo)	2
Rattus rattus (rato)	42
Sus domesticus (porco)	40
Homo sapiens sapiens (humano)	46
Equus caballus (cavalo)	64
Gallus gallus (galo)	78
Canis lupus familiares (cão)	78
Cucumis sativus (pepino)	14
Solanum lycopersicum (tomate)	24
Triticum aestivum (trigo)	42
Saccharum officinarum (cana-de-açúcar)	80

5.3 DNA e RNA na síntese proteica

Dos componentes químicos orgânicos em maior concentração nas células, as proteínas somam mais da metade da massa seca, desempenhando diferentes funções no metabolismo, no crescimento e na manutenção dos componentes celulares.

As proteínas são macromoléculas formadas por uma sequência de monômeros, os aminoácidos. Cada tipo de proteína tem uma quantidade exata de aminoácidos, bem como uma sequência e tipos específicos que fazem parte da macromolécula.
No DNA estão contidas todas essas informações, em trechos denominados **genes**, que correspondem a um fragmento do DNA para cada proteína. Até pouco tempo acreditava-se que cada gene continha a informação genética para codificar apenas uma proteína. Hoje, no entanto, se sabe que um mesmo gene pode gerar diferentes proteínas, como veremos a seguir.

5.3.1 Transcrição

O segmento de DNA com a informação para a **síntese proteica** precisa ser transcrito em uma molécula química funcionalmente diferente no núcleo da célula, o RNA mensageiro (RNAm). No citoplasma, outros dois eventos precisam acontecer, quais sejam: os 20 tipos diferentes de aminoácidos conectados aos seus respectivos RNAs transportadores (RNAt); e as subunidades de RNAr formadas e associadas aos fatores proteicos acessórios (Figura 5.8). Os três principais tipos de RNA envolvidos na produção de proteínas são gerados pela transcrição de uma sequência de nucleotídios do DNA em uma sequência de nucleotídios do RNA, o que acontece com a presença e a participação de enzimas denominadas *RNA-polimerases*.

Figura 5.8 – Síntese proteica

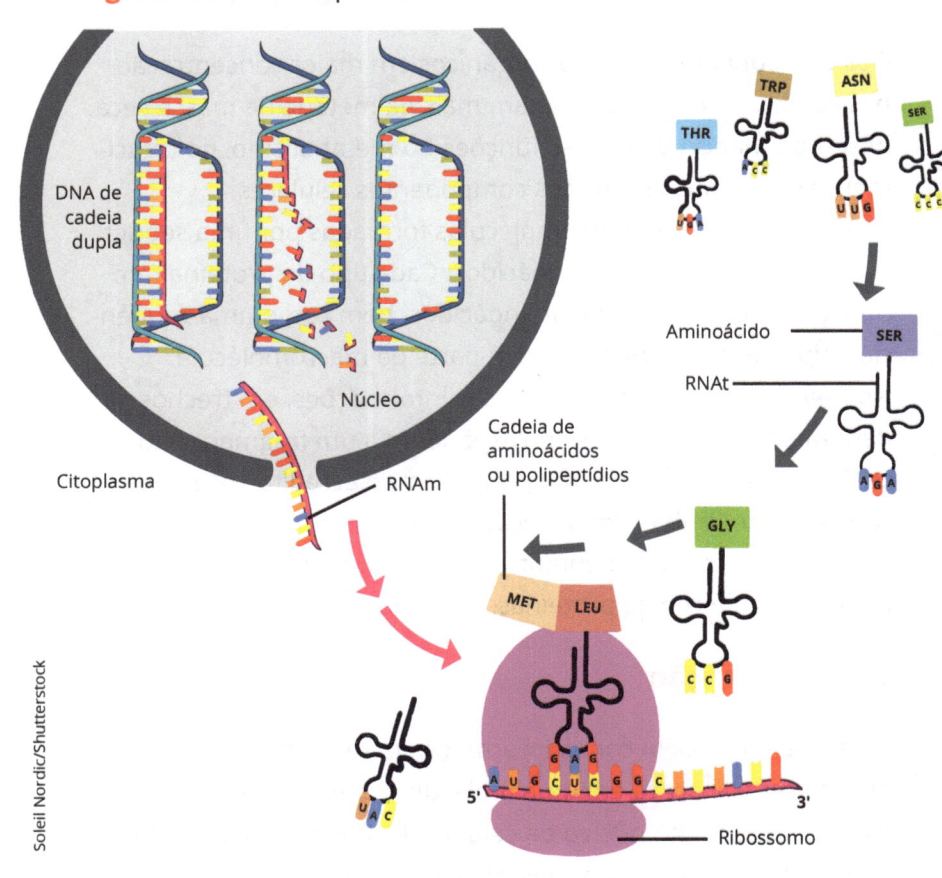

Conforme indica a Figura 5.8, o processo de transcrição ocorre no núcleo, ao passo que a tradução acontece no citosol, com a participação dos ribossomos.

Quando um gene é expresso em uma célula eucarionte, observa-se uma longa cadeia de nucleotídios, que pode chegar a milhões de pares a depender do gene. Contudo, somente algumas centenas deles são necessários para formar uma proteína de tamanho médio (300 a 400 aminoácidos). Isso ocorre porque, numa sequência de nucleotídios, há regiões codificadoras denominadas **éxons** (do inglês *expressed regions*) e regiões não codificadoras, a maior parte denominada **íntron** (do inglês *intragenic region*). O RNA recém-transcrito será convertido em uma molécula de RNAm com a remoção dos fragmentos não codificantes, os íntrons, num mecanismo chamado **splicing**, razão pela qual a formação do RNAm conta com as sequências codificantes, os éxons (Figura 5.9). Em outro processo, conhecido como *splicing alternativo*, os éxons de um pré-RNA podem formar mais de um tipo de RNAm e, consequentemente, gerar proteínas distintas com base em um mesmo gene. Atualmente, acredita-se que mais de 90% de nossos genes sofram *splicing* alternativo, plasticidade essa que confere um aumento na diversidade de proteínas.

Figura 5.9 – Formação do RNAm pela remoção dos íntrons e união dos éxons

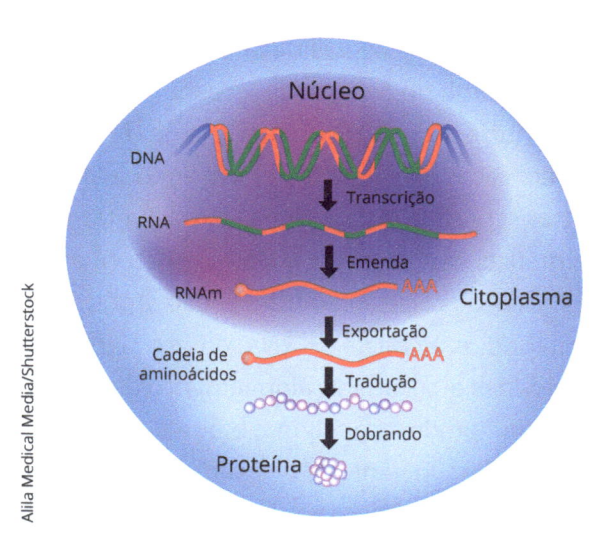

A formação da fita de RNAm com base em um segmento do DNA é dependente das já mencionadas enzimas **RNA-polimerases**, capazes de catalisar o processo de transcrição e de promover a ligação de uma extremidade 3'-OH de um nucleotídio com a extremidade 5'-fosfato do outro nucleotídio. As RNA-polimerases diferem das DNA-polimerases por serem capazes de iniciar uma nova molécula de RNA sem precisar de um iniciador (*primer*).

Na célula procarionte, há um tipo de RNA-polimerase, ao passo que na célula eucarionte são encontrados três tipos. Todas as RNA-polimerases são moléculas formadas por inúmeras cadeias polipeptídicas.

Comecemos pelo exemplo da holoenzima RNA-polimerase de *Escherichia coli*, um organismo procarionte bastante conhecido (sobre o qual já falamos), que apresenta cinco tipos de subunidades e se organiza em dois componentes: um núcleo enzimático com cinco unidades – duas cópias de alfa (α), uma de beta (β), uma de beta' (β') e uma de ômega (ω) –, responsável pela polimerização dos ribonucleotídios trifosfatados; e um fator sigma (s), responsável pelo reconhecimento do local em que irá se iniciar o processo de transcrição. A subunidade sigma, juntamente com o núcleo enzimático, desliza sobre o DNA e procura a região promotora para iniciar o processo de transcrição. Após a chegada de alguns nucleotídios à cadeia de RNA, o fator sigma dissocia-se, e as outras unidades auxiliam no alongamento da molécula.

Há mais de um tipo de fator sigma, o que permite à célula coordenar sua expressão gênica. Por exemplo, a bactéria *E. coli* apresenta a seguinte sequência: s^{32} (induzido num aumento súbito de temperatura) ou s^{54} (em situações em que a bactéria apresenta uma baixa de nitrogênio); e s^{70} (sequência de consenso padrão). Assim, o reconhecimento dos fatores s pode ser coordenado para controlar a expressão sequencial de genes que devem ser expressos.

Os organismos eucariontes apresentam três tipos de RNA-polimerases: I, II e III, cada um responsável pela transcrição de um conjunto específico de genes. Diferentemente da RNA-polimerase de procariontes, as polimerases de eucariontes precisam de auxílio de proteínas adicionais, chamadas de *fatores de transcrição basais* ou *fatores gerais de transcrição* (GTFs), as quais se aderem ao promotor, possibilitando a correta ligação da polimerase e, assim, o início da transcrição.

A **polimerase II** transcreve a maioria dos genes para a molécula de RNAm, e esses genes serão traduzidos em proteínas. Já as outras duas polimerases transcrevem os genes correspondentes aos RNAs funcionais: RNAr, RNAt e snRNA (pequenos RNA nucleares que participam da recomposição dos RNAm). A **polimerase I**, presente no nucléolo, está diretamente relacionada à formação do RNAr (18S; 5,8S e 28S), ao passo que a **polimerase III**, encontrada no nucleoplasma, sintetiza o RNAr 5S, o RNAt e uma variedade de snRNA (Alberts et al., 2017; Texto 4..., 2020).

A Figura 5.10 ilustra de que maneira, possivelmente, os fatores gerais de transcrição se associam à RNA-polimerase II para que ela consiga encontrar o ponto de início do processo de transcrição. O processo se inicia com o fator que reconhece o local de início, o TFIID (*transcription factor IID*), que se liga à sequência de nucleotídios timina (T) e adenina (A) (TATA box). O fator TFIID contém muitas subunidades, entre elas a TBP (TATA-binding protein), responsável por reconhecer a sequência TATA. Logo em seguida, entra no complexo outro fator, o TFIIB, seguido da polimerase II, que se encontra ligada ao fator TFIIF, ao qual continuamente ligam-se os fatores TFIIE e TFIIH, sendo este último um fator importante porque corresponde a uma proteinoquinase que fosforila a polimerase, ocasionando a sua liberação (Figura 5.10). A fosforilação ocorre numa região específica da RNA-polimerase II, na cauda proteica denominada CTD (*carboxy-terminal domain*), marcando o término da fase de início da transcrição e a passagem para a etapa de alongamento. As outras duas polimerases também necessitam de fatores gerais de transcrição, sendo comum nas três a ação da TBP, além de outros fatores que podem ser específicos a cada tipo de polimerase.

Figura 5.10 – A RNA-polimerase II e a associação com diferentes fatores gerais de transcrição (destaque para os fatores TFIID, TFIIA, TFIIB, TFIIE, TFIIH e para a unidade TB, ligada à sequência TATA)

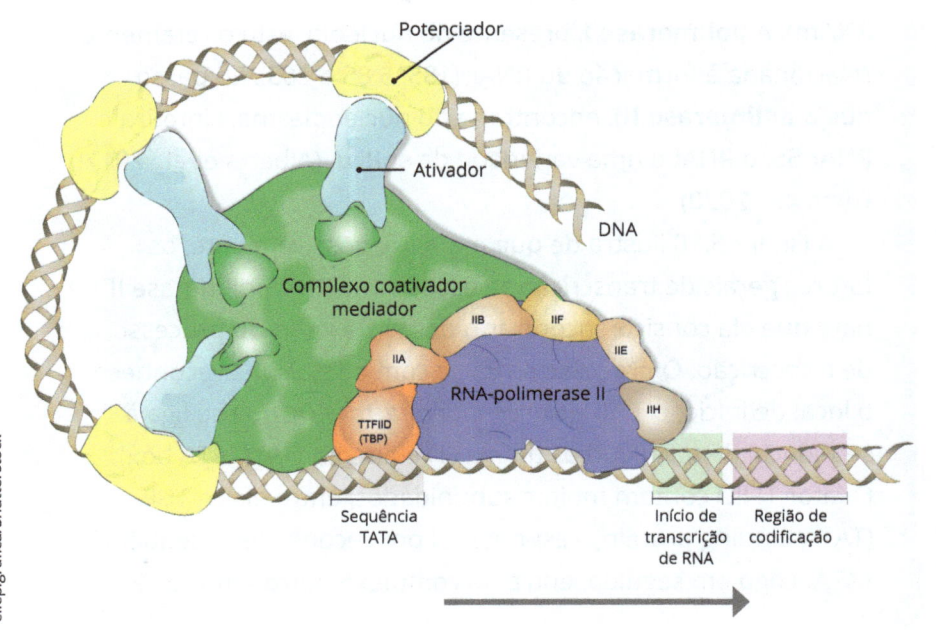

Portanto, são necessárias várias reações para a síntese do RNAm em eucariontes, pois a molécula formada pela RNA-polimerase II é um transcrito primário, denominado *RNA heterogêneo nuclear* (hnRNA), o qual sofrerá variação em seu tamanho. Essa sequência de RNA recém-formada conta com longas cadeias de nucleotídeos, denominadas *íntrons*, as quais serão extraídas (como mencionado anteriormente) e intercaladas com as sequências decodificadoras, os éxons. Além desses arranjos, outras reações precisam acontecer, como a inserção da extremidade 5' CAP e da cauda poli-A para o funcionamento da molécula de RNAm no citoplasma da célula. O termo *processamento* é utilizado para explicar as modificações que acontecem logo após a transcrição do RNAm, denominada **modificações cotranscricionais.**

Entre as modificações cotranscricionais estão as mudanças nas extremidades do RNAm, as quais são realizadas por proteínas que atuam na região da cauda CTD da polimerase II. A extremidade CAP 5' da molécula de RNA é envolvida, encapada (do inglês *capped*), pela adição de nucleotídios que contêm G metilado. A formação da CAP acontece, no início da transcrição, com a liberação de um fosfato da extremidade 5', por hidrólise, e com a inserção de uma molécula de 7-metilguanosina na extremidade 5' do RNA. Essa região aumenta a probabilidade de o RNAm ser capturado pelos sistemas de tradução no citoplasma da célula e de se proteger da ação de fosfatases e nucleases. Na extremidade 3', forma-se uma cauda de poliadenilato feita pela polimerase poli-A, que adiciona uma sequência de 100 a 200 resíduos (que contêm adenina), a qual se enrola ao redor de várias cópias de uma proteína ligadora. A cauda de poli-A, que atua no transporte do RNAm maduro para o citoplasma, pode ser responsável por desestabilizar o RNAm e participar de um sistema de sinalização necessário à tradução do RNAm no citoplasma. Quando o processo de transcrição se inicia, há a inserção de 50 nucleotídios por segundo, enquanto a RNA-polimerase II estiver ligada à fita-molde de DNA e encontrar o sinal de término da transcrição. O que não acontece na fita de RNA recém-formada é a revisão da cadeia, como ocorre com a DNA-polimerase, que tem atividade de nuclease. Contudo, nesse caso, o erro não caracteriza um problema grave, pois não é hereditário. A maioria é degradada, ocasionando poucos erros prejudiciais, o que se justifica pela vida curta do RNAm e pela transcrição de novas fitas de RNAm de acordo com a necessidade da célula (Tomotani, 2010).

Outro fator também descrito sobre o processo de transcrição é a presença de uma sequência de DNA conhecida como *realçadora*, que pode estar presente e propiciar maior afinidade entre a maquinaria de transcrição e determinado promotor, o que aumenta a taxa de transcrição. O modelo que parece ser mais correto mostra no DNA a formação de uma alça, entre a região do promotor e do realçador, o que possibilita a interação entre as proteínas dessas duas estruturas e a RNA-polimerase. Portanto, a montagem ordenada da molécula de RNAm com base em uma sequência de DNA é altamente controlada e regulada.

Para simplificar, poderíamos dizer que o processo de transcrição se inicia em uma sequência especial, em que a RNA--polimerase se liga a uma região do DNA, denominada *região de controle gênico* (nos eucariontes, refere-se ao promotor). A região promotora inclui os fatores gerais de transcrição, as polimerases e as sequências regulatórias, contando com um sítio de iniciação e de alongamento e com outra sequência de terminalização da transcrição.

5.3.2 Tradução

Ao término do processo de transcrição, o RNAm passará do núcleo para o citoplasma através dos poros da membrana nuclear. No citoplasma, a sequência de nucleotídios será decodificada em 20 diferentes tipos de aminoácidos.

O posicionamento dos aminoácidos durante a síntese proteica é determinado pelo **código genético**. Neste, cada três bases consecutivas do RNAm correspondem a um **códon** (do grego *Khodon*, "código"), que determina o tipo de aminoácido a se posicionar naquela região da proteína.

O físico George Gamow, em meados da década de 1950, propôs que o código genético era um grupo de três nucleotídios sucessivos em um gene, a trinca, que, por sua vez, codificava um aminoácido (Alberts et al., 1997). Essa era uma ideia plausível, já que, assim, haveria códons suficientes para decodificar os 20 aminoácidos diferentes, uma vez que as quatro bases nitrogenadas (adenina – A, uracila – U, guanina – G e citosina – C) resultam em 64 (4^3) arranjos diferentes de códons. Na ilustração a seguir, evidenciamos um sequenciamento de aminoácidos em que a leitura do códon é feita do centro para a extremidade (5' – 3').

Figura 5.11 – Código genético com os códons e seus respectivos aminoácidos

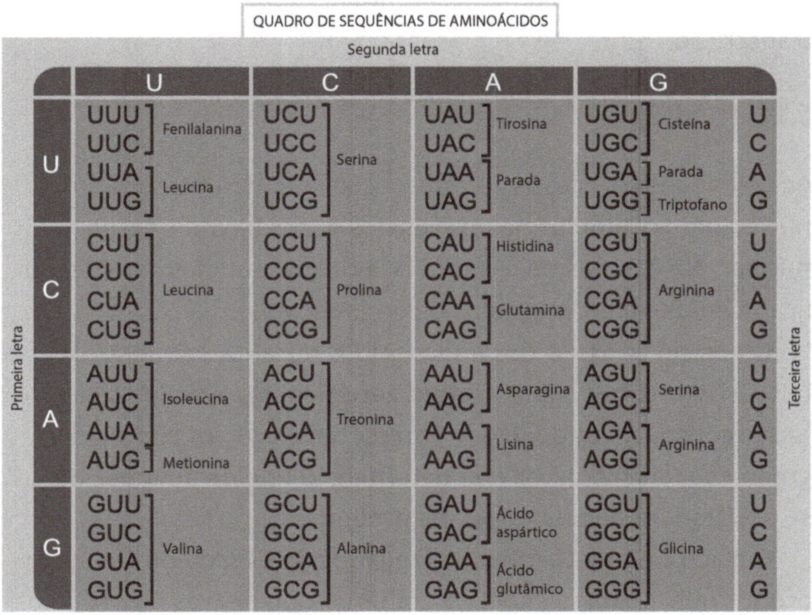

QUADRO DE SEQUÊNCIAS DE AMINOÁCIDOS

Primeira letra	Segunda letra: U	Segunda letra: C	Segunda letra: A	Segunda letra: G	Terceira letra
U	UUU, UUC – Fenilalanina UUA, UUG – Leucina	UCU, UCC, UCA, UCG – Serina	UAU, UAC – Tirosina UAA, UAG – Parada	UGU, UGC – Cisteína UGA – Parada UGG – Triptofano	U C A G
C	CUU, CUC, CUA, CUG – Leucina	CCU, CCC, CCA, CCG – Prolina	CAU, CAC – Histidina CAA, CAG – Glutamina	CGU, CGC, CGA, CGG – Arginina	U C A G
A	AUU, AUC, AUA – Isoleucina AUG – Metionina	ACU, ACC, ACA, ACG – Treonina	AAU, AAC – Asparagina AAA, AAG – Lisina	AGU, AGC – Serina AGA, AGG – Arginina	U C A G
G	GUU, GUC, GUA, GUG – Valina	GCU, GCC, GCA, GCG – Alanina	GAU, GAC – Ácido aspártico GAA, GAG – Ácido glutâmico	GGU, GGC, GGA, GGG – Glicina	U C A G

gstraub/Shutterstock

Mesmo sem conseguir demonstrar a proposta de tripletos de Gamow, a ideia foi amplamente difundida. Somente em 1961 os trabalhos do bioquímico americano Marshall Nirenberg e colegas identificaram a correspondência entre o tripleto e o aminoácido. Nos experimentos, utilizava-se apenas um tipo de nucleotídio, evidenciando uma sequência com os mesmos aminoácidos. Foi o bioquímico Har Gobind Khorana que ampliou o experimento anterior, formando sequências mais complexas de nucleotídios e obtendo sequências com aminoácidos diferentes. Assim, em 1965, Nirenberg, Khorana e seus colegas decifraram todo o código genético, isto é, os aminoácidos e os códons de parada correspondentes aos 64 códons (Figura 5.11), o que lhes rendeu o Prêmio Nobel em 1968.

Entre os códons, há **códons terminais** (ou de terminação) em três tripletos: UGA, UAA e UAG, pontos nos quais o processo de síntese proteica termina, visto que não decodificam mais nenhum aminoácido por falta de proteína (Figura 5.11). Normalmente, nos eucariontes, o **códon de início** é o AUG, o mesmo que codifica a metionina. Outra característica evidente é a de que códons diferentes decodificam o mesmo aminoácido, motivo pelo qual o código genético é considerado degenerado, pois a fenilalanina tem os códons UUU e UUC, ao passo que a glicina apresenta os códons GGU, GGC, GGA e GGG, fato que se repete com outros aminoácidos, exceto com a metionina e o triptofano, que contêm apenas um tipo de códon, AUG e UGG, respectivamente. Os códons que codificam o mesmo aminoácido são conhecidos como *sinônimos*. Parece que o código degenerado influencia positivamente os casos de mutações dentro da linha evolutiva, visto que uma mudança em um nucleotídio pode não resultar em substituição de aminoácido e, consequentemente, não haverá alteração da proteína. Por exemplo, na glicina, a troca do último nucleotídio não vai alterar o aminoácido. No entanto, a troca do primeiro nucleotídio pode levar à substituição do aminoácido (GGU corresponde à glicina, ao passo que CGU corresponde à arginina), e essa mutação poderá provocar alterações importantes na atividade da proteína.

Figura 5.12 – Estrutura de "folha de trevo" do RNAt

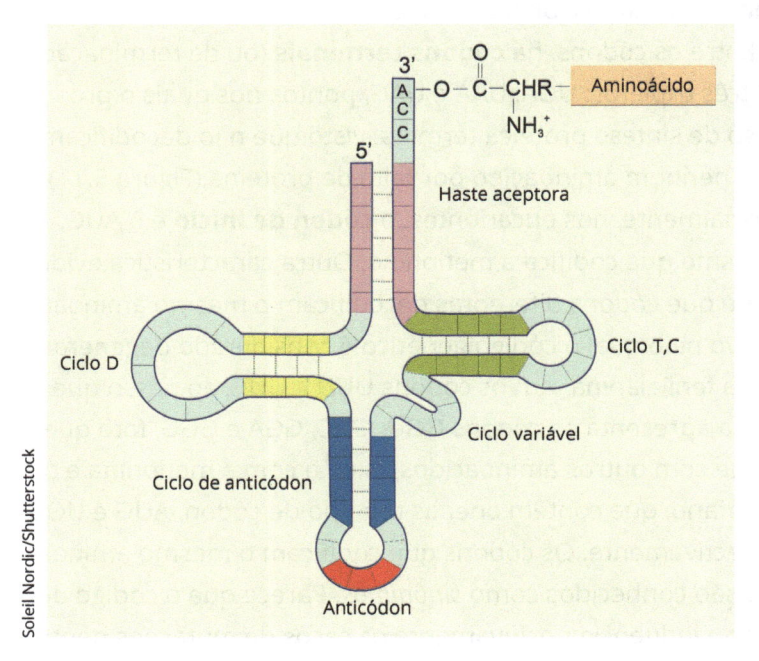

Na Figura 5.12, podemos notar que em uma das extremidades está a região anticódon, com os três nucleotídios que pareiam com o códon; e na outra, a região 3', onde o aminoácido se conecta. Em todas as moléculas de RNAt o aminoácido se liga ao resíduo A da sequência CCA.

Os aminoácidos, naturais ou essenciais (rever Capítulo 1), estão contidos no citoplasma da célula e, quando conectados ao RNAt, são encaminhados para a formação da cadeia polipeptídica, em atividade nos complexos de ribossomos e RNAm, num processo denominado *tradução gênica*. O RNAt é uma molécula pequena de RNA (a maioria tem entre 70 e 90 nucleotídios); em uma de suas extremidades, encontra-se a região denominada *anticódon*. Na extremidade do anticódon, há uma sequência de três nucleotídios complementares ao códon; por exemplo, o códon (RNAm) AUG tem como anticódon (RNAt) o UAC. Na outra extremidade do RNAt, 3'-OH, estará conectado o aminoácido correspondente, que, nesse caso, é a metionina (Alberts et al., 2017). Cada RNAt é sintetizado para realizar a transferência de um tipo de aminoácido à cadeia polipeptídica. Nesse caso, aquele que carrega a glicina é chamado de RNAt^{Gly}, cuja sigla correspondente ao aminoácido está sobrescrita. Assim, cada tipo de aminoácido tem, pelo menos, um tipo de RNAt (Alberts et al., 2017).

A ligação covalente entre o RNAt e seu respectivo aminoácido depende de um mecanismo desencadeado por enzimas denominadas **aminoacil-RNAt-sintetases**. Cada aminoácido apresenta a própria sintetase, capaz de conectá-lo aos seus respectivos RNAt. Contudo, a condição de degeneração do código genético é um indicativo da formação de mais tipos de RNAt para o mesmo aminoácido ou, ainda, da presença de moléculas de RNAt que suportam ser pareadas com códons diferentes. Nesse caso, os RNAt apresentam a terceira posição do códon oscilante, promovendo um pareamento alternativo dos 20 aminoácidos aos 61 códons, com 31 tipos de RNAt, o que se verifica em mitocôndrias de animais, pois somente 22 tipos de RNAt estão envolvidos na síntese proteica (Alberts et al., 2017).

A síntese proteica começa quando as duas subunidades de ribossomos se deslocam até a fita de RNAm e desencadeiam a formação da cadeia polipeptídica. O RNA ribossômico, presente em grande quantidade na célula, soma mais de 80% do RNA celular.

As proteínas é que formam os ribossomos (organelas não membranosas, conforme estudado no Capítulo 3). Eles contêm três sítios com funções diferentes em suas subunidades: na subunidade menor, há um sítio que funciona como uma plataforma de pareamento entre a fita de RNAm e o RNAt; na subunidade maior, são encontrados dois sítios, onde acontece a atividade da peptidil-transferase nas ligações peptídicas. Ainda na subunidade maior, em cada um dos sítios há um RNAt com o objetivo de transferir o aminoácido que carrega para a cadeia polipeptídica em formação. Um é chamado de **sítio P** (sítio de ligação peptidil-RNAt) e recebe o RNAt carreando um aminoácido para a formação da cadeia polipeptídica. Já o outro é chamado de **sítio A** (sítio de ligação da aminoacil-RNAt), e é onde acontece a conexão do RNAt que traz o próximo aminoácido para a síntese proteica. Os sítios A e P ficam muito próximos, o que facilita a junção com os códons vizinhos.

A síntese proteica apresenta uma fase de iniciação, na qual há a participação de muitas proteínas, denominadas *fatores de iniciação* (IFs). Inicialmente, os IFs estão ligados à subunidade menor, a fim de encontrar o códon de iniciação (AUG) – somente após esse evento acontece a ligação com a subunidade maior. Contudo, para garantir essa conexão, todos os IFs associados à subunidade ribossomal menor precisam ser descartados. O RNA iniciador entra no sítio P, trazendo o aminoácido metionina e ligando-se ao códon de iniciação presente na sequência de nucleotídios do RNAm. Na etapa seguinte, de inserção de um novo RNAt no sítio A do ribossomo, há a formação de um ribossomo e o início da síntese proteica (Figura 5.13).

Com a ocupação dos sítios P e A, inicia-se a síntese proteica; o alongamento da cadeia polipeptídica ocorre com a adição de aminoácidos na extremidade carboxiterminal por meio de ligações peptídicas, catalisadas pela enzima peptidil-transferase (conforme estudado no Capítulo 1). Para que o alongamento da cadeia polipeptídica se processe, o RNt do sítio P precisa ser liberado para que o RNAt do sítio A passe para aquele sítio, evento que acontece com o deslocamento a distância do ribossomo de três nucleotídios na fita de RNAm (Figura 5.13). Ao ser liberado, o sítio A permite que outro RNAt codifique um novo aminoácido, reiniciando o ciclo. Assim, a finalização do processo de tradução ocorre na presença dos códons de terminação.

Figura 5.13 – Representação do ribossomo aderido a uma fita de RNAm e de RNAt, com destaque para a região com o aminoácido e o anticódon

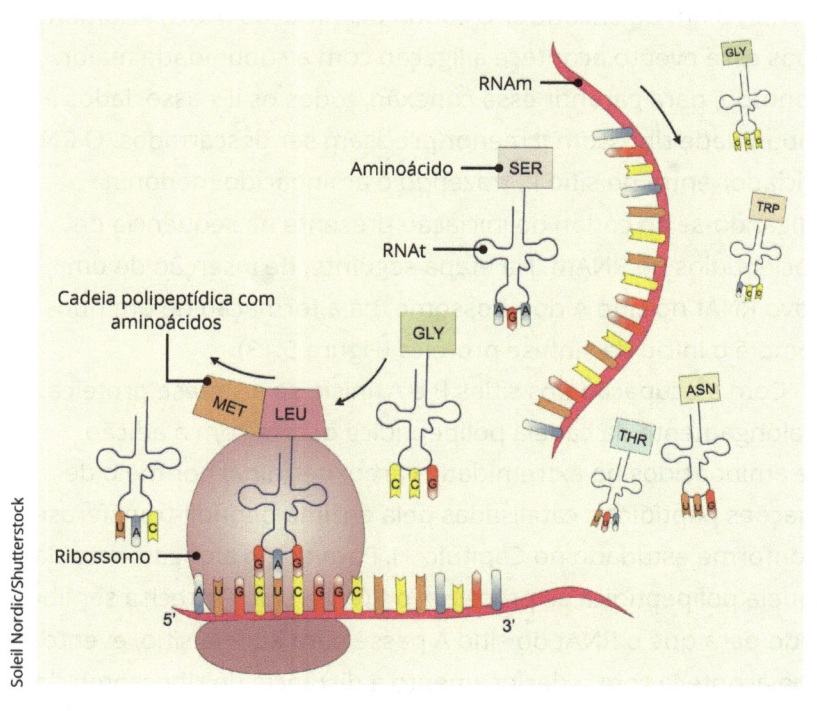

Quando o ribossomo chega a um dos códons de terminação, a proteína recém-formada precisa ser liberada, o que acontece com a participação de proteínas citoplasmáticas chamadas **fatores de liberação**, que se ligam ao sítio A de qualquer códon de parada.

O processo de parada ocorre com a alteração da peptidil--transferase, que passa a catalisar uma molécula de água e não mais a ligação entre aminoácidos. A cadeia polipeptídica é liberada ao citosol pela reação que desprende o RNAt do sítio P; em seguida, o ribossomo desliga-se do RNAm e suas subunidades se separam. Logo, as subunidades ficam livres para encontrar uma nova fita de RNAm e reiniciar o processo de tradução.

Figura 5.14 – Síntese proteica com eventos e estruturas essenciais aos processos de Transcrição (no Núcleo) e tradução (no Citoplasma)

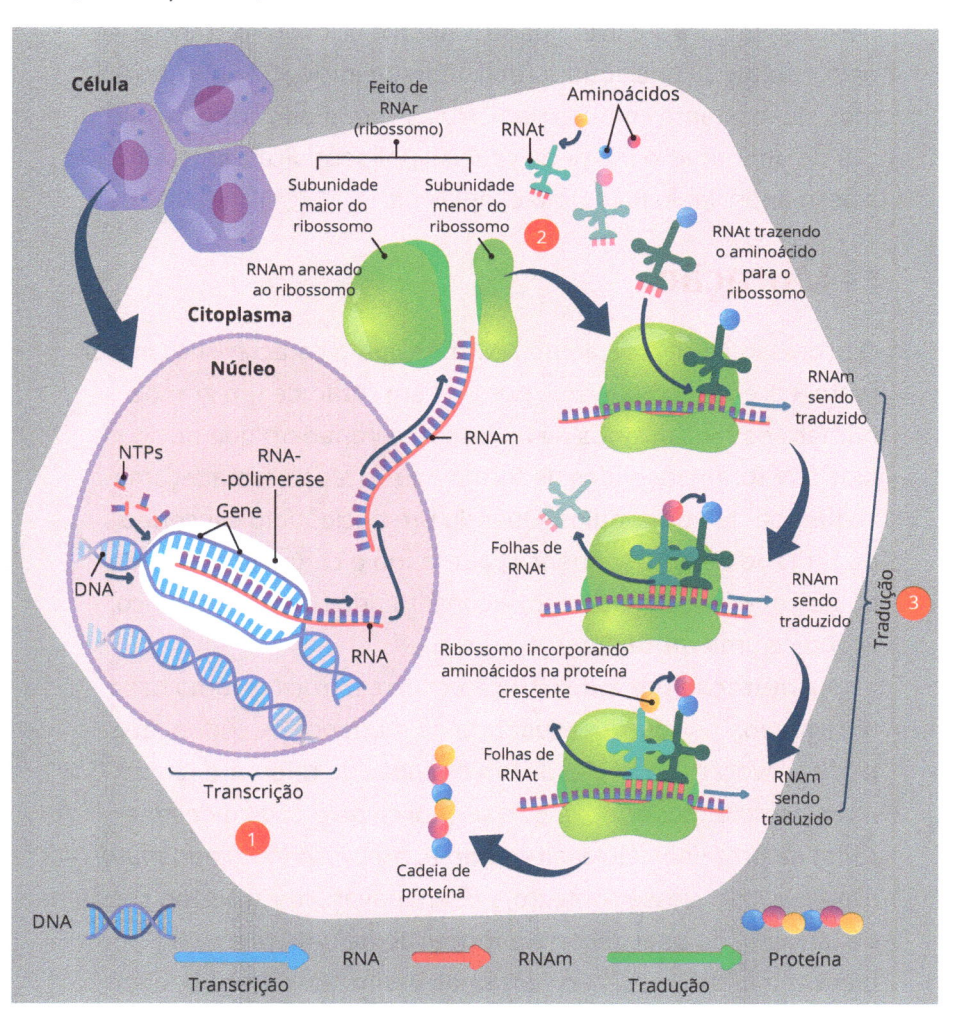

O processo de decodificação da sequência de nucleotídios contidos em uma fita de RNAm pode ocorrer simultaneamente por uma série de ribossomos, conhecidos como

polirribossomos ou **polissomos**. A inserção de novos ribossomos depende do quanto seu antecessor já se deslocou sobre o RNAm. O que se verifica é que o segundo ribossomo só irá deslocar-se para a extremidade 5' após o primeiro distanciar-se, pelo menos, 80 nucleotídios do códon de início. Os polirribossomos são bastante comuns nas Células, o que permite a formação de um número maior de cadeias polipeptídicas, enquanto há a permanência do RNAm no citoplasma.

5.4 Mutação

O processo de replicação do DNA tem como característica importante a precisão, o que só é possível em razão de um grande número de mecanismos de revisão que impedem que nucleotídios que foram inseridos de forma equivocada permaneçam na sequência de nucleotídios. Quando um nucleotídio é inserido ou retirado de uma sequência, alterando o códon (o que pode ou não alterar o aminoácido) e constituindo um erro genético, acontece uma **mutação**.

Na **mutação por substituição** ocorre a troca de uma base nitrogenada por outra, resultando na mudança de códon, que pode provocar a inserção de um aminoácido diferente (ou de um mesmo aminoácido, o que se explica pelo código degenerado) na proteína/célula, alterando-a, processo intitulado *mutação silenciosa*. Nesse contexto, podem haver alterações no códon de término, do qual decorre a formação de uma proteína incompleta e, muitas vezes, não funcional. Assim, as mutações, além de ocorrer por substituição, podem se dar por inserção, deleção e erro no quadro de leitura. Na **mutação por inserção**, há adição de pares extras de bases nitrogenadas; na **mutação por**

deleção, há perdas de trechos do DNA, o que faz com que a proteína tenha um aminoácido a mais ou a menos, respectivamente. Por fim, a **mutação por erro** na leitura da sequência gênica é resultante dos tipos descritos anteriormente, pois a inserção e/ou a deleção podem ocorrer em regiões responsáveis pelo início ou término da síntese da cadeia polipeptídica.

Nos mecanismos de revisão trabalham inúmeras proteínas, entre elas a própria DNA-polimerase, cuja função é inserir novos nucleotídios e corrigir possíveis erros – a cada inserção de nucleotídios, verifica-se a possibilidade de erro. Quando um erro escapa da DNA-polimerase, há ação de outro mecanismo, o reparo de mal pareamento. Nesse tipo de reparo, o par de bases nitrogenadas é removido, logo após a síntese de DNA, por um complexo de proteínas denominadas *nucleases de reparação do DNA*, que, ao reconhecer a região, liga-se próximo a ela. Há também outra enzima que realiza o corte dos nucleotídios incorretos na região do DNA. No local fica uma pequena falha, onde são acrescentados outros nucleotídios por uma DNA-polimerase – a ligação desse fragmento à fita será feito pela enzima DNA-ligase.

💡 Curiosidade

Tolerância à lactose

A intolerância à lactose tem uma explicação evolutiva: facilitar o desmame de um animal jovem. Nos seres humanos, o hábito de tomar leite não é universal, tendo se tornado original em culturas que possuíam gado e cabras. Por isso, há fortes indícios de relação entre tolerantes à lactose e ancestrais que mantinham o leite como uma cultura alimentícia. Isso configurou uma mutação favorável, pois estabeleceu o leite como forma de alimentação.

Síntese

Núcleo celular	
Componentes	Funções específicas
Envoltório nuclear ou membrana nuclear	Dupla camada lipoproteica que separa o material nuclear do citoplasma.
Poros	Complexo proteico que regula a entrada e saída de substâncias do núcleo. É variável nas células, pois quanto maior a atividade celular, mais poros há nessas membranas.
Nucleoplasma	Similar ao hialoplasma, é composto por íons, diversas proteínas, enzimas, moléculas de ATP e RNAs dissolvidos em água.
Cromatina	Consiste na região do núcleo em que o DNA está associado a proteínas histonas, sendo esse o material que forma cada um dos cromossomos. A heterocromatina corresponde à região mais condensada e corada, ao passo que a eucromatina apresenta-se menos condensada e corada, e se aloca onde os genes estão ativos.
Cromossomos	Correspondem à cromatina duplicada e condensada em filamentos compactos durante a divisão celular.
Nucléolo	Região do núcleo em que ocorre intenso processo de transcrição de genes responsáveis pela produção de ácido ribonucleico ribossômico (RNAr).
Cromossomos autossômicos (somáticos)	São responsáveis pelo padrão genético da espécie e não estão ligados ao sexo.
Cromossomos sexuais	Responsáveis pela determinação do sexo.

Atividades de autoavaliação

1. A figura a seguir representa um modelo de transmissão das informações genéticas, com destaque para os processos de transcrição e tradução para a síntese proteica. Não é mostrado na imagem o processo de replicação.

Figura A – Representação da síntese proteica

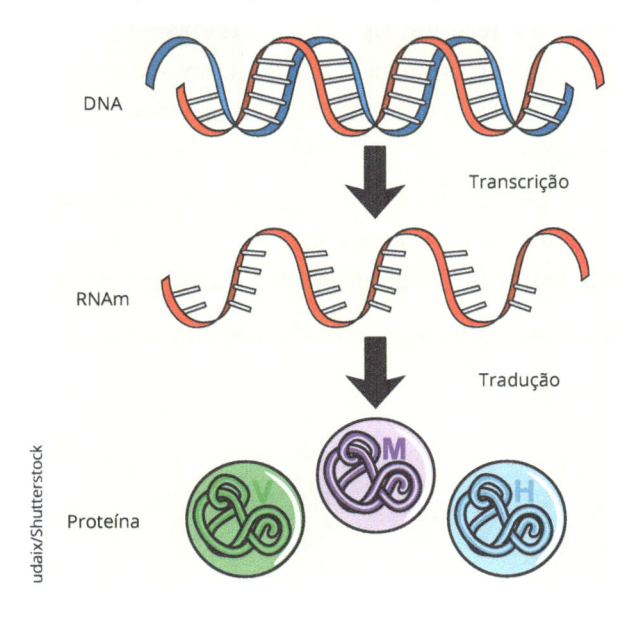

Com base nessa figura, analise as afirmações a seguir e indique V para as verdadeiras e F paras as falsas.

( ) Pelo processo de transcrição, uma fita simples de RNA mensageiro é formada com base em um trecho do DNA que corresponde a um gene.

( ) A enzima RNA-polimerase II inicia o processo de transcrição ao ligar-se a uma sequência especial do DNA, denominada *promotora*. A enzima move-se pelo molde até encontrar uma outra sequência de terminalização da transcrição.

( ) A partir de um fragmento do DNA, é possível realizar a síntese de diferentes tipos de proteínas.

( ) A transcrição é um processo que acontece no núcleo celular, ao passo que a tradução é um processo que ocorre no citoplasma.

( ) A decodificação da sequência de nucleotídios ocorre pelas subunidades ribossomais, que formam a cadeia polipeptídica pela união dos aminoácidos trazidos pelos RNAt.

Agora, assinale a alternativa que apresenta a sequência correta:

A F, F, V, V, V.
B V, F, F, F, F.
C F, F, V, F, V.
D V, F, V, F, V.
E V, F, V, V, V.

Analise a Figura B, que apresenta o mecanismo de biossíntese proteica em um trecho de DNA de uma célula eucarionte, para responder às questões 2, 3 e 4.

A transcrição do trecho de DNA produz uma fita de RNAm com as sequências de íntrons (em verde) e éxons (em vermelho).

Figura B – Representação das sequências de íntrons e éxons

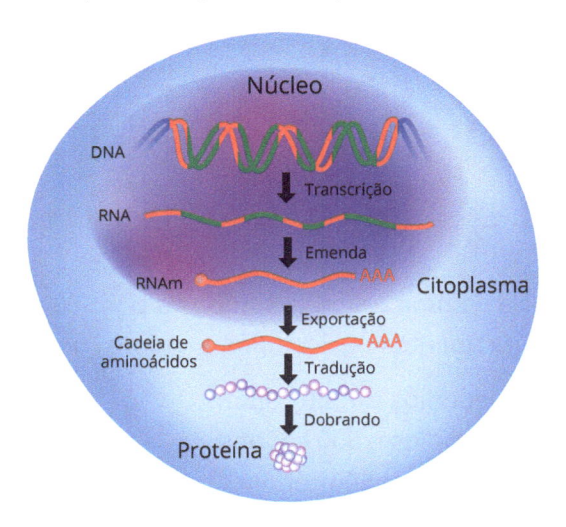

Agora, analise a seguir a sequência de bases nitrogenadas do DNA (em negrito estão as bases que compõem a região de íntrons).

TACCATACCCTT**CGAAATTGC**AAATCG

2. Qual será a sequência de bases que vai compor o trecho de RNA a ser traduzido em proteína?

   A ATGGTATGGGAATTTAGC.
   B GCUUUAACG.
   C ATGGTATGGGAAGCTTTCGTTTAGC.
   D AUGGUAUGGGAAUUUAGC.
   E AAGGAAAGGGAAAAAAGC.

3. Qual é o número de aminoácidos formados com base nessa sequência?

   A) 6
   B) 3
   C) 9
   D) 14
   E) 1

4. A sequência de uma proteína composta por 500 aminoácidos apresentaria quantos nucleotídios e códons?

   A) 1500 nucleotídios e 1500 códons.
   B) 1500 nucleotídios e 500 códons.
   C) 500 nucleotídios e 500 códons.
   D) 500 nucleotídios e 1500 códons.
   E) 550 nucleotídios e 1550 códons.

5. Analisando o DNA de um animal, descobriu-se que 32% de suas bases nitrogenadas eram compostas de Timina. Tendo isso em vista, responda: Tratava-se de uma fita de DNA ou de RNA? Qual era a concentração das outras bases?

   A) DNA; A = 32%; C = 18%; G = 18%.
   B) RNA; U = 12%; A = 32%; C = 28%; G = 28%.
   C) DNA; A = 22%; C = 32%; G = 14%.
   D) RNA; A = 32%; C = 18%; G = 18%.
   E) DNA; A = 32%; U = 18%; C = 18%.

6. Considerando que o número de cromossomos em uma célula somática de determinada espécie de animal seja 38, quantos cromossomos terá um óvulo, um espermatozoide e uma célula nervosa, respectivamente?

   A) 38, 38 e 38 cromossomos.
   B) 19, 19 e 38 cromossomos.
   C) 74, 74 e 38 cromossomos.
   D) 19, 19 e 19 cromossomos.
   E) 38, 19 e 19 cromossomos.

7. A Figura C representa um cromossomo da espécie humana.

   Figura C – Cromossomo X

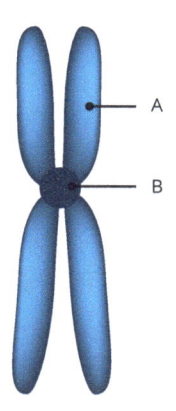

   As setas A e B indicam, respectivamente:

   A) cromátide-irmã e centrômero.
   B) cromossomo homólogo e centrômero.
   C) centrômero e cromatina.
   D) cinetócoro e centrômero.
   E) cromossomo e cinetócoro.

Analise a Figura D para responder às questões 8, 9 e 10.

Figura D – Processo de tradução

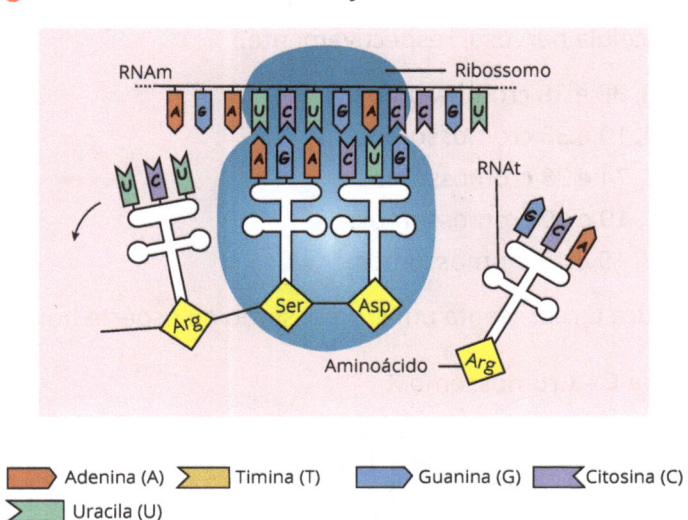

- Adenina (A)
- Timina (T)
- Guanina (G)
- Citosina (C)
- Uracila (U)

8. Sobre o processo de tradução ocorrido no citoplasma, assinale a alternativa correta.

   A A sequência de aminoácidos depende unicamente dos RNAt presentes no citoplasma da célula.
   B A cadeia de RNAm apresenta os códons, formados pelas bases adenina, timina, guanina, citosina e uracila.
   C Um fragmento do DNA, o gene, será transcrito em uma fita de RNAm, no núcleo. No citoplasma, por sua vez, acontece o processo de tradução, que envolve os ribossomos, os RNAt e os aminoácidos.
   D Cada trinca de bases nitrogenadas do RNAt forma um códon, ao passo que o anticódon correspondente está presente na fita de RNAm.
   E Cada trinca no RNAm é o anticódon do RNAt.

9. Nos ribossomos há dois sítios, denominados A e P. De acordo com o que foi visto neste capítulo, analise as afirmativas a seguir e marque a **incorreta**.

   A A atividade proteica termina quando o ribossomo chega a um dos três códons finais, os quais não codificam nenhum aminoácido.

   B As subunidades do ribossomo encontram o códon de início (AUG) no sítio P, iniciando a atividade de síntese proteica. Já o segundo RNAt vai entrar no sítio A, começando a síntese proteica.

   C Cada RNAt apresenta um anticódon específico, referente a um tipo de aminoácido, razão pela qual aquele que apresenta a sequência UAC é o transportador da metionina.

   D O pareamento específico entre as bases nitrogenadas A-U e G-C determina o encaixe entre o RNAt e o RNAm no sítio P.

   E O códon do RNAm, ao ser lido pelo ribossomo, permite a entrada dos sRNAt com os anticódons correspondentes. Cada um deles traz o aminoácido que vai se ligar a outro mediante ligações peptídicas, que se repetem até o término da proteína.

10. Analisando a síntese proteica, pode-se dizer que o código genético é degenerado, pois:

    A há mais de um tipo de RNAt para o mesmo aminoácido, uma vez que um aminoácido pode ter mais de um tipo de códon.

    B os RNAt são capazes de transportar mais de um tipo de aminoácido.

C um códon pode codificar mais de um tipo de aminoácido, o que traz uma grande variedade de arranjos para a síntese proteica.

D um anticódon pode aderir-se a mais de um tipo de códon, facilitando a diversidade de aminoácidos entre as proteínas.

E são necessários 20 códons para os 20 tipos de aminoácidos; a parte restante de códons não têm função.

Atividades de aprendizagem

Questões para reflexão

1. A Figura E mostra um processo presente nos organismos vivos: uma sequência de nucleotídios que deve ser decodificada para a produção da proteína específica da célula.

    Figura E – Processo necessário aos organismos vivos

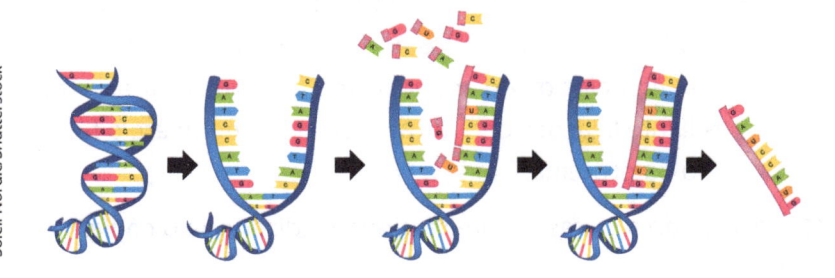

    Soleil Nordic/Shutterstock

    Agora, responda: Qual é o processo que está sendo elucidado? Por que isso deve acontecer? Que outro processo precisa ocorrer para garantir a realização da síntese proteica?

2. Um exemplo de mutação genética hereditária é a anemia falciforme (ou siclemia), predominante em negros, cuja principal característica é a alteração na forma e na elasticidade de um tipo de célula sanguínea: a hemácia. A alteração na configuração espacial da hemoglobina é ocasionada por um erro no sexto códon do gene, que gera na célula um formato de foice. Analise a Figura F e responda às questões a seguir.

Figura F – Anemia falciforme: hemácias normais e alteradas

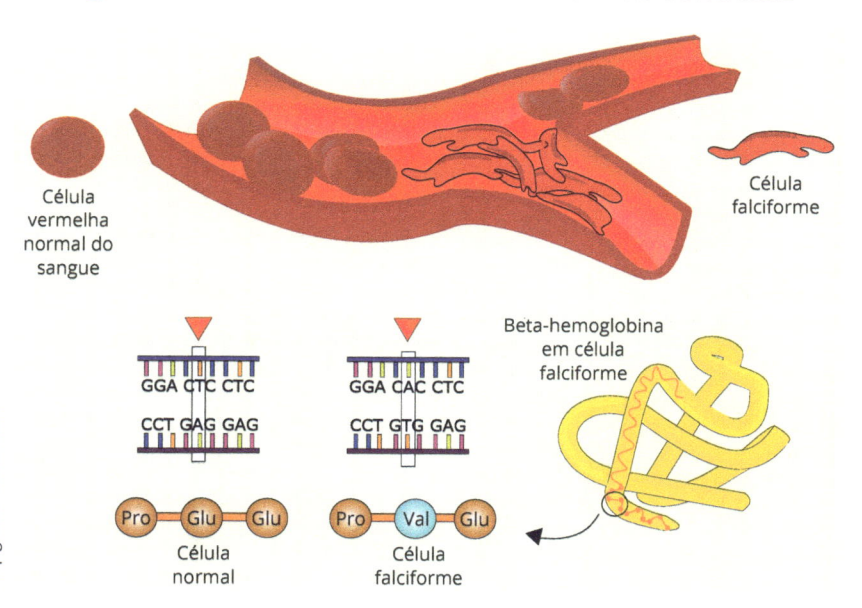

A A mutação pontual transforma o códon GAA em GTA. Qual é a consequência disso na cadeia polipeptídica?
B Qual seria o códon e o anticódon para o encaixe do aminoácido específico?
C Por que a mutação leva à anemia falciforme?

Atividade aplicada: prática

1. Os mapas conceituais são diagramas que organizam as informações sobre determinado assunto, integrando de maneira resumida conceitos e termos interligados mediante o uso de setas. Monte um mapa conceitual que exponha a composição e a função do material genético na síntese proteica.

CAPÍTULO 6

CICLO CELULAR,

As células apresentam a capacidade de crescer e se dividir, ou seja, realizam o ciclo celular, responsável pela manutenção das células e do próprio organismo; e correspondem à forma de reprodução em organismos procariontes. Os processos de divisão celular são altamente controlados por fatores genéticos, o que significa que todo o processo é dependente do tipo de célula, da espécie e das proteínas que deverão desencadear o ciclo celular.

O ciclo celular compreende desde a formação de uma nova célula até o estágio em que esta é capaz de formar novas células. Assim, há dois estágios importantes:

I. um que se refere ao período entre uma divisão e outra, denominado *interfase*, que se subdivide em G1 (intervalo com ponto de checagem), S (síntese) e G2 (intervalo com ponto de checagem); e
II. outro que compreende a divisão celular (cariocinese e citocinese).

Neste capítulo, descreveremos como ocorrem essas etapas.

6.1 Interfase

O ciclo celular depende de muitos processos que acontecem no núcleo e no citoplasma da célula, e tem como princípio básico manter a capacidade da célula de crescer e se reproduzir. A reprodução é a condição para a perpetuação de células preexistentes, como as hemácias, que apresentam um ciclo vital curto e, por isso, precisam ser renovadas constantemente; ou, no caso de organismos unicelulares, para gerar uma nova vida.

Por essa razão, o ciclo celular compreende todos os eventos que acontecem na célula: a formação, o crescimento, a atividade metabólica para a formação de suas biomoléculas, inclusive do material genético, e a própria divisão em duas células-filhas, nos processos denominados *mitose* e *citocinese* (Figura 6.1). Um dos pontos cruciais na produção de células-filhas geneticamente iguais é a replicação fiel do ácido desoxirribonucleico (DNA) seguida da separação dos cromossomos formados igualmente nas duas células.

Figura 6.1 – Ciclo celular: interfase e mitose

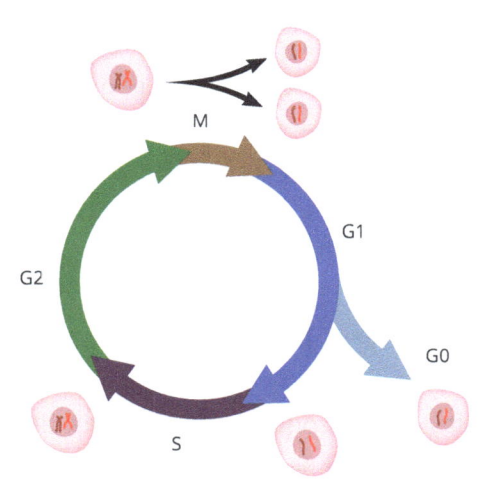

Alila Medical Media/Shutterstock

A duração do ciclo varia de acordo com o tipo celular no qual ocorre: em embriões de mosca, por exemplo, dura poucos minutos; em células hepáticas, dura alguns meses; e, em algumas células nervosas, pode durar vários anos.

Na Figura 6.1, aparecem as quatro fases sucessivas de um ciclo celular padrão em células eucariontes: as etapas G1, S, G2 e M (mitose). A **fase G1** (do inglês *gap*, "intervalo"), que antecede a fase S (do inglês *synthesis*, "síntese") e tem duração mais variável, corresponde ao período em que a célula está metabolicamente ativa. Nessa fase a célula cresce, sintetiza ácidos ribonucleicos (RNAs) e proteínas e forma novas organelas. Essa etapa também é chamada de *pós-mitótica* ou *pré-sintética*, pois tem início com o fim da mitose e termina quando a célula entra na fase S. A **fase S** (ou sintética), por sua vez, compreende o tempo em que as moléculas de DNA são replicadas, ou seja, em que são feitas cópias das informações genéticas para serem igualmente repassadas às células-filhas. Por fim, o **período G2** (também um período de intervalo), que antecede a divisão celular, compreende o tempo necessário para a completa replicação do DNA e os preparativos finais, como a síntese de moléculas essenciais à divisão (proteínas do citoesqueleto, por exemplo), a produção de energia e a duplicação dos centríolos.

Nos organismos pluricelulares, as células apresentam variações quanto à capacidade de proliferação: algumas se dividem continuamente, ao passo que outras apresentam longos períodos sem o processo de proliferação. Também há aquelas que, depois de se diferenciarem, perdem a capacidade de divisão celular. As células que se enquadram nas duas últimas categorias apresentam uma fase denominada **G0 (G zero)**, que corresponde a um estado especializado de repouso em que células em G1 podem interromper o processo de divisão celular de forma saudável (Figura 6.2). As células em G0 podem permanecer assim por dias, semanas, meses ou, até mesmo, não voltar a se proliferar. Aquelas que podem readquirir a capacidade de divisão o fazem diante de um estímulo: por nutrientes, hormônios de crescimento ou estímulo mecânico (um ferimento, por exemplo, estimula células da pele, os fibroblastos, a voltarem a se dividir para o processo de cicatrização). Por outro lado, a maioria dos neurônios e das células musculares esqueléticas e cardíacas perde permanentemente a capacidade de reprodução, permanecendo na fase G0.

As células têm um sistema de controle do ciclo celular mediado por eventos bioquímicos, os quais utilizam as informações do próprio estado Interno e dos sinais do meio externo para continuarem com o ciclo celular. Essa regulação é feita em **pontos de checagem** por meio de várias proteínas (principalmente as quinases e ciclinas) que interagem entre si e coordenam todo o processo, parando o ciclo celular em pontos estratégicos e específicos, o que pode resultar na parada definitiva ou na continuidade dos eventos. Nesse sentido, os pontos de checagem são responsáveis por garantir não somente que as etapas do ciclo celular ocorram de maneira correta, ordenada e hierárquica, mas também que cada ciclo aconteça uma única vez.

Entre as principais proteínas do sistema de controle celular estão as ciclinas e as quinases (dependentes das ciclinas). As **ciclinas** são as proteínas reguladoras de maior importância no ciclo celular e estão presentes em todas as fases. Os dois tipos de ciclinas com maior relevância são as ciclinas mitóticas – ciclinas M –, que estão diretamente relacionadas com os eventos que antecedem a mitose na fase G2; e as ciclinas G1, que atuam no início do ciclo celular, na fase S. As **quinases dependentes de ciclinas** (CDKs, na sigla em inglês) funcionam como suas ativadoras, o que permite que sejam realizadas as alterações nas proteínas-alvo no interior da célula. Por exemplo, na etapa G1, a célula exerce a importante e incisiva função de continuar a proliferação celular ou de retirar-se do processo e permanecer na fase G0, pois, uma vez que decida continuar as etapas do ciclo de divisão celular, a célula estará comprometida a entrar na fase S e prosseguirá até o final do processo. Nesse sentido, os pontos de checagem G1 avaliam se as condições internas e externas são favoráveis para a continuação do processo. Entre as condições necessárias, a célula precisa apresentar um tamanho ideal para se dividir e nutrientes suficientes para todo o processo (ou uma reserva deles); os sinais moleculares precisam ser positivos para o ciclo celular; e o DNA necessita estar íntegro para o processo (Figura 6.2).

Figura 6.2 – Ciclo celular: as etapas e os pontos de checagem G1 e G2

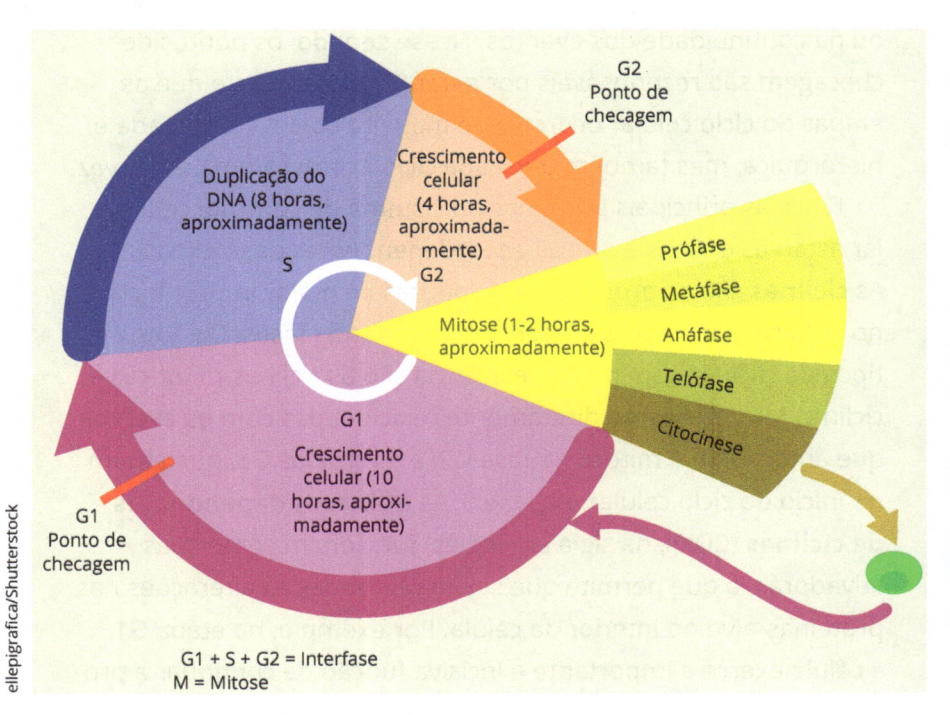

O ponto de checagem G2 (Figura 6.2) antecede a fase da mitose e tem como finalidade avaliar a integridade e a replicação das moléculas de DNA. Nessa fase, verifica-se um aumento de ciclinas mitóticas e a ligação destas com CDKs, formando o **fator promotor da fase M** (MPF, na sigla em inglês), o qual tem duas importantes funções: a ativação da CDKs mediante uma quinase (enzima com a função de ligar grupos fosfatos) e o direcionamento a outras proteínas que levam a célula a entrar em mitose, principalmente pelo rompimento do envoltório nuclear e pela ativação dos processos de condensação cromossômica.

Caso tenha ocorrido um erro em um dos processos, o ciclo celular é interrompido – a própria célula dispõe de mecanismos (proteínas especiais) para completar a replicação ou reparar o erro no material genético danificado. Todavia, o dano pode ser irreparável, o que leva a célula a acionar o processo de apoptose e, assim, a impedir que os danos do DNA sejam repassados para novas células. Quando todos os mecanismos falham, o erro é transferido para as novas células, o que causa danos celulares e doenças como o câncer. Uma proteína relevante no bloqueio do ciclo celular em casos de dano do DNA é a p53, pois sua ativação interrompe o processo, ativando a apoptose celular ou permitindo que o DNA seja reparado. O papel da p53 fez dela foco de muitos estudos em áreas como a bioquímica, a genética e a biologia celular, tendo em vista o objetivo de compreender o seu potencial na formação de células tumorais. Isso porque as diversas ferramentas da genética molecular têm identificado a influência de alterações no funcionamento do gene p53 e sua correlação com o desenvolvimento de neoplasias (Alberts et al., 2017; Junqueira; Carneiro, 2000).

Outro grupo proteico bastante relevante são as proteínas Rb (pRb), que estão presentes em grandes quantidades na fase G1. Elas atuam como inibidoras de uma série de proteínas regulatórias, permitindo, dessa forma, que o ciclo celular prossiga. Na forma ativa, elas têm importante papel na supressão de tumores, visto que estão ligadas ao fator E2F e impedem a atuação dos processos transcricionais durante a fase G1. Quando a célula é estimulada a se dividir pelo complexo MPF, a pRB é fosforilada, tornando-se inativa, momento em que libera o fator E2F. A proteína de regulação gênica E2F atua na transcrição de genes fundamentais para que a célula realize suas funções na fase S (Alberts et al., 2017).

Do mesmo modo que a célula depende de proteínas para iniciar o processo da mitose, é de conhecimento da ciência a necessidade de proteínas para que o processo termine. As ciclinas, provavelmente, são as que engatilham os processos de término da mitose, ao serem degradadas entre as etapas de metáfase e anáfase. Quando as ciclinas são requeridas no início do processo, desencadeiam um aumento considerável de MPF, necessário para iniciar a mitose e, ao mesmo tempo, o declínio das ciclinas pela própria destruição. A redução das ciclinas é responsável por inativar as MPF, quando um novo ciclo celular está pronto para começar após um novo o acúmulo de proteínas ciclinas (Alberts et al., 2017).

6.2 Mitose

A mitose compreende a etapa do ciclo celular em que a célula apresenta as moléculas de DNA replicadas na interfase (fase S), bem como a etapa de produção de outras moléculas e organelas necessárias à formação de duas novas células, as células-filhas, que são idênticas entre si. Nos organismos unicelulares, a mitose corresponde à reprodução assexuada. Nos organismos pluricelulares, é fundamental no crescimento do organismo, na renovação das células, nos processos de cicatrização e na substituição de células mortas. Embora o termo *mitose* (do grego *mitos*, "fios deformados") tenha sido proposto por Walter Flemming, em 1882, foi o zoólogo Otto Butschi que descobriu esse processo ao estudar células da córnea de sapos, gatos e coelhos. A descrição detalhada desse processo foi feita pelo histologista Wactaw Mayzel, em 1875.

Figura 6.3 – Célula em interfase (organização intracelular durante as quatro fases da mitose e a citocinese)

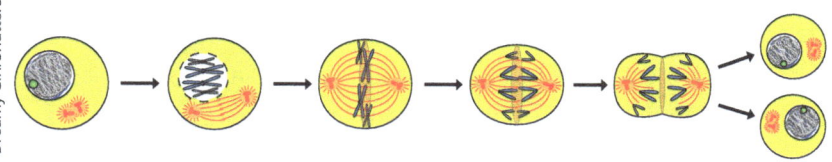

Para compreender esse processo de divisão celular, subdividimos a mitose em etapas que correspondem às alterações que acontecem na célula. Essas cinco etapas são: prófase, metáfase, anáfase, telófase e citocinese.

6.2.1 Prófase

A prófase (do grego *pro*, "início") é a etapa mais longa da mitose e caracteriza-se pela condensação dos filamentos de cromatina (duplicados na interfase – fase S) em cromossomos visíveis ao microscópio óptico, em que um encontra-se bem separado do outro. A individualização dos cromossomos acontece quando a fibra cromossômica se enrola sobre si mesma pela ação de proteínas, principalmente pela condensina. A **condensina** é uma proteína com dois domínios e funciona como uma pinça – cada uma das suas extremidades se liga a um ponto do DNA, e todas elas, ao se fecharem, se aproximam uma da outra, ajudando no processo de espiralização da cadeia de DNA. A condensação tem um importante papel na separação do DNA em duas novas células, impedindo que se enrolem ou que aconteçam quebras. Cada cromossomo é formado por duas cadeias de DNA, idênticas entre si, as **cromátides-irmãs**, unidas pelo centrômero até que a divisão celular ocorra e que cada uma faça parte das novas células.

Na região do centrômero, encontra-se uma proteína da mesma família da condensina, cuja função é manter a coesão das cromátides-irmãs durante a divisão celular: a **coesina**. A coesina e a condensina fazem parte da família de proteínas de manutenção da estrutura dos cromossomos, sendo conservadas em organismos desde leveduras até seres humanos.

Após a condensação cromossômica, a situação física do DNA impede o processo de transcrição em novas fitas de RNA, o que provoca redução da atividade celular e desorganização do nucléolo, que tem seu material distribuído pela célula. Outro evento importante é a formação do fuso mitótico, também chamado de **fuso acromático**, que consiste em um conjunto de microtúbulos e proteínas associadas ao direcionamento das cromátides de cada cromossomo para os polos opostos da célula durante a anáfase. Uma vez que o centrossomo é o principal centro organizador dos microtúbulos, dele depende a formação do fuso mitótico, visto que acontecem a desagregação das moléculas do citoesqueleto e o uso destas para a formação dos feixes de fibras entre os dois polos da célula (Figura 6.4). A formação do centrossomo em diferentes espécies parece acontecer na presença de proteínas centrossomo-específicas, ao passo que, nas células de animais, os centrossomos apresentam um par de organelas responsáveis pela organização e formação do fuso, os centríolos (Alberts et al., 2017). No núcleo, durante a primeira etapa da mitose, os filamentos de cromatina iniciam o processo de condensação. Já no citoplasma os centrossomos e as fibras radiais dão origem ao chamado *áster*, um aglomerado radial de microtúbulos.

Figura 6.4 – Prófase

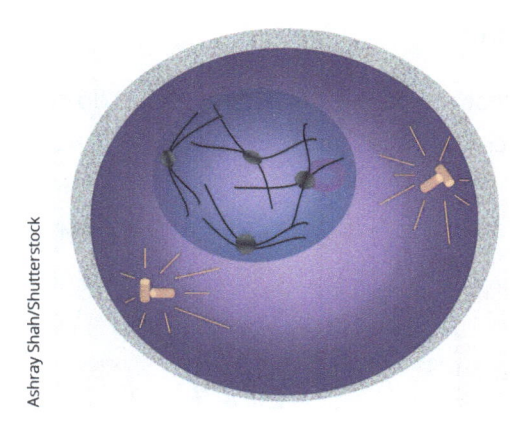

Ashray Shah/Shutterstock

Na prófase, cada par de centríolos, duplicados na interfase, direcionam-se para um dos polos da célula e tornam-se o centro organizador de microtúbulos. No fuso acromático, são encontrados três tipos de microtúbulos atuando no mecanismo de divisão celular: os microtúbulos astrais, os microtúbulos polares e os microtúbulos com cinetócoros.

Os **microtúbulos astrais**, formadores dos dois ásteres, são aqueles que migram de forma orientada para ambos os polos da célula, formando o áster (Alberts et al., 2017). Já os **microtúbulos polares** são responsáveis pelo afastamento dos polos, emanando da região do centrossomo para a região mediana da célula. De cada centrossomo saem microtúbulos polares, os quais parecem se encontrar, formando uma ligação cruzada que acaba por estabilizar suas pontas, impedindo que se desmantelem. Contudo, os microtúbulos polares continuam sofrendo a adição de monômeros na extremidade mais (+) e sua perda na extremidade menos (–), o que resulta num distanciamento dos polos (Alberts et al., 2017). Os **microtúbulos com cinetócoro**, por sua vez, correspondem à região em que os microtúbulos se ligam ao centrômero, local de constrição entre as cromátides-irmãs.

Figura 6.5 – Presença do cinetócoro na região do centrômero de cada uma das cromátides-irmãs

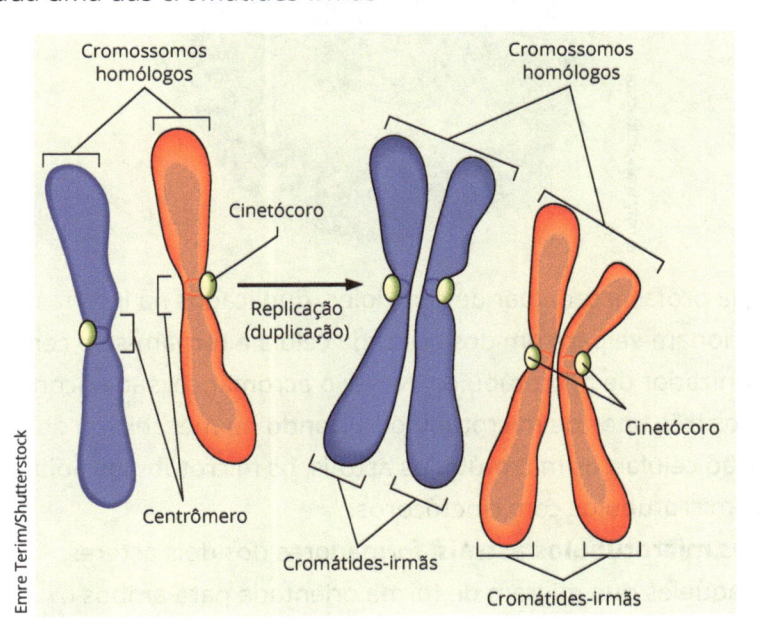

A chegada dos centríolos aos polos da célula, no final da prófase, promove a fragmentação da membrana nuclear, tendo em vista o aumento do volume do núcleo juntamente com as proteínas dos poros, o que os leva a ficarem dispersos pelo citoplasma.

6.2.2 Metáfase

Na metáfase (do grego *meta*, "meio"), os cromossomos atingem o máximo de condensação, ficando visíveis à microscopia óptica, e a membrana nuclear é completamente desfeita, o que permite a interação dos microtúbulos com as cromátides. O ápice dessa fase é a organização dos cromossomos no plano equatorial da célula, formando a **placa metafásica** (ou **placa equatorial**), conforme ilustra a Figura 6.6. Os microtúbulos que partem dos centrossomos se aderem ao cromossomo numa região denominada *cinetócoros*, estrutura proteica localizada na região do centrômero que apresenta afinidade com as fibras do fuso, a qual tem como função ancorar cada cromossomo (por meio de suas cromátides-irmãs) aos dois polos opostos e atuar na montagem e desmontagem dos microtúbulos. Nessa fase, novas moléculas de tubulinas livres no citosol (importante proteína de microtúbulo) são adicionadas na extremidade *mais* (+) do microtúbulo, região voltada ao equador do fuso, e removidas na extremidade *menos* (−), ligada ao polo da célula, originando as **fibras cinetocóricas**. Estas tendem a puxar as cromátides em direção ao polo, gerando uma tensão importante para a outra etapa da mitose, a anáfase (Alberts et al., 2017).

Figura 6.6 – Cromossomos alinhados na placa equatorial da célula (microtúbulos aderidos ao cinetócoro de cada cromátide-irmã

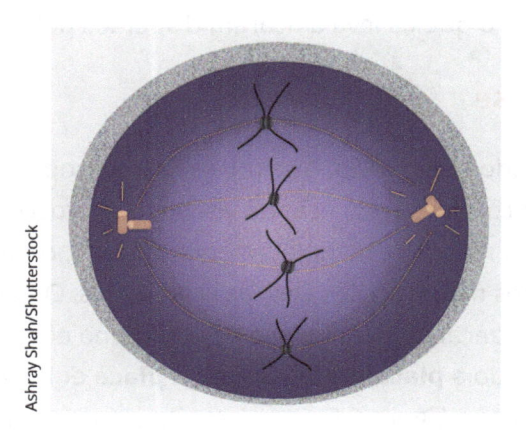

No final da metáfase, há mais um ponto de checagem do ciclo celular, que objetiva verificar a correta formação da placa metafásica, na qual os cromossomos devem estar alinhados no centro da célula e aderidos corretamente ao fuso. Essa checagem evita erros de disjunção, o que é fundamental para a distribuição correta dos cromossomos nas células-irmãs.

6.2.3 Anáfase

A anáfase (do grego *ana*, "separação") tem como principal característica a separação das cromátides-irmãs e sua migração para os polos opostos da célula. Com a checagem realizada e estando tudo certo na formação da placa metafásica, a partir do momento que inativam a proteína responsável por manter as cromátides-irmãs unidas (a coesina), entra em ação o complexo (de proteínas) ativador da anáfase (APC) (Alberts et al., 2017).

A anáfase, considerada a terceira etapa da mitose, é caracterizada pela separação das cromátides-irmãs.

Figura 6.7 – Anáfase

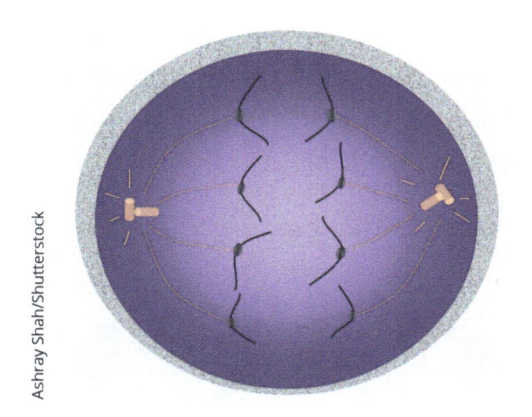

Ashray Shah/Shutterstock

A separação das cromátides-irmãs pode ocorrer pelo encurtamento dos microtúbulos do fuso, graças à perda de moléculas de tubulinas da extremidade dos microtúbulos associadas ao cinetócoro; ou, então, pelo alongamento de microtúbulos polares, que aumentam a distância entre os próprios polos. A força para que o evento aconteça pode vir de proteínas associadas ao cinetócoro capazes de hidrolisar a adenosina trifosfato (ATP).

Assim, os cromossomos seriam puxados pelos microtúbulos aderidos ou pelo desmonte dos microtúbulos que, ao se dissociarem, provocariam o deslizamento do cinetócoro em direção ao polo, razão pela qual a cromátide é trazida para o polo.

6.2.4 Telófase e citocinese

A telófase (do grego *telos*, "fim") consiste na fase final da mitose, em que os cromossomos se descondensam e as duas membranas nucleares se reconstituem próximas aos desmossomos. Nessa fase, a cromatina reaparece e os nucléolos se reorganizam. Trata-se de uma etapa importante, pois a célula reinicia o processo de transcrição e as atividades de síntese proteica. A Figura 6.8 identifica o final da telófase em uma célula animal, com a formação de duas células-filhas num processo denominado *citocinese*, no qual ocorre a divisão do citoplasma ao final da mitose (Alberts et al., 2017).

Figura 6.8 – Telófase e citocinese

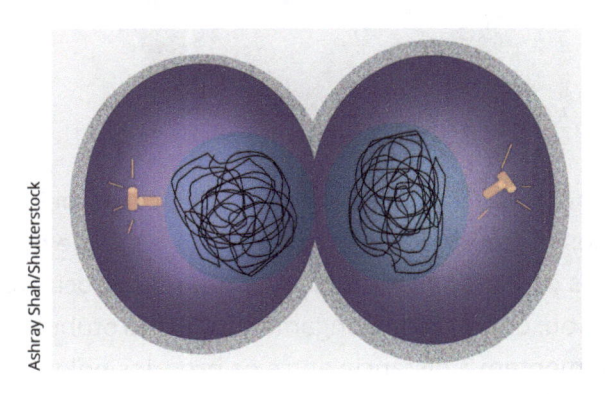

Ashray Shah/Shutterstock

A **citocinese** tem início na zona do plano equatorial, com a formação de um anel contrátil de filamentos proteicos (de actina e miosina) em que se produz a força necessária para a clivagem. Os filamentos de actina e miosina se orientam de maneira que, ao realizarem a contração, puxem a membrana celular para dentro do citoplasma. O estrangulamento total promove a formação das duas novas células. Esse processo é conhecido como **citocinese centrípeta**, justamente porque começa na periferia e avança para o centro da célula (Alberts et al., 2017).

Em células vegetais, a citocinese ocorre de maneira especial, com a presença de uma parede celular rígida, e o processo de estrangulamento promovido pelo anel contrátil não ocorre. Nessas células, a divisão acontece com a formação, dentro delas, de uma nova parede ou lâmina celular. O início da citocinese ocorre quando vesículas com carboidratos, formadas pelo complexo golgiense, se acumulam na região equatorial da célula, originando a primeira camada da parede celular: a lamela média. Esse tipo de divisão é conhecido como **citocinese centrífuga**, pois se inicia no centro da célula e segue em direção à periferia (Alberts et al., 2017).

6.3 Meiose

A meiose (do grego *meíosis,* "diminuição") difere da mitose porque a divisão celular leva à redução, pela metade, do número original de cromossomos nas células-filhas. Esse tipo de divisão celular está vinculado às células germinativas presentes nas gônadas sexuais de animais e plantas capazes de originar as células sexuais ou gametas. As células diploides presentes nesses órgãos são capazes de formar células haploides (n) com apenas um cromossomo do par homólogo.

Os primeiros estudos que descrevem e identificam o processo de meiose datam do século XIX. Em 1876, o zoólogo alemão Oscar Hertwig detalhou o processo de meiose em estudos com ouriços-do-mar. Em 1883, o biólogo belga Edouard Van Beneden caracterizou o processo cromossômico pelo estudo de ovos de vermes. Já no final do século XIX, os achados do biólogo alemão August Weismann corroboraram o processo de reprodução e herança genética ao descrever que aconteciam duas divisões celulares para transformar uma célula diploide (2n) em quatro células haploides (n). No século XX, o geneticista americano

Thomas Hunt Morgan identificou o processo de *crossing-over* e sinalizou a relação entre genes e cromossomos.

Figura 6.9 – Meiose I e meiose II

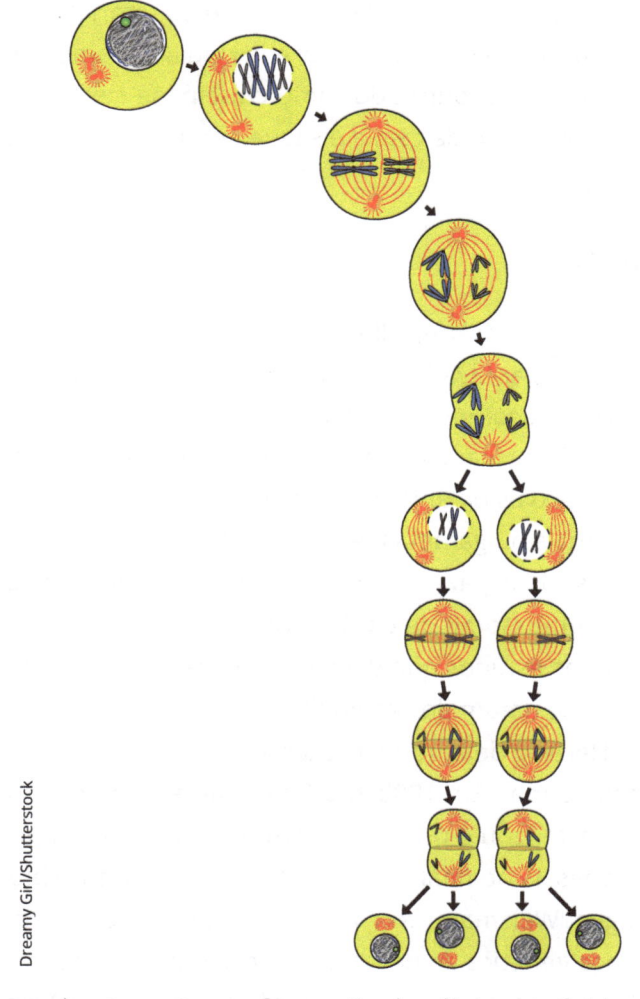

Na meiose acontece a formação de células haploides (com metade do número de cromossomos originais da espécie) a partir de uma célula diploide (com o número total de cromossomos da espécie). Na **meiose I**, ocorre a separação dos cromossomos homólogos; na **meiose II**, há a separação das cromátides-irmãs. Nesse tipo de divisão, também são observáveis as diferenças organizacionais que ocorrem durante o processo.

Em cada fase da meiose ocorrem cinco etapas:

- **meiose I**: prófase I, metáfase I, anáfase I, telófase I e citocinese I;
- **meiose II**: prófase II, metáfase II, anáfase II, telófase II e citocinese II.

O ciclo celular que culmina na meiose se inicia com a interfase (G1, S e G2), processo idêntico ao que ocorre na mitose.

6.3.1 Meiose I

A **prófase I**, etapa mais marcante da meiose I, é um processo bastante longo e complexo, com a ocorrência de fenômenos que não são verificados na mitose. Um evento-chave nesse processo é o pareamento dos cromossomos homólogos, que garante que cada um deles fique em uma célula-filha, bem como que eles realizem *crossing-over* (recombinação gênica ou permuta). Para compreender melhor esse período de prófase I, é necessário saber que há cinco fases, denominadas *leptóteno*, *zigóteno*, *paquíteno*, *diplóteno* e *diacinese* (Alberts et al., 2017).

Na fase **leptóteno** (do grego *leptos*, "fino"), inicia-se a condensação dos filamentos finos de cromatina em cromossomos, bem como o desaparecimento do nucléolo e da membrana nuclear. No citoplasma, os centríolos iniciam a migração para os polos da célula e há a formação do fuso acromático. Todos os eventos iniciados nessa etapa terminam ao final da prófase I (Alberts et al., 2017).

A fase seguinte, **zigóteno** (do grego *zygon*, "ligação" ou "emparelhamento"), é marcada pela aproximação e pelo pareamento dos cromossomos homólogos, fenômeno conhecido como *sinapse cromossômica*. Os cromossomos homólogos, um de origem materna e outro de origem paterna, ficam pareados porque aderem-se a uma estrutura constituída por proteínas, o complexo sinaptonêmico (CS). Esse complexo é constituído por um composto proteico em cada cromossomo homólogo, cuja associação ocorre durante a condensação, sendo formado por três elementos eletrodensos paralelos entre si e ao eixo do cromossomo, um central e dois laterais (Alberts et al., 2017). Cada par de cromossomos homólogos, no final dessa etapa, está conectado ao seu complexo sinaptonêmico, dando início à outra fase.

Na terceira etapa, conhecida como **paquíteno**, os cromossomos já atingiram o grau máximo de condensação, formando uma estrutura bivalente ou tétrade. Na microscopia óptica, é possível visualizar os dois cromossomos unidos (bivalente) e cada cromossomo constituído pelas suas cromátides-irmãs, o que confere a estrutura tétrade. Essa organização dos cromossomos homólogos permite que regiões afins do DNA se cruzem, arranjo que se denomina *quiasmas*, promovendo outro evento importante, a troca de segmento. Em outras palavras, o gene materno daquela região passa a ocupar o lócus do cromossomo paterno e vice-versa. Esse fenômeno é conhecido como *crossing-over* (ou recombinação genética) e resulta em variação genética dos gametas (Alberts et al., 2017). O *crossing-over* é um evento aleatório, razão pela qual não é possível prever em quais cromossomos ou quiasmas ele acontecerá. No entanto, é, sem dúvida, um fator que contribui para o maior número de gametas diferenciados. Essa etapa é a mais duradoura entre as que ocorrem na prófase I, levando dias ou semanas para findar-se.

Figura 6.10 – Cromossomos homólogos em *crossing-ov-er*

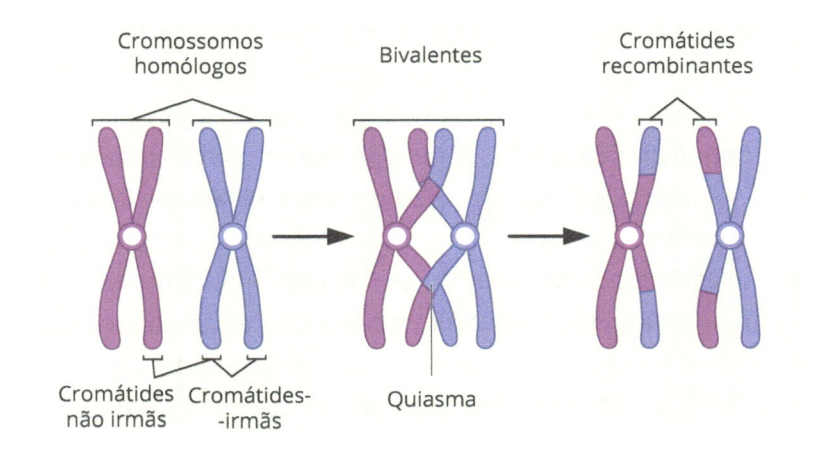

Notemos, antes de passar para a etapa seguinte, que a Figura 6.10 mostra as cromátides materna e paterna com um fragmento de seu DNA trocado.

A quarta etapa, conhecida como **diplóteno** (do grego *diploos*, "duplo"), compreende a desorganização do complexo sinaptonêmico, que tem como efeito a separação dos cromossomos homólogos. Contudo, essa cisão não é total, uma vez que eles permanecem unidos pelas regiões dos quiasmas. O que se observa é, pelo menos, um quiasma de ligação entre os cromossomos homólogos, o que, por sua vez, permite que permaneçam unidos até a anáfase I e, assim, garantam a correta migração para os polos opostos da célula (Alberts et al., 2017).

Por fim, a última etapa da prófase I, a **diacinese** (do grego *dia*, "através", e *kinesis*, "movimento"), é marcada pelo distanciamento dos cromossomos homólogos, promovido pelo deslizamento dos quiasmas para a extremidade dos cromossomos, evento denominado *terminalização dos quiasmas*. Nessa fase, o nucléolo e a membrana nuclear desaparecem totalmente, e os cromossomos ficam livres para se prenderem facilmente às fibras do fuso, a fim de se direcionar para a placa equatorial na próxima etapa (Alberts et al., 2017).

Na **metáfase I**, bem como nas outras duas etapas que sucedem a divisão celular, verifica-se que os cromossomos continuam duplicados, com as suas cromátides-irmãs unidas pelo centrômero. Nessa etapa, os cromossomos se ligam fortemente às fibras do acromático (ou fuso acromático), que correspondem às fibras proteicas formadas durante a divisão celular. Essa fibras se ligam aos cromossomos a fim de separá-los e se organizam aos pares na placa equatorial da célula. Cada cromossomo tem os seus cinetócoros voltados para um dos polos da célula, e a aderência aos microtúbulos vai puxá-lo para essa extremidade, ao passo que o seu homólogo é trazido para a extremidade contrária.

A **anáfase I** tem como característica o deslocamento dos cromossomos homólogos para os polos opostos da célula. Cada cromossomo é direcionado para uma das extremidades da célula, com as suas cromátides unidas pelo centrômero. Para que a migração aconteça, as proteínas coesina e condensina, responsáveis pela manutenção estrutural dos cromossomos, são totalmente degradadas, ao passo que os quiasmas desaparecem completamente (Alberts et al., 2017).

Na **telófase I**, com os cromossomos homólogos já divididos, metade para cada polo da célula, inicia-se um processo de descondensação concomitante ao fuso acromático se desfazendo e à reorganização do nucléolo e da membrana nuclear. Até aqui, cada cromossomo continua com suas cromátides-irmãs (Figura 6.9 e Figura 6.11) (Alberts et al., 2017).

A **citocinese I** é a última etapa da meiose I, na qual são geradas duas células-filhas a partir de uma única célula, cada uma com um conjunto completo de cromossomos que sofreram recombinação genética. Após a divisão, as células-filhas passam por um intervalo curto denominado **intercinese**, onde não ocorre uma interfase típica porque a fase S é suprimida do processo (Alberts et al., 2017).

6.3.2 Meiose II

A meiose II é bastante semelhante à mitose normal, visto que ocorre a separação das cromátides-irmãs e a divisão das duas células formadas na meiose I, originando quatro células haploides no final da meiose II. Trata-se de uma etapa breve se comparada com a primeira, pois só a prófase I corresponde a 90% de todo o tempo consumido.

A **prófase II** é marcada pelo rompimento da membrana nuclear, pelo desaparecimento do nucléolo, pela condensação do material genético em cromossomos e por uma nova montagem do fuso meiótico. Em seguida, os cromossomos se alinham na região equatorial, expondo os centrômeros de cada cromátide em um dos polos da célula e prendendo-se às fibras do fuso – aqui ocorre a **metáfase II**.

Figura 6.11 – Principais eventos ocorridos na mitose e na meiose

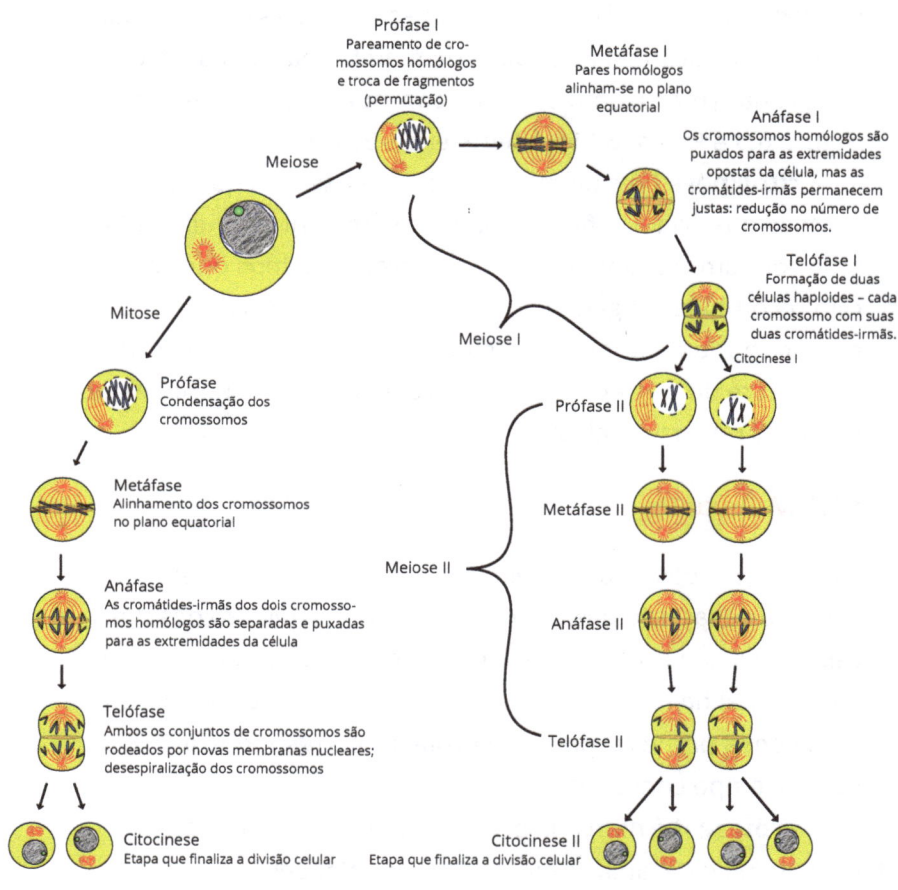

Prófase I
Pareamento de cromossomos homólogos e troca de fragmentos (permutação)

Metáfase I
Pares homólogos alinham-se no plano equatorial

Anáfase I
Os cromossomos homólogos são puxados para as extremidades opostas da célula, mas as cromátides-irmãs permanecem justas: redução no número de cromossomos.

Telófase I
Formação de duas células haploides – cada cromossomo com suas duas cromátides-irmãs.

Citocinese I

Meiose
Meiose I

Prófase II

Metáfase II

Meiose II

Anáfase II

Telófase II

Citocinese II
Etapa que finaliza a divisão celular

Mitose

Prófase
Condensação dos cromossomos

Metáfase
Alinhamento dos cromossomos no plano equatorial

Anáfase
As cromátides-irmãs dos dois cromossomos homólogos são separadas e puxadas para as extremidades da célula

Telófase
Ambos os conjuntos de cromossomos são rodeados por novas membranas nucleares; desespiralização dos cromossomos

Citocinese
Etapa que finaliza a divisão celular

Dreamy Girl/Shutterstock

Na Figura 6.11, é possível perceber as semelhanças entre as etapas da mitose e da meiose II. Contudo, no final da mitose, surgem duas células-filhas idênticas (2n) à célula-mãe (2n), ao passo que na meiose aparecem quatro células-filhas haploides (n), diferentes, portanto, das célula-mãe, que é diploide (2n). O encurtamento das fibras do fuso, como visto na mitose, promove a separação das cromátides-irmãs e direciona cada uma delas para os polos opostos – tais eventos correspondem à **anáfase II**.

Na **telófase II**, última fase de todo o processo de divisão, quando o núcleo se reorganiza (nucléolo, membrana nuclear e desespiralização dos cromossomos) e o citoplasma se divide, formam-se as quatro células haploides, etapa denominada *citocinese II*.

6.3.3 Meiose e as alterações no número de cromossomos

Cada espécie apresenta um número de cromossomos, o cariótipo. Quando acontecem erros na disjunção dos cromossomos, tanto na meiose I quanto na meiose II, os indivíduos apresentam um número anormal de cromossomos correspondente à sua espécie.

Figura 6.12 – Síndrome de Down

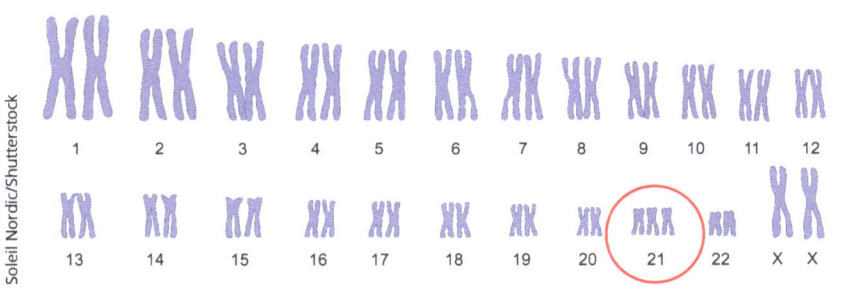

A Figura 6.12 retrata um cariótipo com trissomia no conjunto 21, característico da Síndrome de Down. A figura ilustra um caso do sexo feminino, embora a síndrome também afete o sexo masculino, pois a disjunção é em um cromossomo autossômico.

Figura 6.13 – Síndrome de Turner

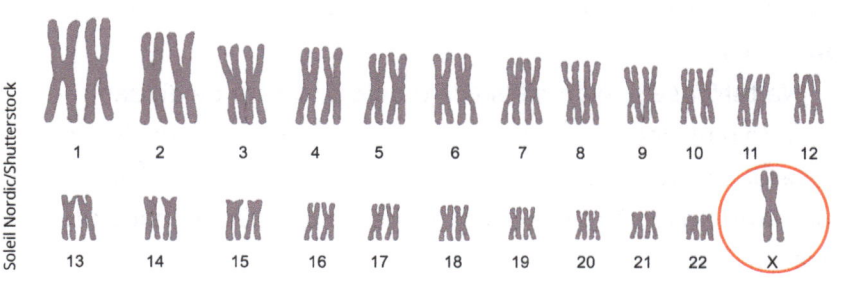

Na Figura 6.13, é possível perceber que a alteração ocorreu no cromossomo sexual, característica da Síndrome de Turner. Como afeta o cromossomo X, essa síndrome ocorre apenas com o sexo feminino.

As alterações numéricas são classificadas em euploidia e aneuploidia. No primeiro caso, pode ocorrer um aumento ou uma diminuição de todos os tipos de cromossomos, formando células haploides, triploides ou tetraploides, sendo letal em seres humanos. Na aneuploidia, o número de um tipo de cromossomo é alterado, ocasionando no cariótipo do indivíduo um cromossomo a mais ou a menos. No ser humano, ocorrem a trissomia (três cromossomos de determinado tipo), como no caso da Síndrome de Down, e a monossomia (um cromossomo a menos), como no caso da Síndrome de Turner.

Síntese

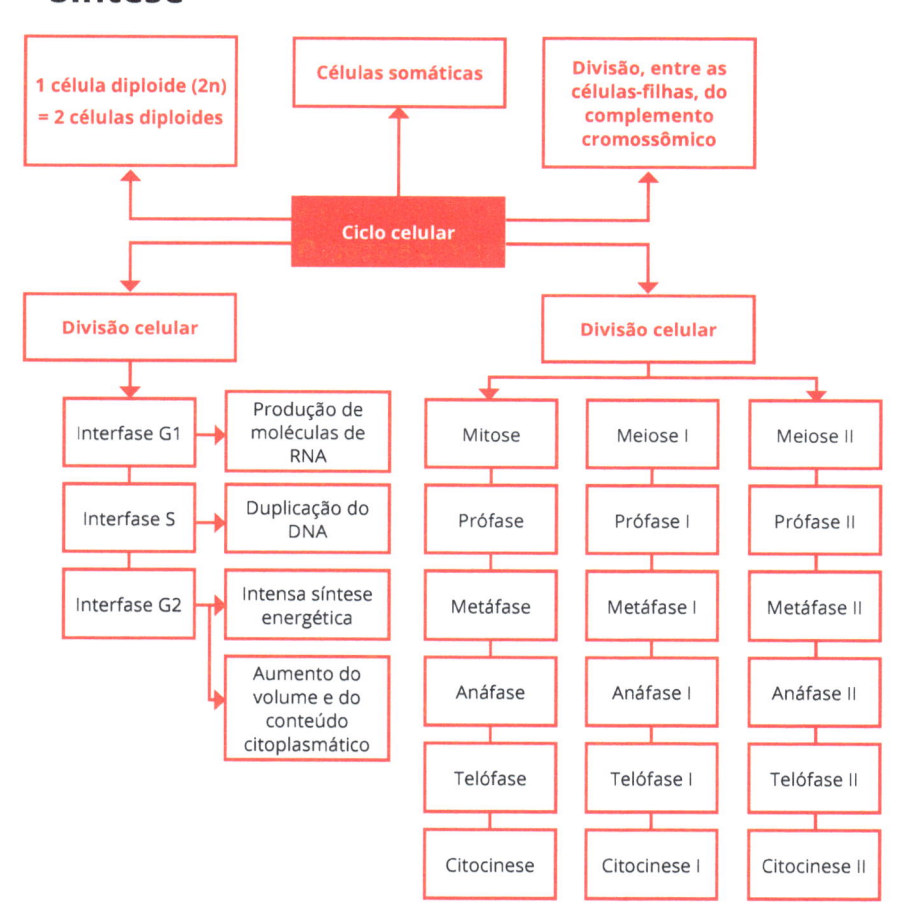

- 1 célula diploide (2n) = 2 células diploides
- Células somáticas
- Divisão, entre as células-filhas, do complemento cromossômico

Ciclo celular

Divisão celular

- Interfase G1 → Produção de moléculas de RNA
- Interfase S → Duplicação do DNA
- Interfase G2 → Intensa síntese energética
  → Aumento do volume e do conteúdo citoplasmático

Divisão celular

Mitose	Meiose I	Meiose II
Prófase	Prófase I	Prófase II
Metáfase	Metáfase I	Metáfase II
Anáfase	Anáfase I	Anáfase II
Telófase	Telófase I	Telófase II
Citocinese	Citocinese I	Citocinese II

Atividades de autoavaliação

1. Considerando o ciclo celular, assinale a alternativa **incorreta**.

   A O ciclo celular compreende a interfase e a divisão celular. Contudo, há células que podem permanecer no estado denominado G0.

   B A interfase é dividida em três etapas: G1 (síntese de RNA e proteínas); S (autoduplicação da cromatina); e G2 (produção de energia e preparação para a divisão celular).

   C A mitose é um tipo de divisão celular que ocorre em organismos unicelulares, multicelulares e pluricelulares. Por meio desse tipo de divisão acontece a cicatrização de um tecido lesionado ou o crescimento e a renovação celulares. Nos organismos unicelulares, é um importante mecanismo de reprodução assexuada.

   D Nos animais, a meiose acontece nas gônadas, formando as células sexuais (ou gametas). Durante o processo, o material genético é duplicado e, em seguida, ocorrem duas divisões sucessivas. No final do processo, a célula haploide dá origem a quatro células diploides.

   E Nos seres humanos, junto com a maturação sexual se dá o advento da meiose, que é a produção de células sexuais ou gametas.

2. A mitose promove o crescimento celular, bem como os processos de cicatrização e renovação celular em organismos multicelulares e a reprodução em organismos unicelulares. Tendo isso em vista, correlacione as fases apresentadas na primeira coluna com os eventos apresentados na segunda.

1. Prófase
2. Metáfase
3. Anáfase
4. Telófase

( ) Encurtamento dos microtúbulos e migração das cromátides para os polos opostos da célula.
( ) Alinhamento dos cromossomos na região equatorial da célula.
( ) Condensação da cromatina, início do fuso mitótico e início do desaparecimento da membrana nuclear e do nucléolo.
( ) Desespiralização dos cromossomos e início da citocinese.

Agora, assinale a alternativa que apresenta a sequência correta:

A 1, 2, 3, 4.
B 4, 1, 2, 3.
C 3, 1, 2, 4.
D 2, 3, 1, 4.
E 3, 2, 1, 4.

3. A mitose compreende um processo de divisão celular em que a célula sofre alterações significativas tanto no núcleo quanto no citoplasma. Com base nisso, analise as afirmativas a seguir.

I) A mitose compreende uma etapa do ciclo celular dos seres vivos, sendo responsável, em organismos multicelulares, pelo crescimento, pela renovação e pela cicatrização celular.
II) O ciclo celular pode se iniciar com a interfase ou com a mitose, visto que são processos similares que resultam na formação de células-filhas idênticas à célula-mãe.

III) A mitose compreende quatro fases fundamentais: prófase, metáfase, anáfase e telófase, respectivamente.

IV) Na anáfase, ocorre a organização dos cromossomos na região equatorial da célula e a reorganização do fuso mitótico para a separação das cromátides-irmãs.

V) A reorganização da membrana nuclear e do nucléolo, bem como a desespiralização dos cromossomos em fitas de DNA, são eventos que ocorrem na telófase.

Está correto apenas o que se afirma apenas em:

A I, II e V.
B I, III, IV e V.
C II, III, IV e V.
D I, III e V.
E III, IV e V.

4. Analise o gráfico a seguir e as afirmativas sobre a divisão celular. Em seguida, marque a alternativa **incorreta**.*

Gráfico A – Representação da divisão celular

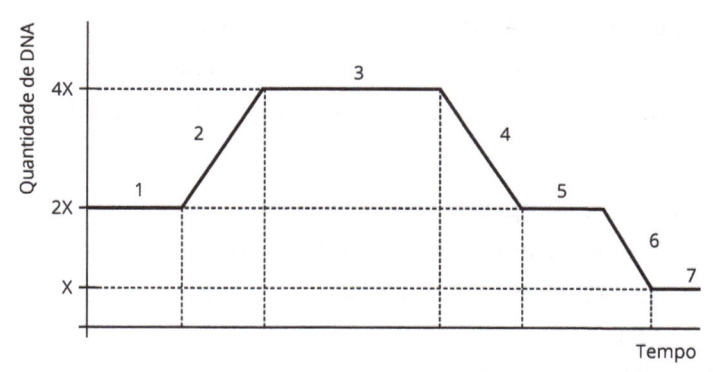

Fonte: Questão 5, UFPA, 2016.

---

* Questão elaborada com base em Questão 5 (2016).

A O gráfico representa uma célula em mitose e meiose: no tempo 4, ela finaliza o processo de mitose, ficando com a mesma quantidade de DNA da célula original, e, no tempo 7, termina a meiose com metade da quantidade de DNA.

B O gráfico representa o processo da meiose, iniciando com a interfase nos tempos 1, 2 e 3 (G1, S e G2, respectivamente) e, em seguida, passando pela meiose I e meiose II.

C Na meiose I, na prófase I e na fase denominada *paquíteno* ocorre o *crossing-over* (ou recombinação gênica), o qual aumenta a variabilidade genética dos gametas.

D No tempo 4 acontece a primeira divisão da meiose, onde os cromossomos homólogos são separados em duas novas células, ao passo que, no tempo 6, ocorre a separação das cromátides-irmãs, formando quatro células haploides, os gametas (ou células sexuais).

E O tempo 7 pode ser compreendido como a citocinese II, quando há a formação das quatro células haploides.

5. Preencha as lacunas a seguir.

   A meiose é o processo de divisão celular mediante o qual uma célula (a)_____ origina células (b)_____ com um número (c)____ de cromossomos. Na meiose, há (d)_____ e (e)_____ cromossômica(s).

   Agora, assinale a alternativa que apresenta a sequência correta de palavras:

   A (a) diploide; (b) haploides; (c) n; (d) uma duplicação do DNA; (e) duas divisões.

   B (a) haploide; (b) diploide; (c) 2n; (d) duas duplicações do DNA; (e) duas divisões.

C (a) diploide; (b) diploide; (c) n; (d) uma duplicação do DNA; (e) uma divisão.

D (a) diploide; (b) haploides; (c) 2n; (d) uma duplicação do DNA; (e) quatro divisões.

E (a) haploide; (b) haploides; (c) n; (d) uma duplicação do DNA; (e) duas divisões.

Atividades de aprendizagem

Questões para reflexão

Analise a Figura A e responda às questões sobre o ciclo celular.

Figura A – Representação do ciclo celular

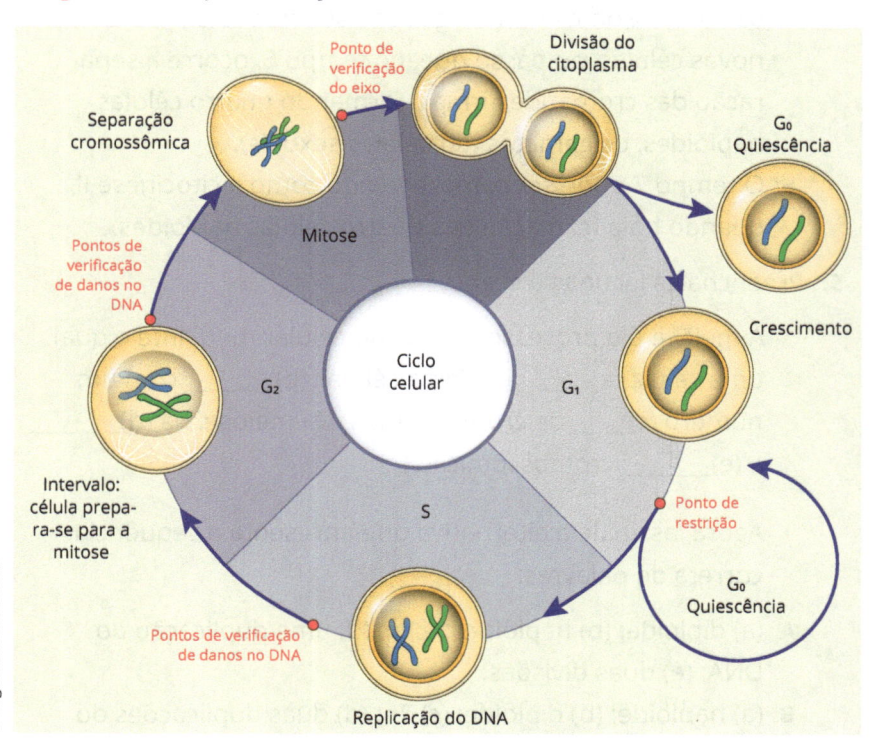

1. A célula em inerfase apresenta qual (quais) das fases representadas na imagem? Qual é a importância dessa etapa para a célula?
2. Explique o que significa a etapa G0 exemplificando um tipo de célula dos seres humanos em que se verifica essa fase.
3. A mitose é um processo que acontece em todas as células dos seres humanos? Que importância tem esse processo para o organismo?

Atividade aplicada: prática

1. A Figura B mostra um evento importante na formação dos gametas, o *crossing-over* (ou permuta). Explique o processo, o resultado final e a importância desse evento para organismos com reprodução sexuada.

Figura B – Representação de *crossing-over*

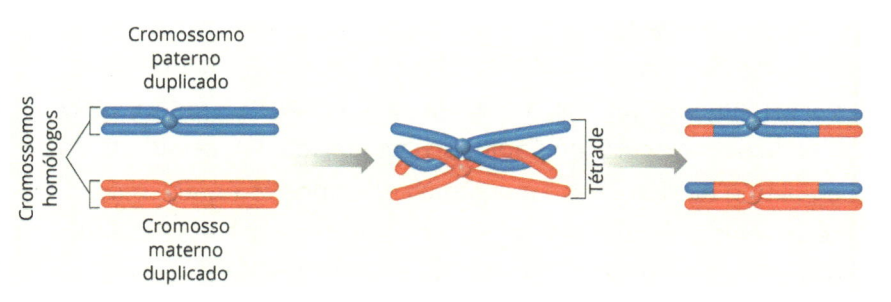

CONSIDERAÇÕES FINAIS

As descobertas da biologia molecular e celular, que têm avançado significativamente, rememoram constantemente o quanto ainda se desconhece o potencial da microscopia, unidade central nos estudos da área. Por mais que a célula não seja o motivo único dos diferentes diálogos que norteiam as mais diversas formas de vida, ela marca o início da existência dos seres celulares, bem como a morte das espécies.

A morte pode acontecer repentinamente: por exemplo, por mutação provocada em uma sequência de polinucleotídios que causam a alteração da proteína; pode ser consequência da atividade da célula; ou, ainda, pode ocorrer em razão dos mecanismos celulares de envelhecimento.

Os componentes químicos, além de compor as estruturas das células, precisam ser mantidos na dieta dos organismos para a manutenção dos metabolismos celulares. A ênfase dada à biologia molecular no Capítulo 1 evidenciou a necessidade do equilíbrio hídrico, iônico e orgânico em todos os organismos, sejam eles procariontes, sejam eles eucariontes. Nesse capítulo, elencamos as funções dos compostos inorgânicos e orgânicos e alguns dos problemas provenientes da carência ou do excesso desses componentes. Além disso, mediante o tratamento que demos aos ácidos nucleicos, pudemos esclarecer a composição, a organização e as funções do DNA e do RNA.

No Capítulo 2, desenvolvemos uma proposta centrada na compreensão da composição e das funções da membrana celular. A membrana exerce importante papel na manutenção das diferenças químicas entre os meios intracelular e extracelular. A capacidade de muitos organismos de manter o meio intracelular estável diante de mudanças no meio extracelular permite, como pudemos constatar, que eles sobrevivam em ambientes variáveis e mantenham suas funções orgânicas. Os transportes via membrana são destaque nesse capítulo, que serviu para identificar e exemplificar os tipos, a função e a importância da atividade celular.

Nos Capítulos 3 e 4, abordamos os eventos que acontecem no interior da célula e a relação desses eventos com a atividade celular. Explicamos a forma e a função celular, tendo em vista a influência do citoesqueleto; a composição e a função dos ribossomos em células procariontes e eucariontes; e a presença de organelas em células eucariontes. Durante o desenvolvimento do Capítulo 3, examinamos como cada organela atua na manutenção da morfologia e da fisiologia celular. No Capítulo 4, por sua vez, analisamos o metabolismo energético, principalmente a respiração celular e a fotossíntese, processos que ocorrem nas mitocôndrias e nos cloroplastos, respectivamente. Nas células em que a mitocôndria está presente, pudemos perceber que a produção de ATP pela ação de compostos orgânicos é superior. No que se refere ao núcleo, aferimos que ele é uma estrutura celular característica das células eucariontes, separado do citoplasma pelo envoltório nuclear que, além de delimitar, instaura a comunicação e o transporte de substâncias entre o núcleo e o citoplasma.

No Capítulo 5, descrevemos as estruturas do núcleo interfásico, bem como demonstramos como se dá a organização do material genético em cromossomos e no DNA. Também abordamos a síntese proteica, na qual os dois ácidos nucleicos estão envolvidos.

O material genético está envolvido diretamente nos processos de divisão celular, razão pela qual, no decorrer do Capítulo 6, evidenciamos a necessidade da autoduplicação e das etapas de divisão celular: mitose e meiose. No decorrer desse último capítulo, tratamos do período de interfase (fases G1, S e G2), descrevendo a autoduplicação do DNA na fase S e os principais eventos dos intervalos 1 e 2. Também retratamos as etapas que colaboram para a formação de novas células (mitose) ou gametas (meiose). Analisamos, ainda, a organização da célula e das estruturas envolvidas com a divisão celular, a fim de esclarecer quais eventos acontecem e a importância de cada um deles. Por fim, explicamos os processos de divisão celular, a fim de esclarecer os processos de renovação celular, cicatrização e formação.

Em suma, conhecer a célula é entender como a vida se perpetua no planeta, como as novas formas de vida aparecem e desaparecem; é entender a atuação dos processos evolutivos, isto é, de que maneira ampliam a existência de mecanismos celulares. Esse movimento faz parte da curiosidade e da necessidade humana de compreensão e domínio da unidade morfológica e fisiológica das formas vivas, a célula.

REFERÊNCIAS

ALBERTS, B. et al. **Biologia molecular da célula**. 3. ed. Porto Alegre: Artes Médicas, 1997.

ALBERTS, B. et al. **Biologia molecular da célula**. 6. ed. Porto Alegre: Artes Médicas, 2017.

ANAZETTI, M. C.; MELO, P. S. Morte celular por apoptose: uma visão bioquímica e molecular. **Metrocamp Pesquisa**, v. 1, n. 1, p. 37-58, jan./jun. 2007. Disponível em: <http://www.colegiogregormendel.com.br/gm_colegio/pdf/2012/textos/3ano/biologia/65.pdf>. Acesso em: 7 jun. 2020.

ANDRADE, M. A. B. S.; CALDEIRA, A. M. A. O modelo de DNA e a biologia molecular: inserção histórica para o ensino de Biologia. **Filosofia e História da Biologia**, v. 4, p. 139-165, 2009. Disponível em: <http://www.abfhib.org/FHB/FHB-04/FHB-v04-05-Mariana-Andrade-Ana-Maria-Caldeira.pdf>. Acesso em: 7 jun. 2020.

COOPER, G.; HAUSMAN, R. **A célula**: uma abordagem molecular. Porto Alegre: Artmed, 2007.

DAMINELI, A.; DAMINELI, D. S. C. Origens da vida. **Estudos Avançados**, v. 21, n. 59, p. 263-284, 2007. Disponível em: <http://www.scielo.br/pdf/ea/v21n59/a21v2159.pdf>. Acesso em: 14 jun. 2020.

ESPÓSITO, A. C. C. et al. Síndrome de Ehlers-Danlos, variante clássica: apresentação de um caso e revisão da literatura. **Revista Diagnóstico e Tratamento**, v. 21, n. 3, p. 118-121, 2016. Disponível em: <http://docs.bvsalud.org/biblioref/2016/08/1371/rdt_v21n3_118-121.pdf>. Acesso em: 7 jun. 2020.

FATONI, A.; ZUSFAHAIR, Z. Thermophilic Amylase from Thermus sp. Isolation and its Potential Application for Bioethanol Production. **Sci. Technol**, v. 34, n. 5, p. 525-531, 2012. Disponível em: <http://rdo.psu.ac.th/sjstweb/journal/34-5/0475-3395-34-5-525-531.pdf>. Acesso em: 4 maio 2020.

FERREIRA, S. Aquaporinas. **Revista de Ciência Elementar**, v. 2, n. 2, 2014. Disponível em: <https://www.fc.up.pt/pessoas/jfgomes/pdf/vol_2_num_2_58_art_aquaporinas.pdf>. Acesso em: 7 jun. 2020.

FIOCRUZ – Fundação Oswaldo Cruz. **Problemas causados pela deficiência de sais minerais**. Disponível em: <http://www.fiocruz.br/biosseguranca/Bis/infantil/saisminerais.htm>. Acesso em: 7 jun. 2020.

FOSTER, C. **Crustáceos osmoconformadores possuem maior capacidade de regular o volume de suas células do que crustáceos osmorreguladores?** 70 f. Dissertação (Mestrado em Biologia Celular e Molecular) – Universidade Federal do Paraná, Curitiba, 2006. Disponível em: <https://acervodigital.ufpr.br/bitstream/handle/1884/4992/dissert_c_foster_10_julho.pdf?sequence=1&isAllowed=y>. Acesso em: 4 maio 2020.

FOSTER, C. et al. Do Osmoregulators have Lower Capacity of Muscle Water Regulation than Osmoconformers? A Study on Decapods Crustaceans. **Journal of Experimental Zoology**, v. 313, p. 80-94, 2009. Disponível em: <http://inct-ta.furg.br/english/producao/92010.pdf>. Acesso em: 4 maio 2020.

GRECO, D. B.; TUPINAMBÁS, U.; FONSECA, M. Influenza A (H1N1): histórico, estado atual no Brasil e no mundo, perspectivas. **Revista Médica de Minas Gerais**, v. 19, n. 2, p. 132-139, 2009. Disponível em: <http://rmmg.org/exportar-pdf/467/v19n2a08.pdf>. Acesso em: 7 jun. 2020.

JUNQUEIRA, L. C.; CARNEIRO, J. **Biologia celular e molecular**. 7. ed. Rio de Janeiro: Guanabara Koogan, 2000.

NELSON, D. L.; COX, M. M. **Princípios de bioquímica de Lehninger**. 4. ed. São Paulo: Sarvier, 2006.

NELSON, D. L.; COX, M. M. **Princípios de bioquímica de Lehninger**. 6. ed. Porto Alegre: Artmed, 2014.

MORAES, C. S. et al. **Métodos experimentais e estudo de proteínas**. Rio de Janeiro: Instituto Oswaldo Cruz, 2013. (Série em Biologia Celular e Molecular).

NOGUEIRA, C. M. et al. A importância crescente dos carboidratos em química medicinal. **Revista Virtual de Química**, v. 1, n. 2, p. 149-159, abr. 2009. Disponível em: <http://rvq-sub.sbq.org.br/index.php/rvq/article/download/26/81>. Acesso em: 7 jun. 2020.

OLIVEIRA, T. H. G.; SANTOS, N. F. S.; BELTRAMINI, L. M. O DNA: uma sinopse histórica. **Revista Brasileira de Ensino de Bioquímica e Biologia Molecular**, n. 1, 2004. Disponível em: <http://www.bioquimica.org.br/revista/ojs/index.php/REB/article/viewFile/13/11>. Acesso em: 7 jun. 2020

QUESTÃO 5. Vestibular. Universidade Federal do Pará, 2016/2. Disponível em: <https://enem.estuda.com/questoes/?resolver=9203583>. Acesso em: 11 maio 2020.

QUINTO, A. C. Enzima que evita oxidação celular tem sua localização identificada. **Jornal da USP**, 27 nov. 2017. Ciências Biológicas. Disponível em: <https://jornal.usp.br/ciencias/ciencias-biologicas/enzima-que-evita-oxidacao-celular-tem-sua-localizacao-identificada/>. Acesso em: 7 jun. 2020.

RAVEN, P. H.; EVERT, R.; EICHHORN, S. E. **Biologia vegetal**. 5. ed. Rio de Janeiro: Guanabara Koogan, 1996.

REECE, J. et al. **Biologia de Campbell**. Porto Alegre: Artes Médicas, 2010.

RIBEIRO, A. de F. **Biologia celular**. Disponível em: <https://edisciplinas.usp.br/course/view.php?id=66138&section=0>. Acesso em: 24 jun. 2020.

SILVA, E. C. C.; AIRES, J. A. Panorama histórico da teoria celular. **História da Ciência e Ensino**, v. 14, p. 1-18, 2016. Disponível em: <https://revistas.pucsp.br/hcensino/article/view/23734/20820>. Acesso em: 17 mar. 2020.

SILVERTHORN, D. U. **Fisiologia humana**: uma abordagem integrada. 7. ed. Porto Alegre: Artmed, 2017.

SOUZA, M. A. E. et al. Modelos cromossômicos auxiliam o estudo da mitose e da meiose. **PECIBES – Perspectivas Experimentais e Clínicas, Inovações Biomédicas e Educação em Saúde**, v. 3, n. 2, p. 77-83, 2017. Disponível em: <https://periodicos.ufms.br/index.php/pecibes/article/view/5266>. Acesso em: 4 maio 2020.

TEXTO 4 – Transcrição e processamento do RNA. Universidade de São Paulo. Disponível em: <https://edisciplinas.usp.br/pluginfile.php/3005345/mod_resource/content/1/BiologiaMolecular_texto04%20%288%29final.pdf>. Acesso em: 7 jun. 2020

TEXTO 6 – O código genético. Universidade de São Paulo. Disponível em: <https://edisciplinas.usp.br/pluginfile.php/3005455/mod_resource/content/1/BiologiaMolecular_texto06final.pdf>. Acesso em: 7 jun. 2020.

TOMOTANI, B. M. Aspectos evolutivos do *splicing* alternativo. **Revista da Biologia**, v. 4, p. 44-49, jun. 2010. Disponível em: <http://www.revistas.usp.br/revbiologia/article/view/108610/106919 >. Acesso em: 7 jun. 2020

TROPP, B. E. **Molecular Biology**: Genes to Proteins. 3. ed. Sudbury: Jones and Bartlett, 2008.

ZAHA, A.; FERREIRA, H. B.; PASSAGLIA, L. M. P. **Biologia molecular básica**. 5. ed. Porto Alegre: Artmed, 2014.

❛ BIBLIOGRAFIA COMENTADA

ALBERTS, B. et al. **Biologia molecular da célula**. 6. ed. Porto Alegre: Artes Médicas, 2017.
Trata-se de um livro de referência no que se refere aos processos metabólicos que ocorrem nos meios intracelular e extracelular. O glossário da obra apresenta termos relevantes no estudo da área de biologia molecular e celular.

ANDRADE, M. A. B. S.; CALDEIRA, A. M. A. O modelo de DNA e a biologia molecular: inserção histórica para o ensino de Biologia. **Filosofia e História da Biologia**, v. 4, p. 139-165, 2009. Disponível em: <http://www.abfhib.org/FHB/FHB-04/FHB-v04-05-Mariana-Andrade-Ana-Maria-Caldeira.pdf>. Acesso em: 7 jun. 2020.
Nesse artigo, os autores apresentam a correlação entre a biologia molecular e a estrutura do DNA, com o objetivo de esclarecer o quão importante é o entendimento do DNA no campo da genética.

COOPER, G.; HAUSMAN, R. **A célula**: uma abordagem molecular. Porto Alegre: Artmed, 2007.
Os autores apresentam, nesse livro, textos e discussões sobre a célula em seus aspectos moleculares, morfológicos e fisiológicos

JUNQUEIRA, L. C.; CARNEIRO, J. **Biologia celular e molecular**. 7. ed. Rio de Janeiro: Guanabara Koogan, 2000.
Os autores desse livro examinam, em linguagem acessível, os principais aspectos da biologia molecular e celular, relacionando

os conteúdos e temas apresentados a situações vivenciadas no dia a dia. Para tornar a leitura mais proveitosa, eles iniciam os capítulos com um roteiro de orientação para o leitor. A utilização recorrente de glossário se apresenta como uma ferramenta interessante para a compreensão dos termos concernentes à área.

TEXTO 4 – Transcrição e processamento do RNA. Universidade de São Paulo. Disponível em: <https://edisciplinas.usp.br/pluginfile.php/3005345/mod_resource/content/1/BiologiaMolecular_texto04%20%288%29final.pdf>. Acesso em: 7 jun. 2020.

Esse material, elaborado com o intuito de auxiliar as aulas de graduação da Universidade de São Paulo (USP), apresenta uma linguagem interessante, que busca facilitar a compreensão dos mecanismos de transcrição e de tradução que envolvem as moléculas de DNA e RNA. É possível consultar na *web* o conteúdo dessa aula, bem como de outras promovidas pela instituição.

RESPOSTAS

CAPÍTULO 1

Atividades de autoavaliação

1. a
2. c
3. b
4. e
5. c
6. d
7. e
8. c
9. d
10. b
11. a
12. e
13. c
14. a
15. e
16. c

Atividades de aprendizagem

Questões para reflexão

1. A menção a características básicas não significa que elas sirvam para todos os organismos. A começar pela organização da vida em torno de uma célula, condição que exclui os vírus, que são acelulares. Quanto ao metabolismo, embora seja essencial aos seres vivos, não é condição à vida; afinal,

os vírus não metabolizam ou respiram, sendo capazes de utilizar os mecanismos de células parasitadas. Há cistos de certos organismos que podem permanecer por longos períodos sem apresentar atividade celular e, depois, voltar a tê-la. Entretanto, o que é básico a todos os seres vivos é o material genético, que garante a produção de proteínas.

2. O organismo procarionte tem uma reprodução rápida e simples, a qual permite que ele ocupe diferentes habitats e nichos ecológicos, ou seja, é dotado de ampla diversidade de abrigo e alimentação. Já o organismo eucarionte apresenta alta complexidade, o que favorece sua resistência a ambientes inóspitos e sua lenta reprodução; logo, é possível encontrá-lo em ambientes onde os recursos são limitados.

3. De acordo com a teoria da evolução química, as primeiras formas de vida surgiram, espontaneamente, há 3,5 bilhões de anos mediante a formação de moléculas orgânicas simples: aminoácidos, monossacarídios e lipídios. A primeira célula envolta em uma membrana foi montada com base em fosfolipídios existentes na sopa pré-biótica, tendo englobado uma mistura de moléculas. Nessa mistura, uma molécula responsável por controlar as atividades metabólicas, ou seja, por catalisar as reações químicas, deve ter surgido (possivelmente uma molécula de RNA). O acúmulo de proteínas catalisadoras foi o que permitiu a evolução para a molécula de DNA, mais complexa.

4.

A O monômero presente em proteínas é o aminoácido (aa).

B Há 20 tipos de aminoácidos presentes em proteínas, sendo, nos seres humanos, 11 naturais (produzidos pela célula) e 9 essenciais (provenientes da dieta alimentar).

C

Grupo amina — Grupo carboxila

Glicina + Alanina → Dipeptídio (Ligação amídica ou peptídica) + H_2O

D A estrutura primária da proteína corresponde à sequência de aminoácidos. Essa sequência vai se organizar numa estrutura secundária, quando a cadeia polipeptíiica estiver arranjada em α-hélice (mola) ou β-dobrada (plissada) por intermédio de ligações entre os hidrogênios. A estrutura terciária corresponde à cadeia toda dobrada sobre si mesma várias vezes, quando adquire uma forma espacial mais complexa. Na estrutura quaternária há mais de uma cadeia polipeptídica enrolada sobre si mesma. A forma (estrutura) da proteína está intimamente ligada à sua função. Por isso, alterações nesse arranjo podem inativar a proteína, desnaturando-a. A desnaturação ocorre quando há alteração de temperatura e pH.

Atividades aplicadas: prática

1.

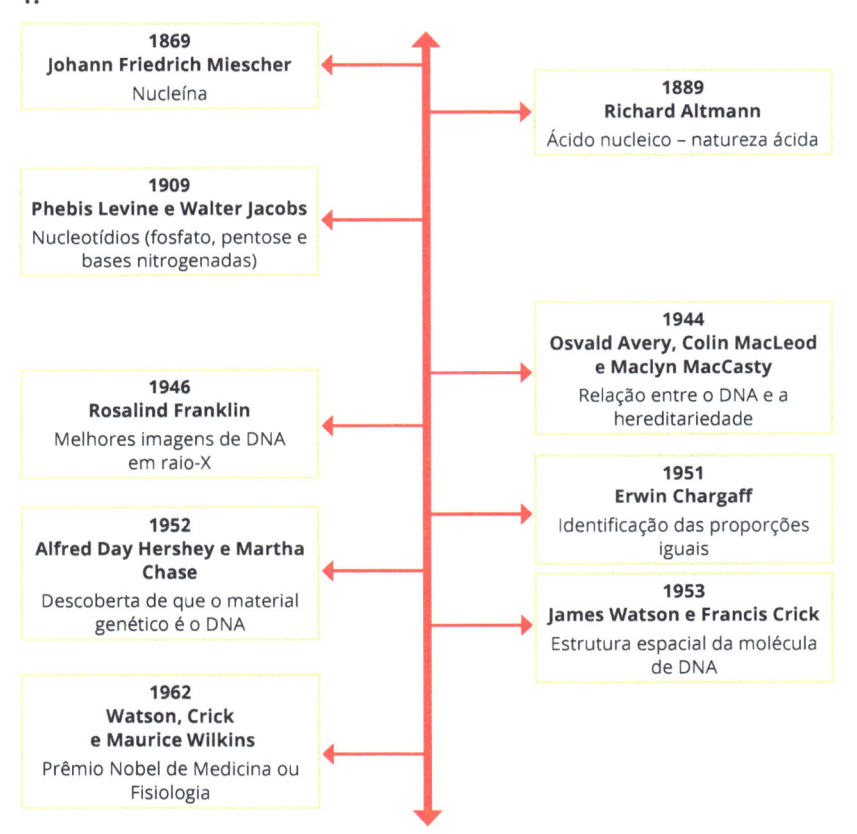

Ano	Cientista(s)	Descoberta
1869	Johann Friedrich Miescher	Nucleína
1889	Richard Altmann	Ácido nucleico – natureza ácida
1909	Phebis Levine e Walter Jacobs	Nucleotídios (fosfato, pentose e bases nitrogenadas)
1944	Osvald Avery, Colin MacLeod e Maclyn MacCasty	Relação entre o DNA e a hereditariedade
1946	Rosalind Franklin	Melhores imagens de DNA em raio-X
1951	Erwin Chargaff	Identificação das proporções iguais
1952	Alfred Day Hershey e Martha Chase	Descoberta de que o material genético é o DNA
1953	James Watson e Francis Crick	Estrutura espacial da molécula de DNA
1962	Watson, Crick e Maurice Wilkins	Prêmio Nobel de Medicina ou Fisiologia

2. Exemplo: uma mulher com idade de 30 anos, 55 kg e 1,60 metro de altura gasta em seu metabolismo basal 1.330 calorias.

Mulher: $665 + (9,6 \times Peso) + (1,8 \times Altura) - (4,7 \times Idade)$
$665 + (9,6 \times 55) = (1,8 \times 160\ cm) - (4,7 \times 30) = 1330$

Distribuição na alimentação (usar regra de três)

Café da manhã = 20%   1330 _____ 100%   X = 266 calorias
                                    X _____ 20%

Lanche da manhã = 5%	X = 66,6 calorias
Almoço = 35%	X = 455,6 calorias
Lanche da tarde = 15%	X = 199,8 calorias
Janta = 25%	X = 332 calorias

Funções

Carboidratos: energética, estrutural e genética.

Lipídios: energética (principal reserva), isolante térmico, estrutural e hormonal.

Proteínas: plástica/estrutural e funcional, hormonal, imunitária (hormônios), enzimática e energética.

CAPÍTULO 2

Atividades de autoavaliação

1. d
2. a
3. b
4. e
5. a
6. c
7. d

8. b
9. c
10. e

Atividades de aprendizagem

Questões para reflexão

1. Não é possível ver a membrana celular no microscópio óptico, sendo possível percebê-la somente pela coloração do citoplasma. Como já se imaginava antes, deveria existir ali um envoltório, pois os meios intracelular e extracelular podem ser observados mediante microscopia óptica. Componentes básicos: bicamada lipoproteica com permeabilidade seletiva, canais transportadores e lado extracelular coberto por glicoproteínas.
2. O glicocálice possibilita que células semelhantes fiquem juntas, o que as distingue de outras células e de tecidos adjacentes. O glicocálice permite que o leucócito (célula de defesa) reconheça uma bactéria – essa característica também é responsável pelos casos de rejeição nos transplantes e enxertos. Portanto, o reconhecimento do órgão ou tecido como estranho acontece via glicocálice dos leucócitos. Essas células invadem e destroem o tecido ou órgão transplantado ou enxertado.

Atividade aplicada: prática

1.

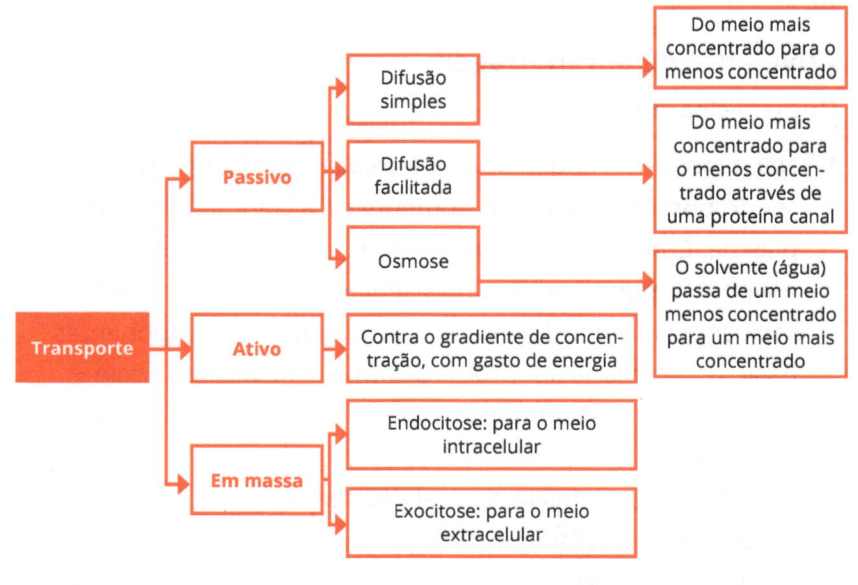

- **Transporte**
  - **Passivo**
    - Difusão simples → Do meio mais concentrado para o menos concentrado
    - Difusão facilitada → Do meio mais concentrado para o menos concentrado através de uma proteína canal
    - Osmose → O solvente (água) passa de um meio menos concentrado para um meio mais concentrado
  - **Ativo** → Contra o gradiente de concentração, com gasto de energia
  - **Em massa**
    - Endocitose: para o meio intracelular
    - Exocitose: para o meio extracelular

CAPÍTULO 3

Atividades de autoavaliação

1. a
2. c
3. c
4. a
5. c
6. d
7. b
8. a
9. d

Atividades de aprendizagem

Questões para reflexão

1.
- **A** As estruturas representadas no desenho são:

    (1) mitocôndria; (2) núcleo (ou membrana nuclear); (3) nucléolo; (4) retículo endoplasmático agranular (REA); (5) complexo golgiense; (6) retículo endoplasmático granular (REG); (7) membrana plasmática; e (8) centríolos.

- **B** Os retículos endoplasmáticos (RE) são diferentes no que se refere à morfologia, tendo em vista a presença de ribossomos no retículo endoplasmático granular (REG) e a ausência desses grânulos no retículo endoplasmático agranular (REA). A diferença morfológica faz com que tenham funções distintas: o primeiro está envolvido com a síntese proteica e o segundo, com a síntese de lipídios.

- **C** Os ribossomos livres produzem proteínas que ficam no interior da célula. Diante da aderência dos ribossomos ao retículo endoplasmático (RE), as proteínas sintetizadas por eles são enviadas ao lúmen da organela, sendo posteriormente encaminhadas ao complexo golgiense, que, por sua vez, destina a proteína para rotas diferentes, incluindo o meio extracelular.

- **D** Na imagem aparecem as vesículas secretadas pelo complexo golgiense, denominadas *lisossomos primários*. Os lisossomos se formam quando as vesículas primárias, cheias de enzimas digestivas, englobam substância, partícula ou micro-organismo para a digestão.

2. Além do núcleo, o material genético é encontrado em mitocôndrias e cloroplastos. Nessas organelas, o DNA apresenta forma circular, semelhante à bactéria. A explicação dada pela ciência é endossimbiótica, fundamentada na seguinte hipótese: essas duas organelas eram células procariontes livres (bactérias primitivas) que, por algum tempo, viviam em simbiose com a célula parasitada. O processo evolutivo fez com que deixassem de ser seres de vida livre e passassem a fazer parte, interagir e a depender da célula parasitada.

3. As células do sistema imunitário são responsáveis pela produção de proteínas de defesa (anticorpos), o que justifica a intensa síntese proteica observada nesses tipos celulares. Os anticorpos são glicoproteínas produzidas na rota que envolve o complexo golgiense e os ribossomos aderidos ao retículo endoplasmático granular (REG). Nessa última organela ocorre o processo de glicosilação, ou seja, a inserção de oligossacarídios e polissacarídios.

Atividade aplicada: prática

1. O desenho pode ser produzido com base nas figuras 3.4 e 3.21. É preciso lembrar, porém, que para fazer a identificação das estruturas celulares, faz-se necessário destacar suas principias funções, elencando as funções biológicas. Alguns exemplos de funções biológicas seriam: o retículo endoplasmático granular (REG) em casos de escorbuto; a hipertrofia dessa organela em casos de diabetes; a relação do lisossomo com a doença de Tay Sachs; a relação entre as mutações em mitocôndrias; e o envelhecimento das células.

CAPÍTULO 4

Atividades de autoavaliação

1. b
2. a
3. b
4. e
5. c
6. c
7. d
8. d
9. a
10. c
11. c
12. c

Atividades de aprendizagem

Questões para reflexão

1. Os organismos realizam diversas atividades e, para isso, suas células usam energia obtida mediante reações químicas que ocorrem em conjunto com o rompimento das ligações covalentes das moléculas de alimento. As células conseguem liberar e transferir parte da energia dos nutrientes para moléculas de ATP. Alguns organismos realizam o processo de fermentação, quando moléculas orgânicas são oxidadas para a formação de ATP, mas os hidrogênios não são levados para uma cadeia respiratória, não sendo, portanto, acoplados ao oxigênio, razão pela qual acabam formando outros produtos residuais nas células, os quais são liberados por elas. Na produção de massas, normalmente há fungos envolvidos, e a

quebra da glicose na etapa de glicólise leva à produção de ATP, de ácido pirúvico e de NADPH, que serão convertidos em álcool etílico e dióxido de carbono. O crescimento da massa se deve à liberação de CO_2.

2. A fotossíntese acontece em duas etapas: a primeira é dependente de luz; e a segunda, não, embora dependa dos produtos originados da primeira etapa. A primeira etapa, denominada *fotoquímica*, acontece nos tilacoides (onde estão concentrados os pigmentos de clorofila) e consiste na fotólise, quebra da molécula de água. Nos tilacoides estão os fotossistemas responsáveis pelas reações químicas da etapa. Um componente dos fotossistemas é o complexo antena, que capta a luz e promove o acionamento do centro de reações, resultando na quebra da molécula de água e, como produto, na formação de prótons (H^+), elétrons e átomos de oxigênio. A cada duas moléculas de água que entram no centro de reação há a formação de O_2 (gás oxigênio). A molécula de oxigênio é liberada e, então, há a formação dos NADPH e de moléculas de ATP. Na segunda etapa química, os NADPH e as moléculas de ATP são utilizados para a produção da molécula orgânica. Os hidrogênios oriundos da fotólise da água fixam-se nas moléculas de dióxido de carbono, formando a glicose. Essa etapa acontece no estroma, em um ciclo que envolve uma série de enzimas (o ciclo da Calvin-Benson).

Atividade aplicada: prática

1. O funcionamento das mitocôndrias permite que as células produzam uma quantidade muito maior de ATP. Ao longo de sua pesquisa, você provavelmente encontrará os efeitos do monóxido de carbono e poderá relacioná-los à atividade

desse gás. Ao ser inalado, esse gás se liga à hemoglobina e impede que as moléculas de oxigênio sejam transportadas, o que causa uma deficiência na função da mitocôndria. Também é possível mencionar o uso do cigarro, do narguilé ou de outras substâncias que, indiretamente, afetam a função da organela.

CAPÍTULO 5

Atividades de autoavaliação

1. e
2. d
3. a
4. b
5. a
6. b
7. a
8. c
9. d
10. a

Atividades de aprendizagem

Questões para reflexão

1. Cada molécula de DNA contém inúmeras sequências denominadas *genes*, as quais mantêm as informações químicas para a síntese de vários tipos de moléculas necessárias ao metabolismo celular. Cada gene apresenta a sequência para a síntese de, pelo menos, um tipo de proteína, sendo essencial e vital para as funções celulares. As proteínas não são sintetizadas com base em uma sequência de nucleotídios do DNA, que está no núcleo da célula. Todas as proteínas

são produzidas no citosol, com base em uma sequência de nucleotídios de RNAm. O RNAm é formado no núcleo por um gene, num processo chamado *transcrição*. Já a tradução desse código genético acontece no citoplasma mediante a atuação dos ribossomos.

2.

- **A** A alteração de um nucleotídio também altera o códon, o que pode provocar a mudança no tipo de aminoácido naquela posição da cadeia polipeptídica. O que se verifica na anemia falciforme é que a alteração do códon leva à inserção da valina no lugar da glutamina.
- **B** O códon é o GAG, cujo anticódon correspondente é o CUC.
- **C** A alteração do aminoácido ocasionou a alteração na estrutura da proteína, o que provocou a mudança na morfologia e na fisiologia das hemácias.

Atividade aplicada: prática

1. No mapa conceitual você pode utilizar a Figura 5.14 para construir a própria ilustração com as informações importantes sobre replicação, transcrição e tradução. Envolva as proteínas que atuam na abertura da fita de DNA na transcrição e no processo de tradução. No mapa conceitual, identifique também a presença dos RNAt e do conjunto de aminoácidos, destacando códons e anticódons, incluindo os de início e final.

CAPÍTULO 6

Atividades de autoavaliação

1. d
2. e
3. d
4. a

5. a

Atividades de aprendizagem
Questões para reflexão

1. As fases G1, S e G2.
   - G1 (do inglês *gap*, "intervalo"): período em que acontece a síntese de precursores para a duplicação do genoma e do citoplasma. Nessa fase, a célula apresenta a síntese de RNA e, consequentemente, de proteínas, interrompida durante a fase da mitose.
   - S (síntese): durante essa fase, ocorre a replicação do DNA. No final dessa fase, todas as células eucariontes diploides (2N) terão sua quantidade dobrada, passando a 4N. As proteínas histonas também são altamente processadas nesse período, visto que são fundamentais para a formação da cromatina, o que explica o fato de serem sintetizadas nessa etapa.
   - G2: célula continua preparando-se para a mitose. Nesse período, são sintetizadas muitas proteínas do citoesqueleto e as proteínas não histônicas, e há a participação de um dos pontos de checagem mais conhecidos, o MPF, responsável pela passagem da célula do período G2, da interfase, para a mitose.

2. A etapa G0 é observada em muitos neurônios e células musculares estriadas esqueléticas e cardíacas. Consiste na incapacidade desses tipos celulares de proliferarem quando são diferenciados.

3. Não. Como mencionado na resposta da Questão 2, há células que permanecem indefinidamente no período G0, o que

pode ser grave no caso de lesões, pois as células não são substituídas diante da ocorrência de um infarto, por exemplo. A mitose é um processo importante no crescimento celular, na renovação de células, na cicatrização e na reprodução de organismos assexuados.

Atividade aplicada: prática

1. A imagem ilustra o processo de *crossing-over* (ou permutação), que ocorre na meiose I, mais especificamente na prófase I (paquíteno). Trata-se de um processo que consiste na quebra e troca de segmentos (recombinação genética) entre os cromossomos homólogos (paterno e materno). Esse evento aumenta a variabilidade genética e de gametas.

SOBRE A AUTORA

Clarice Foster Cordeiro é mestra em Biologia Celular (com ênfase em Fisiologia) pela Universidade Federal do Paraná – UFPR (2006), especialista em Neurociências para Educadores pelas Faculdades Integradas Camões (2012) e licenciada em Ciências Biológicas pelas Faculdades Integradas "Espírita" (2001). Atualmente, leciona a disciplina de Biologia para o ensino médio, regular e modalidade EJA, na rede pública estadual (Quadro Próprio do Magistério) e na rede particular. Além disso, é coordenadora de Ciências do 1º ao 9º ano do ensino fundamental na Secretaria Municipal de Educação de Araucária (SMED), local em que também já atuou como docente no ensino fundamental II.

Impressão:
Julho/2020